U0379796

现代焊接技术与应用培训教程
中国焊接协会推荐教材

焊接机器人离线编程及仿真系统应用

Application for Robotic Arc Welding Off-Line Programming and Simulation System

刘　伟　林庆平　纪承龙　编
杜志忠　王营瑞　江建鑫　审

机械工业出版社

本书从离线编程和模拟仿真的基础知识入手，以DTPS离线编程仿真软件为例来介绍离线编程及仿真系统的技术及应用，主要内容包括计算机仿真技术基础、机器人离线编程技术、DTPS离线编程仿真软件、DTPS离线编程仿真软件的使用及应用举例、DTPS离线编程仿真软件的扩展应用、DTPS离线编程仿真软件在汽车行业的仿真应用。本书突出实用性，循序渐进，理论联系实际，对于没有机器人设备的单位和个人，也可通过本教材提供的试用版软件（扫描二维码下载）学习机器人编程，读者学习后能熟练掌握焊接机器人系统，并举一反三。

本书可作为职业技术院校焊接及机器人相关专业的教材，也可作为企业的机器人技能培训教程，还可作为专业技术人员的参考资料。

图书在版编目（CIP）数据

焊接机器人离线编程及仿真系统应用/刘伟，林庆平，纪承龙编. —北京：机械工业出版社，2014.5（2025.1重印）
现代焊接技术与应用培训教程
ISBN 978-7-111-46425-9

Ⅰ. ①焊…　Ⅱ. ①刘…　②林…　③纪…　Ⅲ. ①焊接机器人-程序设计-技术培训-教材②焊接机器人-仿真系统-技术培训-教材　Ⅳ. ①TP242.2-62

中国版本图书馆CIP数据核字（2014）第072331号

机械工业出版社（北京市百万庄大街22号　邮政编码100037）
策划编辑：侯宪国　责任编辑：侯宪国
版式设计：常天培　责任校对：纪　敬
封面设计：张　静　责任印制：单爱军
北京虎彩文化传播有限公司印刷
2025年1月第1版·第4次印刷
184mm×260mm·12.75印张·306千字
标准书号：ISBN 978-7-111-46425-9
定价：39.80元

电话服务
客服电话：010-88361066
010-88379833
010-68326294

网络服务
机　工　官　网：www.cmpbook.com
机　工　官　博：weibo.com/cmp1952
金　　书　　网：www.golden-book.com
机工教育服务网：www.cmpedu.com

序

机器人离线编程系统是在机器人编程语言的基础上发展起来的，是机器人语言的拓展。它利用机器人图形学的成果，建立起机器人及其作业环境的模型，再利用一些规划算法，通过对图形的操作和控制，在离线的情况下进行轨迹规划。用机器人离线编程方式编制的机器人离线编程系统，在不接触实际机器人及机器人作业环境的情况下，通过图形技术，在计算机上提供一个和机器人进行交互作用的虚拟现实环境。近年来，离线编程引起了人们的广泛重视，并成为机器人学中一个十分活跃的研究方向。

目前，工业生产中所采用的焊接机器人编程方式大多为示教编程。操作人员利用示教盒控制机器人运动，使焊枪到达完成焊接作业所需位姿，并记录下各个示教点的焊枪位姿数据，随后，机器人便可以在“再现”状态完成这条焊缝的焊接。离线编程系统则是借助模拟与离线编程软件，在办公室内完成机器人编程，无需中断生产。机器人程序可提前准备就绪，提高整体生产效率，还可借助软件提供的各种工具，在不影响生产的前提下执行培训、编程和优化等任务，提升机器人系统的盈利能力，获得多种利益，如风险降低、投产更迅速、换线更快捷。

离线编程系统应用了模拟仿真技术，在虚拟现实环境下创建三维互动模型，便于观察模型结构、了解动态过程，执行十分逼真的模拟，所用的系统模型均为生产车间实际使用的真实机器人系统和相同的程序配置文件，可以不受时间和空间限制，完成机器人的编程（示教）工作。因此，机器人焊接离线编程及仿真是提高机器人焊接系统柔性化的一项关键技术，是现代机器人焊接制造业的一个重要发展趋势。

本教材以仿真概念及机器人离线编程的基础知识为切入点，选取松下 DTPS（弧焊）机器人离线编程仿真软件的计算机显示界面截图，根据实际案例逐步讲解，图文并茂，便于学习和掌握机器人离线编程仿真软件的原理及使用。对其他品牌的机器人离线编程及模拟仿真软件的学习及应用能起到触类旁通和举一反三的效果。希望通过本教材的出版能够使机器人离线编程及仿真系统应用技术得以普及和推广，促进和推动我国焊接机器人应用技术的不断进步！

中国机械工程学会副理事长兼秘书长　张彦敏

前　言

焊接机器人一般都是在某一工序的特定环境下完成单一工作，在集约化、大规模、连续生产的发展趋势下，焊接机器人应用技术将得到进一步提升，并越来越多地用于一些复杂环境和多任务的场合。因此，焊接机器人进行实际作业前的模拟仿真和生产过程中的离线编程就变得非常重要。机器人离线编程技术对工业机器人的推广应用及其工作效率的提高有着重要意义。特此，我们编写了《焊接机器人离线编辑及仿真系统应用》。

本教材是中国焊接协会培训规划教材中的焊接机器人应用系列教材第三册，详细讲述在不接触机器人及机器人作业环境的情况下，通过图形技术在计算机上提供一个和机器人进行交互作用的虚拟现实环境，将计算机上编写的程序直接传输给现场的机器人系统运行，为机器人编程和调试提供安全灵活的工作环境。

本教材主要讲述了由日本松下开发的 DTPS 机器人离线编程及仿真系统，这是一款在 Windows 环境下运行的系统软件，具有与工作站相当的高速图形处理能力，能方便地实现三维图形的仿真和机器人系统建模。本教材所讲解的是其第三代版本，适用于日本松下生产的 G_{II} 和 G_{III} 系列机器人进行实时仿真和离线编程。本教材适用于焊接专业和机器人应用方向的职业院校、企业培训、工程技术人员参考使用，建议初学者在学习本教程时，将系列教材之一《焊接机器人基本操作及应用》作为前导课程。

编者通过多年的企业工作经验和教学实践，将大量的视频和应用案例制作成随书资源，一步一图，便于学习和掌握。在本教材的编写过程中，厦门凤凰创壹软件有限公司的英国留学博士林庆平教授，编写了第一、二章的内容，厦门集美职业技术学校的纪承龙老师编写了第五章的内容，刘伟老师编写了第三、四、六、七章的内容。武汉理工大学的博士生导师周强教授主审了第一章的内容；唐山松下产业机器有限公司的王营瑞先生参与了全书的审核工作。

中国机械工程学会的张彦敏秘书长欣然为本书作序，中国焊接学会的王麟书秘书长为扉页的机器人焊接培训基地做了署名介绍，中国焊接协会的吴九澎副秘书长亲自召集各方专家并主持教材的评审和论证，厦门集美职业技术学校的杜志忠校长在基地的建设和书稿的审核也给予了大力支持。焊接机器人系列教材在编写和出版过程中，还得到了华侨大学、厦门理工学院、厦门松兴机器有限公司等有关教授和专家的参与和支持，在此深表感谢！

本书还配套有试用版软件和相关资料，可扫描下面二维码下载。

由于编者水平有限，书中难免有疏漏和错误，请读者提出宝贵意见！

编　者

目　　录

第 1 章　计算机仿真技术基础

1.1　系统仿真

系统仿真是20世纪40年代以来伴随着计算机技术的发展而逐步形成的一门新兴学科。仿真，又称模拟（simulation），就是用一个模型来模仿真实的事物或系统。由于人们越来越常用计算机来建立模型模拟客观事物或系统的结构、功能和行为。所以，系统仿真又被称为计算机仿真或计算机模拟。现在的系统仿真技术已经发展成连续系统仿真、离散事件动态系统仿真、虚拟现实并行仿真等多个技术领域或方向，广泛应用在各行各业中。计算机仿真和系统科学是近代最具有代表性的科学技术，它们的应用已经给多个传统工程领域带来新的气象和成果。

1.1.1　系统与仿真

1. 系统

系统一词最早见著于古希腊原子论创始人德谟克利特的著作《世界大系统》一书。如今，系统这个词语已经在各个领域用得非常广泛，从而使人们很难对它下一个准确的定义。在总结前人思想的基础上，我们可以将系统定义如下：按照某些规律结合起来，互相作用、互相依存的所有实体的集合或总体。

在定义一个系统时，首先要确定系统的边界。尽管世界上的事物是相互联系的，但当我们研究某一对象时，总是要将该对象与其环境区分开来。边界确定了系统的范围，边界以外对系统的作用称为系统的输入，系统对边界以外的环境的作用称为系统的输出。

尽管世界上的系统千差万别，但人们总结出描述系统的“三要素”，即实体、属性、活动。实体确定了系统的构成，也就确定了系统的边界，属性也称为描述变量，描述每一实体的特征。活动定义了系统内部实体之间的相互作用，反映了系统内部发生变化的过程。

2. 仿真

仿真是指在实际系统尚不存在的情况下对于系统或活动本质的实现。最初，仿真技术主要用于航空、航天、原子反应堆等价格昂贵、周期长、危险性大、实际系统试验难以实现的少数领域，后来逐步发展到电力、石油、化工、冶金、机械等一些主要工业部门，并进一步扩大到社会系统、经济系统、交通运输系统、生态系统等一些非工程系统领域。可以说，现代系统仿真技术和综合性仿真系统已经成为任何复杂系统，特别是高技术产业不可缺少的分析、研究、设计、评价、决策和训练的重要手段。其应用范围在不断扩大，应用效益也日益显著。

3. 系统仿真的特性

1）系统仿真是一种实验技术，它为一些复杂的系统创造了一种计算机实验环境。

2）系统仿真实验需要在一定的语言支持下建立经过抽象和简化的仿真模型。

3）系统仿真的输出结果是在仿真实验运行过程中不断对系统行为和系统状态进行观察和统计而得到的。

4）系统仿真研究的对象往往包含多种随机因素的综合作用，每次仿真运行只是对系统行为的一次随机抽样。

4. 系统仿真的优点

1）认识客观世界规律性的新型手段，它可以将研制过程、运行过程和实施过程放在实验室中进行，具有良好的可控制、无破坏性、可复现性和经济性等特点。

2）用它可以探索高技术领域和复杂系统深层次的运动机理和规律性，给出人们直观逻辑推理不能预见的系统动态特征，具有科学的先验性。

3）系统仿真可根据系统内部的逻辑关系和数学关系，面向系统的实际过程和行为来构造仿真模型，在很少假设或不作假设的前提下建立包括系统主要因素和具体细节的模型框架，并通过仿真实验运行，得到复杂的解。

4）系统仿真建模具有面向过程的特点，仿真模型与所研究系统的运行过程在形式上和逻辑上存在对应性，避免了建立抽象数学模型的困难，显著简化了建模过程，具有直观性。

5）随着系统仿真理论和计算机技术的发展，系统仿真已跻身于高新技术领域，使系统仿真与人工智能技术、并行处理技术、分布式仿真、优化理论、三维图像处理技术以及多媒体技术等融为一体，并逐步步入虚拟现实仿真、互联网上仿真以及群决策仿真研讨等领域。

仿真程序、仿真语言、仿真环境是仿真技术发展的三个不同层次。仿真技术已广泛应用于工业生产、交通运输、能源供应、医疗卫生、航空航天、军事作战、制造过程以及社会服务等诸多领域。

1.1.2　系统仿真的类型

1. 根据模型的种类分类

根据模型的种类不同，系统仿真可分为物理仿真、数学仿真和半实物仿真。

按照真实系统的物理性质构造系统的物理模型，并在物理模型上进行实验的过程称为物理仿真。物理仿真的优点是直观、形象。物理仿真的缺点是模型改变困难，实验限制多，投资较大。

对实际系统进行抽象，并将其特性用数学关系加以描述而得到系统的数学模型，对数学模型进行实验的过程称为数学仿真，亦称为计算机仿真。数学仿真的缺点是受限于系统建模技术，即复杂系统的数学模型不易建立。

第三类称为半实物仿真，即将数学模型与物理模型甚至实物联合起来进行实验。对系统中比较简单的部分或对其规律比较清楚的部分建立数学模型，并在计算机上加以实现，而对比较复杂的部分或对规律尚不十分清楚的系统，其数学模型的建立比较困难，则采用物理模型或实物。仿真时将两者连接起来完成整个系统的实验。

2. 根据仿真时钟与实际时钟的比例关系分类

实际动态系统的时间基称为实际时钟，而系统仿真时模型所采用的时钟称为仿真时钟。

1）实时仿真，即仿真时钟与实际时钟完全一致，也就是模型仿真的速度与实际系统运行的速度相同。当被仿真的系统中存在物理模型或实物时，必须进行实时仿真，例如，各种训练仿真器，集装箱起重机训练仿真器。

2）亚实时仿真，即仿真时钟慢于实际时钟，也就是模型仿真的速度慢于实际系统运行的速度。

3）超实时仿真，即仿真时钟快于实际时钟，也就是模型仿真的速度快于实际系统运行的速度。例如，大气环流的仿真，交通系统、物流系统的仿真等。

3. 根据系统模型的特性分类

（1）连续系统仿真　连续系统是指系统状态随时间连续变化的系统。一般用常微分方程或偏微分方程描述。机电系统的动力学、运动学和控制等问题的仿真研究就属于该类型仿真。

（2）离散事件系统仿真　离散事件系统是指系统状态在某些随机时间点上发生离散变化的系统。离散事件动态系统，本质上属于人造系统，简称为 DEDS（discrete event dynamic systems）。模型可采用数学方程、曲线、图表、计算机程序等多种形式表征。基于系统的模型，可分析系统的行为性能及其与系统结构和参数的关系，研究系统的控制和优化。生产车间的调度、计划安排、作业流程等问题的优化仿真就属于离散事件系统仿真。

（3）虚拟现实　虚拟现实（virtual reality，VR）是一种可以创建和体验虚拟世界的计算机系统。虚拟环境是由计算机和电子技术生成的。通过视、听、触觉等作用于用户，使之产生身临其境的感觉。训练航天员、飞行员、船舶驾驶员的模拟器就属于虚拟现实系统。

1.1.3 系统仿真的一般步骤

第一步要针对研究目的建立系统模型，确定模型的边界。

第二步是仿真建模。根据系统的特点和仿真的要求选择合适的算法。

第三步是程序设计，即将仿真模型用计算机能执行的程序来描述。早期的仿真往往采用高级语言编程。现在更多是采用专用仿真软件。

第四步是程序检验。程序调试的检验和仿真算法的合理性检验。

第五步对模型进行实验，这是实实在在的仿真活动。

第六步是对仿真输出进行分析。仿真输出分析在仿真活动中占有十分重要的地位，特别是对离散事件系统来说，其输出分析甚至决定着仿真的有效性。仿真输出分析既是对模型数据的处理，同时也是对模型的可信性进行验证。

实际仿真时，上述步骤往往需要多次反复和迭代。

1.2 虚拟现实

虚拟现实采用以计算机技术为核心的现代高科技生成逼真的视、听、触觉一体化的特定范围的虚拟环境，用户借助必要的设备以自然的方式与虚拟环境中的对象进行交互作用、相互影响，从而产生等同真实环境的亲临感受和体验，如图 1-1 所示。

VR 思想的起源可追溯到 1965 年 Ivan Sutherland 在 IFIP 会议上的《终极的显示》报告，而“Virtual Reality”一词是 20 世纪 80 年代初美国 VPL 公司的创建人之一 Jaron Lanier 提出来的。VR 系统在若干领域的成功应用，导致了它在 20 世纪 90 年代的兴起。虚拟现实是高度发展的计算机技术在各种领域的应用过程中的结晶和反映，不仅包括图形学、图像处理、模式识别、网络技术、并行处理技术、人工智能等高性能计算技术，而且涉及数学、物理、

图 1-1　钢结构厂房建造虚拟场景

通信，甚至与气象、地理、美学、心理学和社会学等相关学科知识。

1.2.1　虚拟现实的基本内容

虚拟现实的三大特征是：沉浸、交互、创意。以虚拟现实创建的虚拟环境，强调人参与其中的身临其境的沉浸感，同时人与虚拟环境之间可以进行多维信息的交互作用，参与者从定性和定量综合集成的虚拟环境中可以获得对客观世界中客观事物的感知和理性的认识，从而深化概念和创建新的构想和创意。

虚拟现实是客观事物在计算机上的本质实现。客观事物包括：人、物、环境以及他们之间的关系。例如，人的决策行动和响应特性，物体的几何形状与物理特性（动力学、反射特性、声学特性、光照模型、物理约束）以及地形地貌、气象条件、背景干扰等环境。

虚拟现实和模拟仿真容易在概念上引起混淆，两者是有一定区别的。概括地说，虚拟现实是模拟仿真在高性能计算机系统和信息处理环境下的发展和技术拓展。我们可以举一个烟尘干扰下能见度计算的例子来说明这个问题：在构建分布式虚拟环境基础信息平台应用过程中，经常会有由燃烧源产生的连续变化的烟尘干扰环境能见度的计算，从而影响环境的视觉效果、仿真实体的运行和决策。某些仿真平台和图形图像生成系统也研究烟尘干扰下的能见度计算，仿真平台强调烟尘的准确物理模型、干扰后的能见度精确计算以及对仿真实体的影响程度；图形图像生成系统着重于建立细致的几何模型，估算光线穿过烟尘后的衰减。而虚拟环境中烟尘干扰下的能见度计算，不但要考虑烟尘的物理特性，遵循烟尘运动的客观规律，计算影响仿真结果的相关数据，而且要生成用户能通过视觉感知的逼真图形效果，使用户在实时运行的虚拟现实系统中产生真实环境的感受和体验。可以说，虚拟现实是传统系统仿真技术的发展和延伸，又称为现代仿真技术。

VR 技术的三个主要方面是实物虚化、虚物实化和高性能的计算处理技术。

1. 实物虚化

实物虚化是指现实世界空间向多维信息化空间的一种映射，主要包括：基本模型构建、空间跟踪、声音定位、视觉跟踪和视点感应等关键技术，这些技术使得真实感虚拟世界的生成、虚拟环境对用户操作的检测和操作数据的获取成为可能。它具体基于以下几种技术：

（1）漫游技术　它是应用计算机技术生成虚拟世界的基础，将真实世界的对象物体在相应的 3D 虚拟世界中重构，并根据系统需求保存部分物理属性。例如，车辆在柏油地、草地、沙地和泥地上行驶时情况会有所不同，或对气象数据进行建模生成虚拟环境的气象情况（阴天、晴天、雨、雾）等。通过 VR 技术制作的虚拟焊接间场景如图 1-2 所示。

图 1-2 虚拟焊接间场景

（2）空间跟踪技术 空间跟踪技术主要是通过头盔显示器、数据手套、数据衣等常用的交互设备上的空间传感器，确定用户的头、手、躯体或其他操作物在 3D 虚拟环境中的位置和方向。

（3）声音跟踪技术 利用不同声源的声音到达某一特定地点的时间差、相位差、声压差等进行虚拟环境的声音跟踪。

（4）视觉跟踪与视点感应技术 使用从视频摄像机到 *X*-*Y* 平面阵列、周围光或者跟踪光在图像投影平面不同时刻和不同位置上的投影，计算被跟踪对象的位置和方向。

2. 虚物实化

虚物实化是指确保用户从虚拟环境中获取同真实环境中一样或相似的视觉、听觉、力觉和触觉等感官认知的关键技术。能否让参与者产生沉浸感的关键因素除了视觉和听觉感知外，还有用户能否在操纵虚拟物体的同时，感受到虚拟物体的反作用力，从而产生触觉和力觉感知。力觉感知主要由计算机通过力反馈手套、力反馈操纵杆对手指产生运动阻尼从而使用户感受到作用力的方向和大小。触觉反馈主要是基于视觉、气压感、振动触感、电子触感和神经、肌肉模拟等方法来实现的。虚拟现实头盔和数据手套如图 1-3 所示。

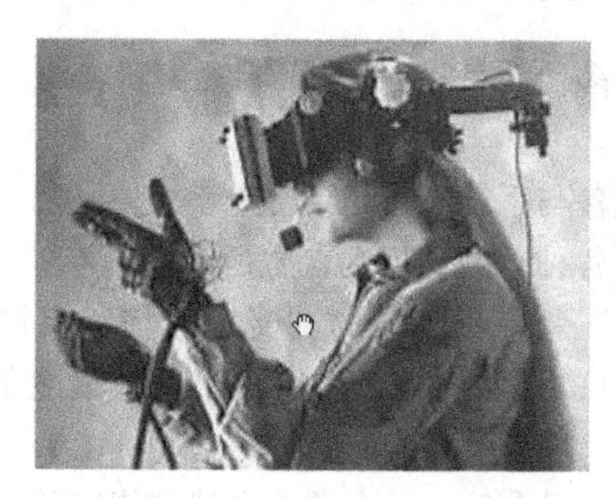
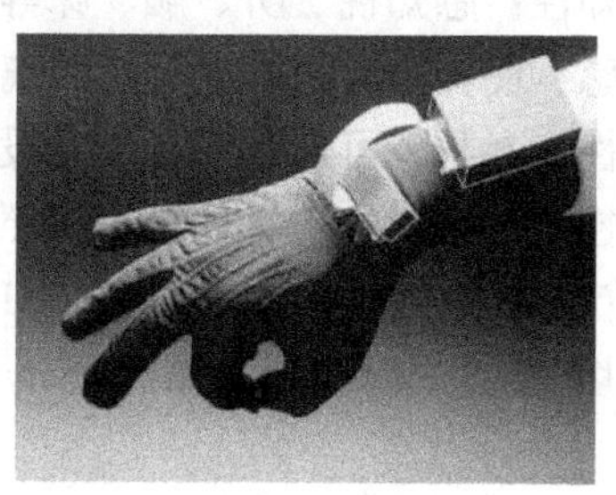

图 1-3 虚拟现实头盔和数据手套

3. 高性能计算处理技术

高性能计算处理技术主要包括数据转换和数据预处理技术，实时、逼真图形图像生成与显示技术，多种声音的合成与声音空间化技术，多维信息数据的融合、数据压缩以及数据库的生成技术，命令识别、语音识别以及手势和人的面部表情信息的检测等在内的模式识别技术，分布式与并行计算以及高速、大规模的远程网络技术。

1.2.2 虚拟现实的特点

虚拟现实技术是20世纪末才兴起的一门崭新的综合性实用信息技术，它融合数字图像处理、计算机图形学、多媒体技术、传感与测量技术、仿真与人工智能等多学科于一体，为人们建立起一种逼真的虚拟交互式的三维空间环境，并能对人的活动或操作做出实时准确的响应，使人仿佛置身于现实世界之中。虽然这种虚拟境界是由计算机生成的，但它又是现实世界的真实反映，故称为虚拟现实。它所生成的视觉环境是三维的、音效是立体的、人机交互是和谐友好的，一般的虚拟现实系统主要包括计算机系统、头盔、数据手套、六自由度鼠标、操纵杆和传感器等装置。因此，虚拟现实技术能为接受培训的人员创造出一种流连忘返的学习和工作环境。虚拟现实系统框架如图1-4所示。

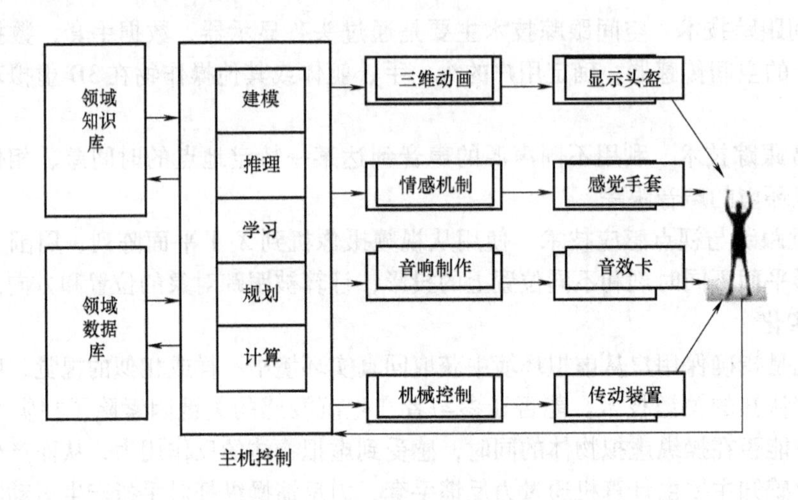

图1-4 虚拟现实系统框架

虚拟现实系统的特点：

（1）多感知性：感知视、听、触、味等多种信息能力。

（2）沉浸感：使参与者与现实暂时脱离。

（3）交互性：参与者可通过三维交互设备与系统实时对话。

（4）自主性：系统中的仿真体可以按照各种模型和规则自主运动。

因此，人们形容虚拟现实技术具有“3I”特点：强烈的“身临其境”沉浸感（Immersion）；友好亲切的人机交互性（Interactivity）；强烈的刺激性、创造性所催生的想象性（Imagination）。

其中，交互性主要是指参与者通过使用专门设备，用人类的自然技能实现对模拟环境的考察与操作程度；沉浸感即投入感，力图使参与者在计算机所创建的三维虚拟环境中处于一种全身心投入的感觉状态，有身临其境的感觉；想象性是指最大限度发挥人类的创造性和想象力。桌面虚拟现实系统和立体眼镜如图1-5所示。

虚拟现实技术从不同的角度有不同的分类方法，根据虚拟现实构建情景的合理性可分为

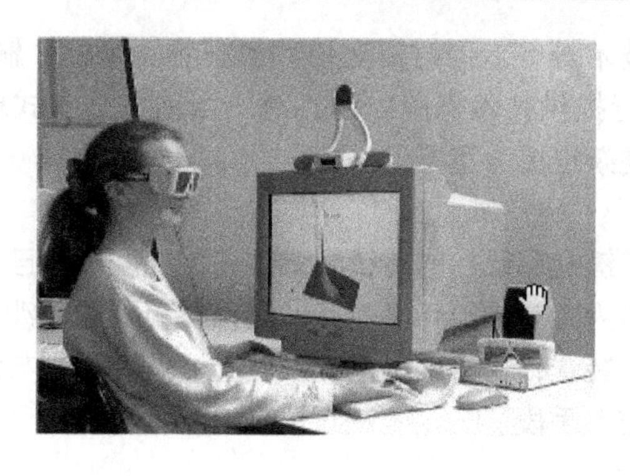

图1-5　桌面虚拟现实系统和立体眼镜

合理的虚拟现实、夸张的虚拟现实和虚构的虚拟现实三种。例如，桌面式虚拟现实有结构简单、价格低廉、易于普及推广等特点，但缺少完全的沉浸感，操作者会受环境干扰，如QTVR（QuickTimeVR）等。沉浸型虚拟现实沉浸感非常强，但系统设备价格昂贵，难以普及推广，如远程存在系统。增强现实性的虚拟现实不仅模拟、仿真现实世界，而且增强参与者对现实中无法感知或不方便的感受。分布式虚拟现实系统是利用远程网络，多个用户对同一虚拟世界进行观察和操作，达到协同学习、工作及相互交流的目的，如SIMNET（SimulatorNet working）。

采用虚拟技术还可构成"虚拟工厂"、"虚拟企业"、"虚拟商业网"等环境。例如，虚拟制造就是通过计算机虚拟模型，对产品的设计、工艺规程、加工制造、装配、调试以及生产过程的管理等进行模拟。

综上所述，虚拟现实通过建立三维实体和虚拟现实场景，提供给用户一个浏览的空间，但在这样的环境中用户往往不能控制对象的运动。

1.2.3　虚拟现实的技术基础

虚拟现实是多种技术的综合，其关键技术和研究内容包括以下几个方面：

1. 动态环境建模技术

虚拟环境的建立是虚拟现实技术的核心内容，环境建模的目的是获取实际三维环境的三维数据，并根据应用的需要，利用获取的三维数据建立相应的虚拟环境模型。据统计，仿真模拟系统所提供的视景为仿真模拟提供70%的有用信息，仿真模拟系统内容的丰富程度、逼真度、清晰度和视场角的大小，直接影响到仿真系统的质量和仿真模拟效果。尽管目前构成的虚拟场景已经有了较为逼真的场景效果，但是利用图形图像技术生成的真实感场景与真实场景相比仍有不小的差距。

2. 网络环境技术

当前，随着计算机网络技术的发展和广泛应用，也由于各种应用需求的驱动，分布式仿真模拟系统成为目前的研究热点之一。系统中数据和交互命令的快速传输，要求分布式系统能够及时响应，同时系统的规模还要求可扩展、功能可扩充、甚至要求是异构型的软件结构。

3. 仿真场景管理技术

虚拟仿真中包括大量的感知信息和模型，如信息的同步技术、模型的标定技术、数据转换技术、数据管理模型、识别和合成技术等等。同时需要协调景、物、事件、输入信息等。仿真场景的管理技术为系统的正常运行提供技术保障。尤其对于当前的分布式模拟仿真技术，仿真场景的数据组织和管理更为复杂也更为重要。

4. 交互技术

虚拟现实中的人机交互远远超出了键盘和鼠标的传统模式，三维交互技术已经成为计算机图形学中的一个重要研究课题。具体为人与虚拟环境交互的硬件接口装置，涉及图形图像硬件设备，用于产生沉浸感，以及跟踪装置，用于跟踪定位。此外，语音识别与语音输入技术也是虚拟现实系统的一种重要人机交互手段。

5. 应用环境系统

应用系统是面向具体问题的软件部分，描述仿真的具体内容，包括仿真的动态逻辑、结构以及仿真对象与用户之间的交互关系，与具体的应用有关，仿真对象的行为模拟的真实性和可信性很大程度上取决于对场景对象构建的物理模型和数学模型的量化程度和模型的精度。

1.2.4 可视化仿真技术

在这几项关键技术当中，动态环境建模技术是各种虚拟现实系统的基础，而可视化仿真技术又是动态环境建模技术的核心。

可视化仿真技术一种用图形或图像来表征数据的计算方法，即利用计算机图形图像技术将一维数据转化为可观察的二维或三维几何表示，从而达到增强人们对抽象信息认知的目的。可视化仿真技术可以分为科学计算可视化和空间信息可视化。

1. 可视化仿真应用系统的组成

（1）仿真应用程序　它是可视化仿真的驱动核心。

（2）图像生成器　它是可视化仿真的硬件平台。

（3）可视化数据库　它是可视化仿真的数据基础。

2. 可视化仿真系统三维建模数据库特点

1）模型的多边形数量要尽可能少。

2）模型数据的构造要尽可能简单。

3）模型数据库的结构要便于进行操作。

4）模型数据库要能够被应用程序快速读取。

5）模型数据库可以包含各种约束限制信息。

3. 可视化仿真与计算机动画技术的区别

尽管仿真、三维动画的画面最终在屏幕上显示出来的都是连续的画面，仿真的画面是实时生成的，而三维动画的画面是预先渲染好的。

仿真具有高度的交互性，用户可以主动参与到仿真的过程中，仿真系统还可以对用户的各种输入进行实时的响应而三维动画因为只是连续播放渲染好的画面帧序列，所以不具备任何的交互性，用户只能被动参与或者欣赏。

仿真的帧频率一般是变化的，从每秒 15 帧（低于这个帧频率时，视觉上就会感到不连贯）到每秒几十或者上百帧不等，这跟仿真运行过程中的画面复杂程度有直接的关系；而三维动画的帧频道是事先设定好的画面始终保持设定的帧频率。

可视化仿真强调的是实时的交互性，而三维动画强调的视觉效果。

4. 可视化仿真技术的独特作用

1）进行商业和军事事件的排练和演习模拟，如飞行训练仿真。

2）对复杂事件进行深入直观的再现，如交通救护仿真。

3）需要对突发事故进行预排和演练，如消防救灾仿真，如图1-6所示。

图1-6　消防员技能模拟演练系统

4）交互式三维视频游戏仿真；

5）对不确定事件进行预览。

5. 传统建模软件的不足

传统的三维模型数据库由于应用目的的限制，常常不能很好地满足上述的一些特点。如CAD模型。

传统的三维模型软件虽可以方便地创建各种各样的三维模型，但这些模型都不适用于可视化仿真应用。

6. 视景仿真中会用到的元素

1）实时应用程序 。

2）图形生成器（IG）。

3）视景数据库 。

4）建模包 。

5）视觉真实度。

7. 仿真模型的渲染过程

渲染过程大体上要经历应用（APP）、剔除（CULL）和绘制（DRAW）三个主要过程，如图1-7所示：

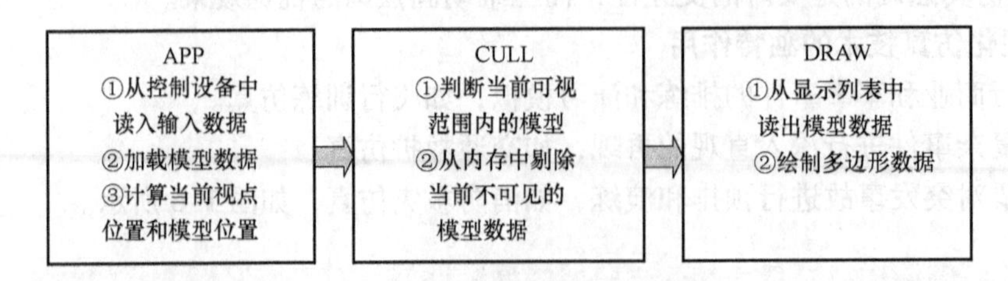

图 1-7　仿真模型的渲染过程示意

1.3　动画仿真与机械仿真

1.3.1　动画仿真

动画仿真又称 3D 动画，是近年来随着计算机软硬件技术的发展而产生的一新兴技术。通过三维动画软件在计算机中建立一个虚拟的世界，设计者在这个虚拟的三维世界中按照要表现的对象的形状尺寸建立模型以及场景，再根据要求设定模型的运动轨迹、虚拟摄影机的运动和其他动画参数，最后按要求为模型赋上特定的材质，并打上灯光。当这一切完成后就可以让计算机自动运算，生成最后的画面。

三维动画技术模拟真实物体的方式使其成为一个有用的工具。由于其精确性、真实性和无限的可操作性，目前，被广泛应用于医学、教育、军事、娱乐等诸多领域。在影视广告制作方面，这项新技术能够给人耳目一新的感觉，因此，受到了人们的欢迎。三维动画可以用于广告和电影电视剧的特效制作（如爆炸、烟雾、下雨、光效等）、特技（撞车、变形、虚幻场景或角色等）、广告产品展示、片头飞字等（参见配套资料①3D 动画（1）~（16））。

三维动画和三维 Flash 是动画仿真的两种主要表现形式，其共同点和差异之处在于：三维 Flash 是利用计算机图形学技术，将需要展示的产品在计算机中先进行逼真的三维模拟运行演示，然后再通过专业软件压缩转换成一个完全适合在网页上流畅运行的 Flash 文件。它不是视频，可设置功能按钮，点击各个按钮可对产品操作不同的功能演示；一般三维动画是以视频文件通过播放器观看，无操控功能。它也不是 web3D（3D 网页），由于 web3D 必须下载插件，浏览者等待的时间很长，而三维 Flash 在网页上运行很流畅，浏览者无需下载插件，直接打开网页就可看到产品演示。

说到三维动画软件，首先要提到 3Ds Max，由 Autodesk 公司推出的、应用于 PC 平台的三维动画软件，从 1996 年开始就一直在三维动画领域叱咤风云。它的前身就是 3Ds，依靠 3Ds 在 PC 平台中的优势，3Ds Max 一经推出就受到了世人瞩目。它支持 Windows 95、Windows NT，具有优良的多线程运算能力，支持多处理器的并行运算，丰富的建模和动画能力，出色的材质编辑系统，这些突出的特点吸引了大批的三维动画制作者和公司。在国内，3Ds Max 的使用人数大大超过了其他三维软件。其他三维软件还有 Softimage 3D，它是 Softimage 公司出品的三维动画软件，在影视动画领域的知名度也较高。《侏罗纪公园》、《第五元素》、《闪电悍将》等电影里都可以找到它的身影。Softimage 3D 杰出的动作控制技术，使越来越多的导演要选用它来完成电影中的角色动画。《侏罗纪公园》里身手敏捷的速龙、《闪电悍将》里闪电侠那飘荡的斗篷，都是由 Softimage 3D 来设置动画的。《侏罗纪公园》中栩栩如生的恐龙 3D 仿真如图 1-8 所示。

Softimage 3D 的另一个重要特点就是超强的动画能力，它支持各种制作动画的方法，可以产生非常逼真的运动，它所独有的 functioncurve 功能可以让我们轻松地调整动画，而且具有良好的实时反馈能力，使创作人员可以快速地看到将要产生的结果。Softimage 3D 的设计界面由 5 个部分组成，分别提供不同的功能。而它提供的方便快捷键可以使用户很方便地在建模、动画、渲染等部分之间进行切换。它的界面设计采用直觉式，可以避免复杂的操作界面对用户造成的干扰。

图 1-8　《侏罗纪公园》中的恐龙 3D 仿真

1.3.2　机械仿真

三维机械仿真动画简称机械仿真，它是指采用三维动画技术模拟机械的外形、材质、零部件和内部构造，把机械的设计原理、工作过程、性能特征、使用方式等一系列真实的事物以动态视频的形式演示出来。此时，只需参照设计方案就能把产品各项功能特征逼真、直观地模拟出来，并可灵活地做出修改，节省了实物样品制造和修改的巨大成本。机械仿真具有的可透视机械内部结构和直观可视化的工作原理演示，让观看者一目了然，减少各种沟通环节。如果采用娱乐化视频形式的产品记忆，更容易使观看者记忆深刻，由“听得懂”变为“看得会”。以下简单介绍 SolidWorks 软件和 3Ds Max 软件相结合，制作完成机械产品仿真动画的过程（参见配套资料⑧汽车生产仿真视频）。

1. 实现机械产品仿真动画的重要意义

在实际生产过程中，由于一些机械零件结构复杂，常常遇到的以下一些问题：

1）没有实物样品或修改样品成本太高。

2）不易观察产品内部结构，难以用二维图学习其工作原理。

3）不易通过图文资料直观、明了地做出示意表达。

4）身在异地需要详细了解产品情况。

5）生产工人看不懂设计图样，使用者看不懂产品说明书。

在遇到上述问题时，目前较好的解决办法是采用三维机械仿真动画。传统的机械产品设计仅仅注重产品的前期功能性设计，例如，结构、功能、成本等，这些依靠常用的 CAD 软件即可完成，后期验证产品功能时，可使用 CAE 软件进行分析验证。在市场经济条件下的产品开发，除了对产品本身功能进行设计外，还需注意采用多种多样的形式进行产品的后续宣传和形象传递，如海报、说明书、产品的仿真动画等，特别是如何使机械产品动态运作符合其实际的工作规律，并且把这种视像记录下来，这一技术在产品开发过程中正占据着越来越重要的地位。

2. SolidWorks 和 3Ds Max 软件功能

（1）SolidWorks 和 3Ds Max 简介　SolidWorks 以其功能强大、易学易用和技术创新的特点，已成为领先的、主流的三维 CAD 解决方案，尤其是 SolidWorks 具有丰富的软件接口，提供了多种输入/输出转换器，支持几乎市面上所有机械CAD软件格式的输入并能够输出，包括：VRML、IGES、STL、Pro/E、Photoshop在内的诸多文件格式。

3Ds Max是世界上应用最广泛的三维建模、动画、渲染软件，广泛应用于游戏动画、建筑动画、室内设计、影视动画、视觉效果和设计行业等领域，功能强大，扩展性好，建模功能强大；3Ds Max通过自身以及插件，支持多种相关软件的不同类型文件的导入、导出，并且渲染速度快，画面质量高。

（2）SolidWorks与3Ds Max的比较

1）SolidWorks进行建模时是基于实体建模，它不仅能描述零件的轮廓线与表面，还能描述其体积，因此，实体模型包含体积与曲面的各种信息；3Ds Max进行建模时是基于曲面建模，仅仅描述了模型的曲面信息而不包括体积与质量等信息。

2）SolidWorks进行机械建模，模型尺寸精确，装配效率高，动态设计和特征管理模式使其修改方便；而3Ds Max对于工业机械类建模不够精确，装配管理效率低。

3）SolidWorks软件虽可以利用其自带插件PhotoWorks进行产品静态渲染，但无法进行动态渲染，利用MotionManager插件可进行动画设计，但效果无法与3Ds Max相比。

4）3Ds Max中的模型可以导入各种VR软件中进行交互设计，但SolidWorks软件模型却不能直接导入，需借助于第三方软件来完成。

综上所述，两种软件各有优势，因此，结合两种软件各自特点，取长补短。采用SolidWorks建模并装配，然后在3Ds Max中进行模型的渲染以及动画制作。

3. 三维仿真动画的实现

（1）SolidWorks软件建模及装配　利用SolidWorks强大的实体建模功能，通过拉伸、旋转、放样、阵列以及孔特征等操作完成各零件模型的建立，并按照机械产品实际工作时的各种相对运动关系对零件进行装配。在此，以风电机为例加以说明。装配完成后的风电机如图1-9所示。

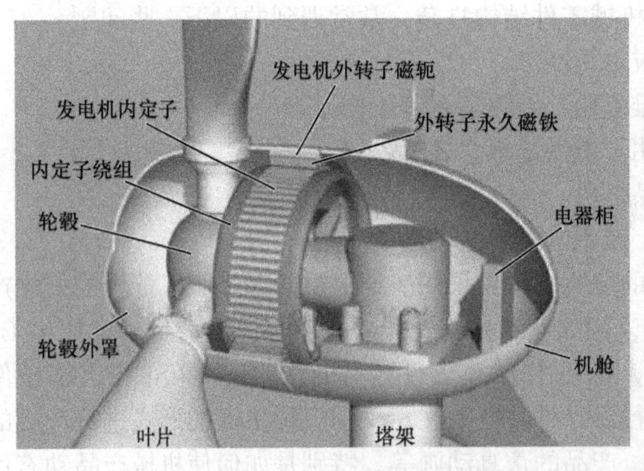

图1-9　用SolidWorks完成的风电机装配图

（2）模型导入3Ds Max　风电机模型建好后，需将三维模型导入3Ds Max，为完成仿真动画做好准备，将SolidWorks模型导入3Ds Max中，有以下几种方法：

1）将SolidWorks文件转换成“.stl”文件，这也是最常用的方法，此方法导入单个零件比较好，但如果导入装配体，则需将装配体保存为“.stl”文件后，把每个零件一一导入，比较繁琐。

2）将 SolidWorks 文件转换成“.igs”文件，“.igs”文件较小，但有时会出现个别面无法转换，或者是导入 3Ds Max 中出现多面和少面现象，特别是针对一些复杂曲面造型，转换误差更大。

3）将 SolidWorks 文件转换成“.wrl”文件，这种格式适用很多软件，而且可以将装配体中的多个零件同时导入 3Ds Max 中，方便快捷。

4）使用插件 Powe NURBS R2.71，3DS Max 装了这个插件后可以直接将 SolidWorks 文件导入，但是有时零件会出现破面（这时就需要将出现破面的零件单个导入），而且导入的时间通常比较长。

所以，在 SolidWorks 软件中建立好的装配体模型导入 3Ds Max 中时，最好将 SolidWorks 文件保存成“.wrl”格式的文件，这样可以在保证模型质量时大大减少工作量。

在模型导入后，对零件的位置、角度不要进行任何修改，装配体中的零件相互之间的位置，因在 SolidWorks 中已确定，导入到 3Ds Max 中，零件之间的装配位置依旧保持不变，无须重新定位。虽然装配体在 3Ds Max 中的装配位置与 SolidWorks 中保持一致，但装配关系却不复存在，即各零件之间是可以任意移动或旋转的，因此，需在 3Ds Max 中将装配体中相对位置不变的零件设置成组。在本例中根据风电机的实际工作原理，将 3 个叶片和轮毂设置成组并加以命名，将三节塔筒设置成组并加以命名，机箱单独命名。

4. 3Ds Max 中的模型渲染及动画制作

将模型导入 3Ds Max 后，需要对模型做进一步的编辑与修改，以求更好地符合现实产品的真实性。主要的编辑与修改有赋予模型基本材质属性与贴图、模型优化，打开材质编辑器，在材质和贴图列表中选择物体的材质和贴图，获得理想的表面效果。利用灯光命令可以设定光源的类型、起始点、角度和强度，同时可以将“.bmp”“.avi”和“.tif”等格式的图片设置为背景。

3Ds Max 中动画制作可以通过创建链接、制作关键帧和轨迹视图来实现，本例中风电机运动动画过程是在 3Ds Max 环境中制作的。

首先，把风电机的各个零部件按所在的位置关系划分组（Group），然后用选择连接和打断连接的命令建立起物体之间的层级关系，建立物体与物体之间的子物体和父物体，当修改子物体时不影响父物体的位置关系，而父物体的位置变动将影响到子物体的位置关系，它们之间是随动的。在动画制作中，关键是调整关键帧的位置，调整该零件的动画位置功能曲线，使之符合产品的运动规律。风电机在 3Ds Max 中进行模型的渲染以及动画制作后呈现真实场景，如图 1-10 所示。

图 1-10 3Ds Max 渲染后的风电机动画

综上所述，采用 SolidWorks 软件进行产品的三维设计，协同 3Ds Max 软件对所设计的三维产品进行渲染与动画，充分发挥了 SolidWorks 与 3Ds Max 的各自长处，完成高质量的产品仿真动画，提高了产品的协同设计。由于 3D 仿真文件占用的内存较小，可随时以电子邮件方式发送至任何地方进行全方位展示产品和分析研究，节省了实物样品的运输成本和时间。

1.4　仿真资源与网络教学

在我国职业技术教育教学活动中，授课通常沿用书本教材、教具模型、录像、PPT、现场实训等传统的教学形式，职业技术教育理念和手段与发达国家存在明显差距。职业院校网络教学标准的制定、教材的统一、网络资源库的建立等问题亟待解决。

2011年9月，教育部职成司下发“国家示范性职业学校数字化资源共建共享计划”，并于2012年1月9日正式立项，批准立项56个专业精品课程资源、4门文化基础课精品课程资源、7个管理信息系统、1个教研科研信息库平台、1个通用主题素材库平台、17个专业群落网站等总共86个课题组。至2013年5月14日，全国职业院校五千余名老师参与的精品网络课程开发成果顺利结题。实现了职业技术教育的数字化网络教学资源共享。

网络教学资源的有效开发和利用成为全面提高我国焊接职业教育教学水平的有效途径。虚拟仿真技术作为网络教学新的体现形式和重要的组成部分，使其在应用于网络化教学和焊接实训有着极其重大和深远的意义。因此，尽快实现焊接专业教育的现代化，探索利用现代信息网络的优势，实现标准统一的城乡之间、校际之间优质数字化教育资源共建共享，从教育资源层面缩小城乡之间、强校与弱校之间的办学差距，是实现职业教育均衡发展的有效途径。充分利用网络教学资源、教学技术和教学策略，从根本上提高职业技术教育信息化教学水平，实现焊接职业教育的现代化。探索利用现代信息网络的优势，实现标准统一的优质数字化教育资源共享，推进焊接专业的教学创新。加快开展虚拟仿真教学，提高广大师生对教育信息化的认识和应用能力。虚拟仿真资源在教学中的优势和特点将在下面举例介绍。

1.4.1　虚拟情景体验式教学系统

它不同于利用现有的以书籍为主的教育学习方式以及2D形态的多媒体、网页基础内容等方法，而是引入了被称为“虚拟现实”这样一种新型体验学习形式，从而激发对学习的热情，提高学习能力。与现有的学习方法相比，虚拟情景体验式教学可以显著提高学习效率，通过3D视觉化，来激发学生学习的兴趣。

按照具体情景制作而成的情景体验学习3D模板将动画效果或特殊效果（音响、镜头移动效果等）运用在背景和物体上，形成各种各样的画面。不仅如此，每个3D模型之间可以自由移动，也可以调整学习对象的位置或大小。因而在不调整虚拟设置的情况下，也可以更改背景的氛围。

虚拟情景体验式教学实验室利用先进的计算机技术，将现实生活中的场景，和未知世界进行虚拟模拟（如过去、未来、宇宙旅行、教学互动、电影等）。老师和学生可以在计算机模拟出的场景下进行角色扮演，做到身临其境的直观感受。虚拟现实（VR）系统可以在学习的同时将合成的影像直接播放出来，供其他老师和学生观摩和点评。系统也可将学习内容实时储存（UCC制作）为视频或音频数据，并通过教学资源管理与发布系统发布出来，学生可以在校园网内的任何地方登陆，进行反复学习，是一种通过主页，无论何时何地都可以利用自己制作的视频内容（UCC）来学习的一种新概念学习方法。这种教学方式突出了多样化和接近真实体验两大特点，既提高了学习的质量，又丰富了教学手段，也大大提高了学生的学习积极性。新的教学手段是未来教学的发展方向，是信息化教学领域的一大实质性的创新和突破。

VR体验式教学系统的四大革命性创新内容如下：

（1）全新的体验式教学　可以选择理想环境背景，学生可以在此背景下，进行角色扮演的体验式学习，完全颠覆了以往枯燥的书本学习方式，引入书本学习→趣味体验→客观评估→反复练习→加深记忆，全新的学习方式。

（2）教师创造性的充分发挥　教师能够根据本班学生的具体情况，针对性的创作全新的教学内容，以作为原有课程的补充，充分地发挥了教师创造性。做到因地制宜，因材施教。

（3）全新的学习效果评估方式　与体验式教学同步的是对教学内容的实时拍摄记录以及储存。教师和学生可以针对录像进行客观的教学评估和纠错，准确找到问题，及时纠正。

（4）全新的测试手段　学生可以在网上自测、由计算机自动打分，也可通过教师预设虚拟场景，学生可以根据场景的内容，自由组织学习内容。将学生的进行视频记录，教师可方便地对视频记录进行评估与打分。在保证测试质量的前提下，节约了教师资源。

1.4.2　虚拟仿真技术与网络教学

虚拟仿真技术是在虚拟现实环境下的三维互动模型，便于观察模型结构、了解动态过程，适于开展焊接的课堂化教学及网络教学。适逢精品网络教学资源开发和数字化校园建设在全国职业院校如雨后春笋般地展开，虚拟仿真以全新的教学模式赋予了网络教学新的内涵。机器人示教器网络教学课件如图1-11所示。

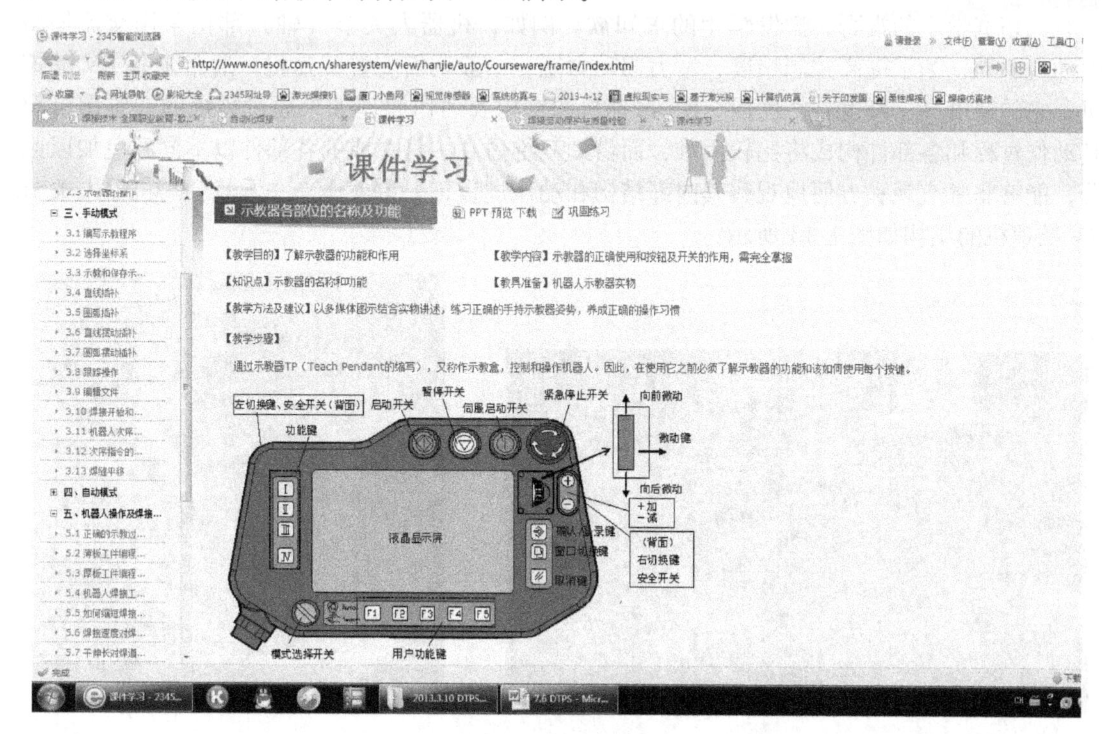

图1-11　机器人示教器网络教学课件

1.4.3　虚拟仿真与实训教学

使用虚拟仿真技术，较好地解决了焊接实训费用高、工作环境恶劣、存在安全隐患等问题。可以方便地虚拟企业生产内容，作为教学主体，开展理实一体化教学，节省教学资源，将部分生产和实训内容实现课堂化教学，特别对于弧光、烟尘和安全及观摩人数受限等突出现场教学问题得以很好地解决。例如，通过 CO_2 气保焊虚拟仿真实训系统，实现了实训教学的课堂化，如图 1-12 所示（参见配套资料①-（17）CO_2 气保焊实训仿真）。

焊接实训教学主要体现在材料成本高、焊接中的烟尘、弧光、观摩人数受限等问题，另外，实训设备、实训场地、师资力量等因素都是制约焊接专业发展的瓶颈，采用虚拟现实技术三维实景教学软件和虚拟仿真教学系统，不但实现了焊接实训教学模式的创新，还能达到降低教学成本、共享教学资源、节能环保的目的，使学习者如身临其境，达到直观、易懂的教学目的，增强学生学习的效率和趣味性。将虚拟仿真等先进的教学资源应用于教学活动当中，主要强调利用这些资源重点来支持“学”，而非重点支持“教”，强调以学生为中心，激发学生在学习过程中主动参与的兴趣，提高学习效率和学习质量。

研究在当前形势下提升学生综合素质和职业工作能力的培养方法，将职业技术教育的焊接教学水平推向新的高度。引导学生主动学习、学会学习，培养学生的信息化素养，使信息技术成为学生的认知工具，通过工件的三维模拟图解，深入探讨焊接生产与课程训练有机结合的产教一体化实训模块；让学生从“听得懂”转变为“看得会”，增加课堂的现场化教学气氛，拓宽学生的视野，激发学生的求知欲。例如，机器人关节（轴）部位采用交流伺服电动机驱动，为了提高控制精度，增大驱动力矩，一般均需配置减速机。通常配备 RV 减速机，它的精度高、刚度好。然而，RV 减速机的结构及动作原理如果通过传统的二维图讲解其动作过程和各部件构成将比较困难，而借助三维仿真，将总成的各部件以不同颜色加以区分，能够非常直观和方便地观察其内部结构和动作过程，一讲就懂、一看就会。机器人关节 RV 减速机的结构如图 1-13 所示：

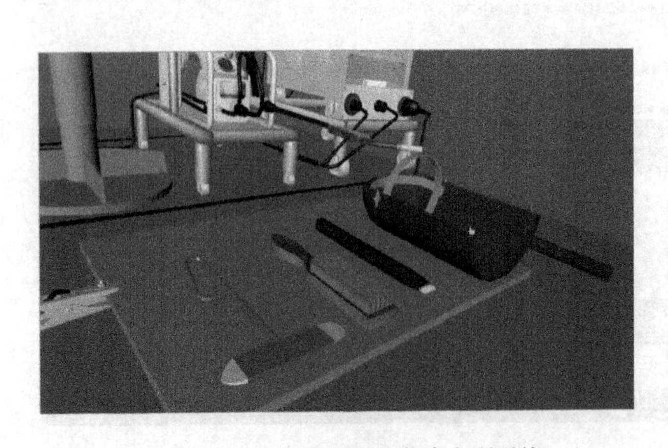

图 1-12　CO_2 气保焊虚拟仿真实训系统

图 1-13　机器人关节 RV 减速机的结构

1.5　焊接仿真

1.5.1　焊接训练仿真系统

随着生产力水平的进一步提高，许多机械制造类企业仍然面临合格焊工人才短缺的窘境。传统焊接培训存在高投入、无规范化、安全及作业环境差等缺点，随着计算机虚拟仿真技术的发展，使得利用“焊接训练仿真系统”进行焊工的岗前培训成为可能。

焊接训练仿真系统采用全新的技术理念和手段，节省资源、提升效率。焊接教学模式采用：理论学习→虚拟训练 →实际操作，使焊接训练成效显著提高。初学者不需要具备任何基础技能，就可以在虚拟现实中使用符合人体工程学的焊枪及典型工件，自主设置、调整焊接参数，完成全部的学习和训练，没有任何人身安全风险。焊接训练仿真系统如图1-14所示。

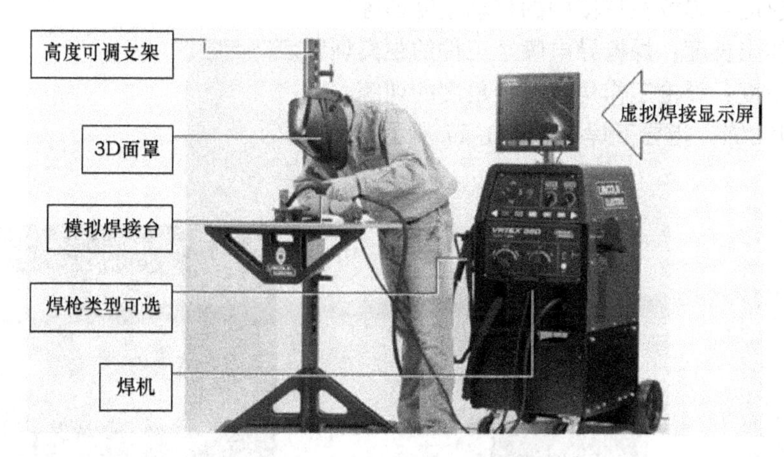

图1-14　焊接训练仿真系统

焊接训练仿真系统属于半实物仿真，即：焊接设备是真实的，焊接过程是虚拟的，受训者在真实的焊接设备上完成“虚拟焊接”的训练。解决了焊接实训过程中弧光、烟尘、实训成本和演示、观摩受限等方面给焊接训练及教学带来的诸多难题（参见配套资料⑦PPT演示文稿-(4) ONEW360焊接训练模拟系统)。

1. 焊接训练仿真系统的特点

(1) 经济　使用焊接训练仿真系统能够大幅节约培训成本，培训中消耗的金属材料和资源至少节约25%，受训者可以只专心于技术要领的学习。焊接训练仿真系统虚拟成像如图1-15所示。

传统的培训方式与焊接训练仿真系统成本综合比较，如图1-16所示：

(2) 效用　部分产品设置“在游戏中学习”的训练模式，增加学习效果和兴趣。

2. 焊接训练仿真系统的训练过程

(1) 第一阶段为初始训练阶段　该阶段训练方式是以“虚拟教练”作为操作指导，通过3D面罩可以观察到人形“虚拟教练”给练习者提示他们在训练中应保持的最佳焊接速度、焊枪与工件的距离、焊枪角度等焊枪姿态。国内研发出的产品中已有中文提示音、逼真

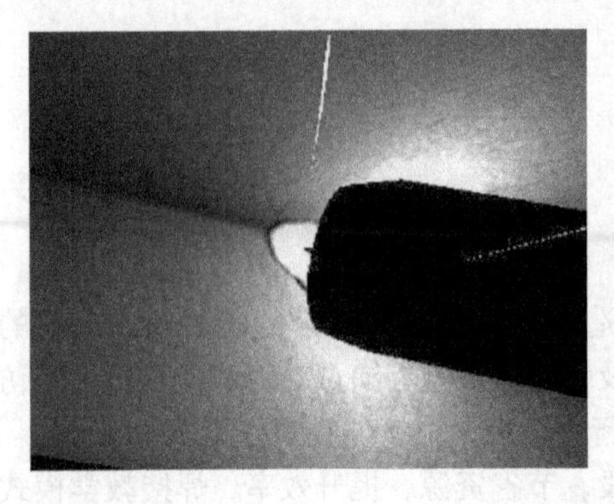

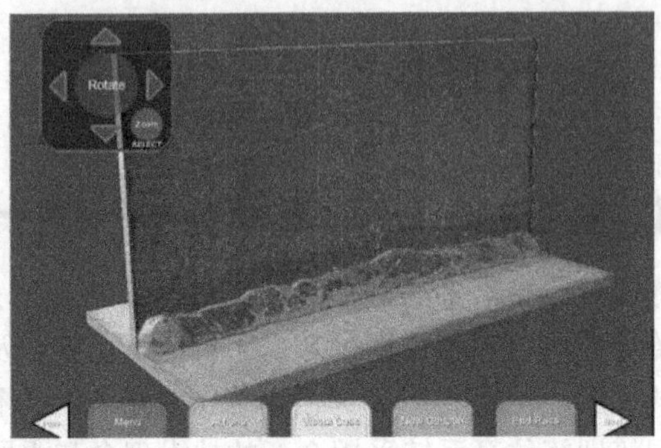

图 1-15　焊接训练仿真系统虚拟成像

的焊接声效以及接近真实的手感即时反馈给受训者，全方位获得焊接过程的真实感受。例如，CO_2 气体保护焊在初始训练阶段主要掌握以下三项运枪要领：

1）焊接速度：焊枪在焊接中的移动速度训练。

2）焊丝伸出长度：焊枪导电嘴至工件的距离训练。

3）焊枪角度：焊枪工作角和行走角度的训练。

在“虚拟教练”指导下焊接如图 1-17 所示。

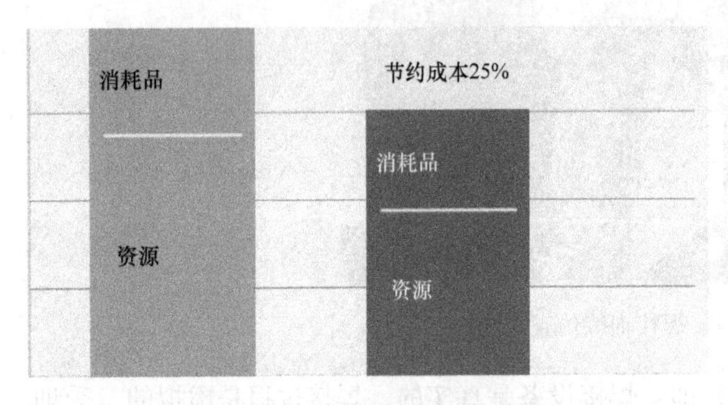

图 1-16　两种培训方式的成本比较

图 1-17　在“虚拟教练”指导下焊接

（2）第二阶段为仿真训练阶段　展现逼真的焊枪和工件进行操作。这一阶段没有“虚拟教练”的指导，完全凭借自己的理解进行焊接参数和运枪的设置。仿真训练阶段分为两个步骤，以下两个步骤的练习是建立在第一阶段的基础上。

1）首先，初学者在没有“虚拟教练”的情况下，在 3D 面罩里营造的虚拟现实焊接条件中实训。初学者可以调用数据库的焊接参数结合自己设置的焊接参数进行练习。确保教学模式能够带来高品质的训练效果。

2）训练效果评估。一个先进的训练系统意味着同样的培训效果每次都能够达到完美。对不同的受训者，系统都能清晰、客观地作出评估，并自动生成成绩排行榜。就像在计算机游戏中竞赛，给出比赛名次，从而使训练变得更加有乐趣。有些产品还可通过实时焊接曲线显示受训者的焊接技能水平，如图 1-18 所示。

通过图形显示电流电压的变化，可以确定缺陷出现的位置，如图 1-19 所示。

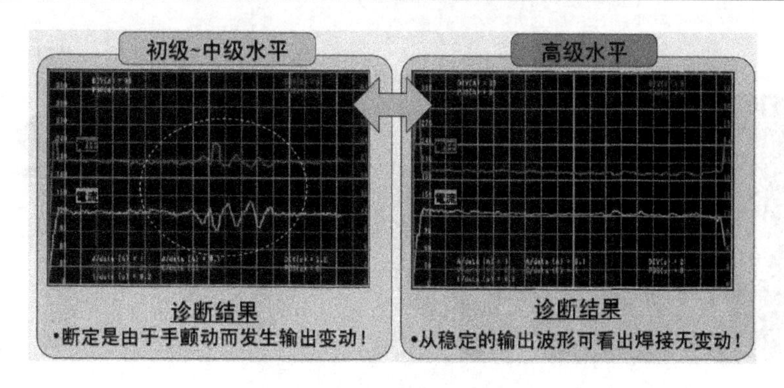

图1-18　焊接曲线诊断结果

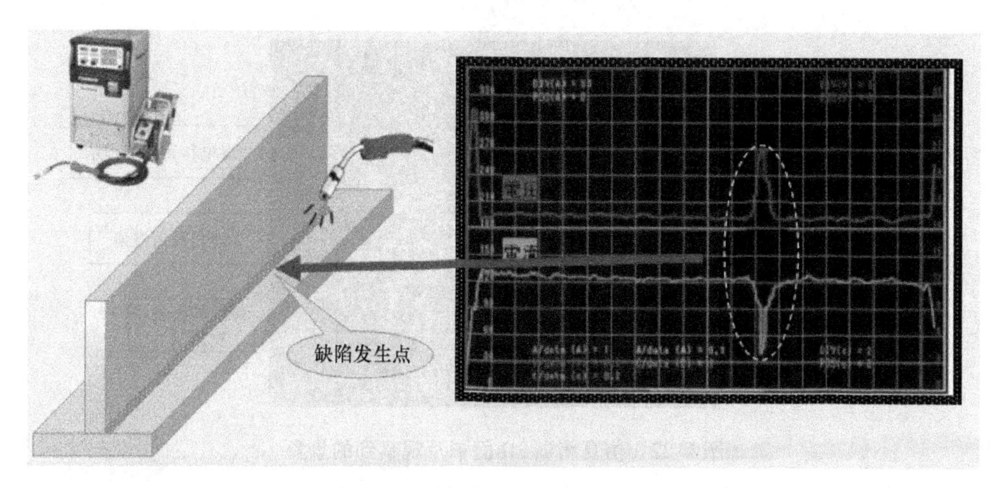

图1-19　缺陷发生点的位置判断

焊接参数曲线能够即时显示出某段焊接的电流异常，如图1-20所示。

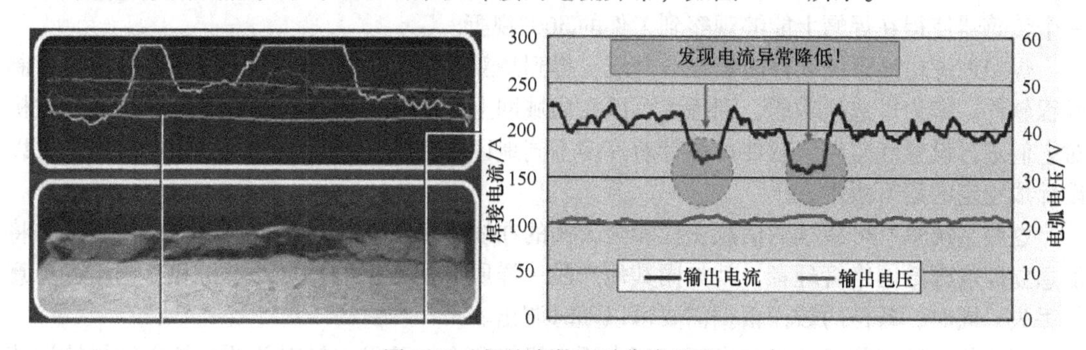

图1-20　焊接参数即时曲线显示

为真实模拟各种工件及不同焊接位置，系统提供用于仿真焊接的各种类型工件，可进行在不同焊接位置的练习，如图1-21所示。

焊接训练仿真系统操作简便，具有设置软件帮助系统、人机操作界面和菜单导航功能，使用者能够无师自通。美国某品牌产品的自助系统的触摸屏幕使得训练课程的选择更加简单。受训者戴上内置3D护目镜的3D面罩，在模拟工件上焊接时就如同身临其境的焊接作业真实感。操作者可通过的“光影显示”掌握正确的焊接要领，如图1-22所示。

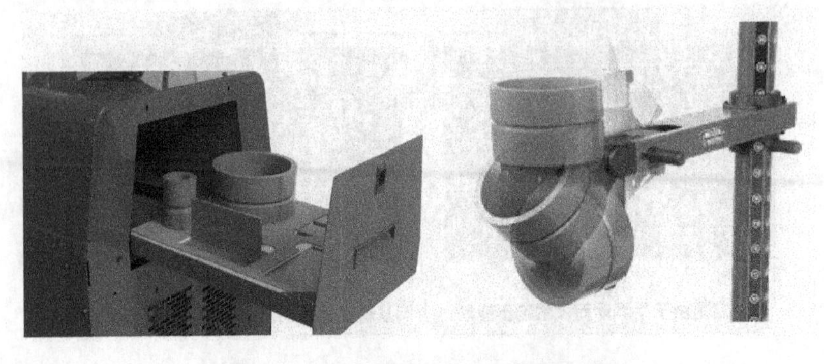

图1-21 各种类型工件及不同焊接位置

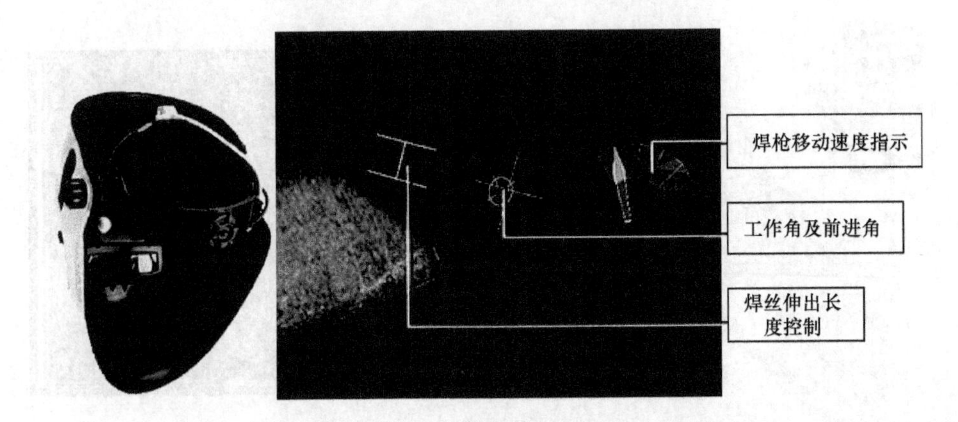

图1-22 仿真培训3D面罩及观察到的景象

焊接训练仿真系统的训练工具一般采用磁场和磁性传感器技术来感应操作者如何对焊枪进行操控，如焊枪到工件的距离是否合适，角度是否准确。3D面罩具有全方位视野，其中一个传感器使得在焊帽上能够观察到工件的360°视野。

焊接训练仿真系统软件能够在线升级，得到最新的训练内容，也可以按用户的需要定制教程软件。作为可选项功能，训练者可以在局域网上把所有的终端机进行连接，并通过主机对它们进行设置和监控。软件可以针对许多不同地区和国家的训练者使用，根据需要，可以设计成指定的语言版本。

这些系统具有可持续的信息交换和全天候的在线综合支持，如果出现故障，错误报告将信息立即电邮给网络管理者。就如同其他产品一样所有的数据能被自动备份和存档，避免意外丢失。同时，备份的数据根据需要可以随时调出。

近几年，随着仿真技术的发展，国内研究机构和企业开发出针对职业院校进行焊接训练的多节点焊接训练仿真教学系统，适合于人数较多的班级训练和教学，具有教学管理需要的培训管理功能，如任务设置、监控、课程设置、学生管理、系统设置、教师管理、成绩管理、任务共享等模块功能。

1.5.2 焊接工艺仿真软件

焊接过程的虚拟与仿真是近年来材料加工领域的一个研究热点。由于焊接过程是一个涉及高温电弧物理、传热、冶金、力学等方面的复杂过程，而且这一个过程是在一个很短的时间内完成，因此要建立一个精确的物理模型对这一过程进行模拟与仿真。

焊接数值模拟技术的发展是随着焊接实践经验的积累，有限元数值模拟技术、计算机技术等的发展而逐步开始的。焊接工艺的仿真主要是针对焊接温度场、残余应力、变形等几个方面。从而改善焊接部件的制造质量，提高产品服役性能，优化焊接顺序等工艺过程。传统焊接质量的好坏非常依赖于焊接工人的经验，而通过焊接数值模拟技术就是利用数值模拟方法找到优化的焊接工艺和焊接参数，如焊接材料、温控条件、夹具条件和焊接顺序等。

目前，焊接领域采用数值模拟方法涉及的对象大致有以下几个方面：

1）焊接温度场的数值模拟，其中包括焊接传热过程、熔池形成和演变、传热、电弧物理现象等。

2）焊接金属学和物理过程的模拟，其中包括熔化、凝固、组织变化、成分变化、晶粒的长大和氢扩散等。

3）焊接应力与变形的数值模拟，其中包括焊接过程中应力应变的变化和残余应力应变等。

4）焊接接头的力学行为和性能的数值模拟，包括断裂、疲劳、力学不均匀性，几何不均匀性及组织、结构、力学性能等。

5）焊缝质量评估的数值模拟，包括裂缝、气孔等各种缺陷的评估及预测。

6）具体焊接工艺的数值模拟。例如电子束焊、激光焊、等离子弧焊、电阻焊等。

常用的焊接数值模拟方法有差分法、有限元法、蒙特卡洛法。经过多年的发展，有限元数值模拟技术已经成为焊接数值仿真的主流方法，因为焊接最为关心的是变形和残余应力的控制，而有限元方法在这方面有着明显的优势。目前焊接仿真软件有两类，一类是通用结构有限元软件，例如 MARC，ABAQUS，ANSYS 等，主要是考虑焊接的热物理过程，约束条件，进行热结构耦合分析，得到变形和残余应力结果。对于焊接研究者来说需要自己来控制和定义的内容更多，需要对通用软件有很深的应用功底和较强的专业知识才能更好地把握结果的精度和意义；另一类就是焊接专用有限元软件，如 SYSWELD。专业焊接软件的特点是更有针对性，针对焊接工艺的界面和模型，比较方便定义焊接路径，热源模型，另外结果精度会更高一些，对于焊接研究者来说，比较容易学习和使用。

总之，这些软件大都可以进行二维和三维的电、磁、热、力等各方面线性和非线性的有限元分析，而且有较强的模型处理和网格划分能力，并且有比较直观而强大的后处理功能。因而，焊接工作者可以充分利用上述软件而无需自己从头编制模拟软件，必要时加上二次开发，即可以得到需要的结果，这就明显地加速了焊接模拟技术发展的进程。

焊接过程数值模拟中，热源拟合、温度场的模拟是最基本的工作，然后就是应力和变形的模拟。从大量这方面的文章可以看到，温度场的模拟起步也较早，也积累了比较丰富的经验，在实际生产中得到了一定的应用。

（1）焊接温度场的模拟　温度场的模拟是对焊接应力、应变场及焊接过程其他现象进行模拟的基础，通过温度场的模拟我们可以判断固相和液相的分界，能够得出焊接熔池形状。焊接温度场准确模拟的关键在于提供准确的材料属性，热源模型与实际热源的拟合程度，热源移动路径的准确定义，边界条件是否设置恰当等。与通用软件相比，专业焊接软件使用起来更加方便，减少了通用软件很多操作时间。例如，SYSWELD 中有焊接热源模型，有双椭球（Goldak）热源模型（适于 TIG、MIG 焊接）及圆锥（Conical）热源模型（适于激光、电子束等焊接）可以供使用者选择；并且具有热源校准功能，使得热源的拟合尽可能与实际情况相吻合。焊接温度场模拟结果如图 1-23 所示：

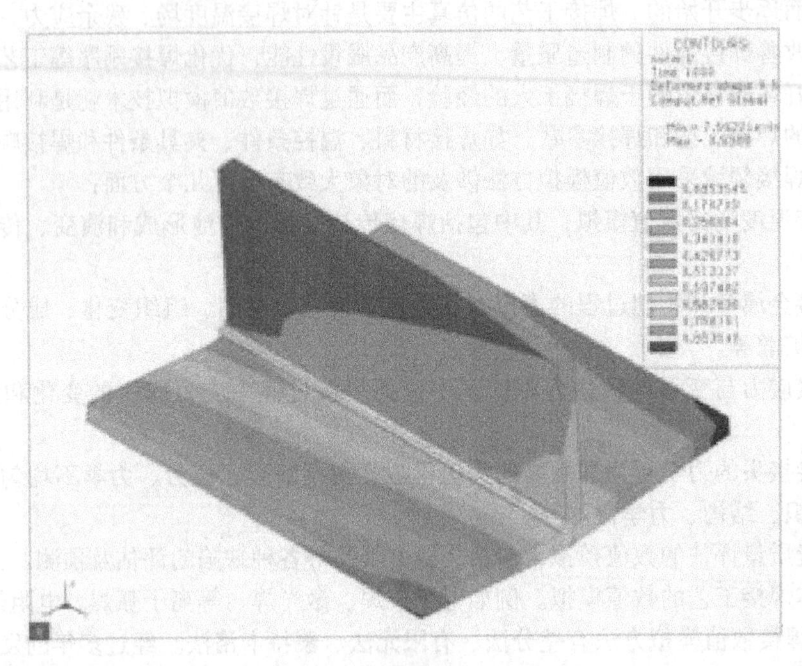

图 1-23　焊接温度场模拟结果

（2）焊接应力与变形的仿真　焊接应力与变形问题可以分为两类：一是焊接过程中的瞬态应力应变分析，二是焊接后的残余应力与应变计算。对后者进行分析计算的较多，主要是为了减少残余应力，控制变形，防止缺陷的产生。经过几十年的发展，应力与变形的计算日益成熟，结果精度也在不断提高。

1）改进了计算方法的效率和稳定性，计算速度更快，收敛性更好。还有很多程序应用了并行计算功能，进一步提升了计算速度，模型也考虑得更加精细。

2）深入研究了对焊接应力与变形的影响因素。例如材料属性随温度变化，焊接接头几何形状，焊缝数量，不同的焊接方法等。

对于焊接局部模型，存在非常强烈的非线性特征，材料经过高温、相变、冷却后会有残余应力，因此对焊接附近需要进行详细模拟。而作为整体结构而言，可能又体现为弹性变形，所以线弹性分析就够了。因此，对于多道焊接的问题，采用先局部，再整体，将局部模型的内力映射到总体模型上的方法具有很大优势，能够快速得到整体模型的应力和变形结果。对应整体模型完全按照局部模型的细节进行仿真，可能计算量会大的无法承受，事实上也没有必要。

（3）焊接工艺的优化　合适的焊接工艺将非常有利于减少焊接结构的变形和残余应力。因此，选择合适的焊接材料、夹具条件、焊接顺序、冷却速率控制等，就可以优化焊接结构，提高焊接质量，延长结构服役寿命，降低成本。因此基于焊接数值仿真的焊接结构设计将发挥重要的作用。如图 1-24 所示，为 SYSWELD 焊接工艺仿真举例，数字 1 ~ 9 为焊接顺序，通过软件模拟，得出此种工艺条件下工件的温度分布及变形数模。

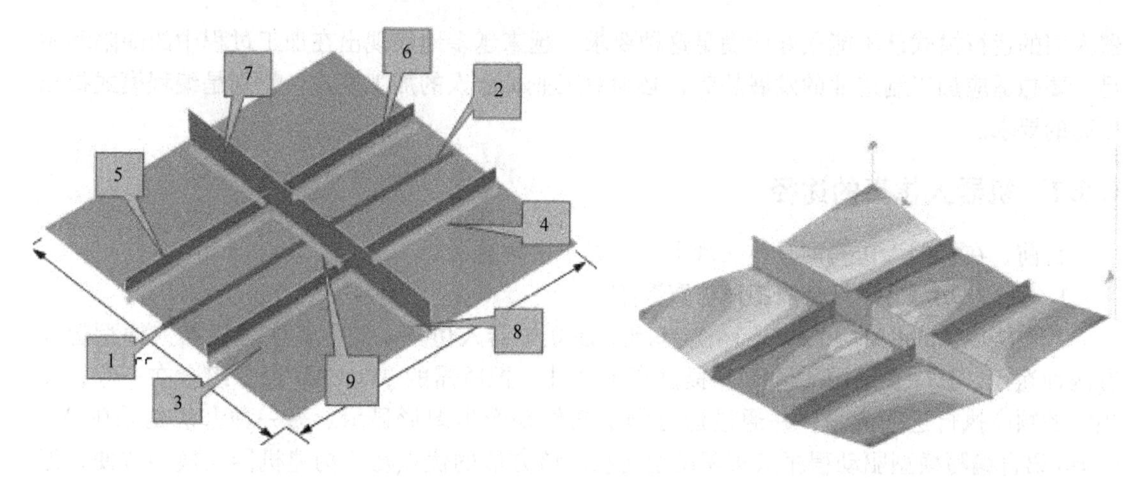

图1-24　SYSWELD焊接工艺仿真举例

（4）焊接仿真软件的未来发展趋势　焊接数值模拟软件的发展朝着集成化、专业化、工程化等方向发展。所谓集成化，就是焊接数值模拟将结合焊接工艺库，专家经验与知识库，材料数据库，变得越来功能越为丰富和强大，仿真能力更强，使用也更加方便，更便于将焊接工艺结果反馈给结构设计工程师，使之在设计早期即可得到结构焊接后的力学性能，便于其对设计实现更改。

所谓专业化，就是焊接模拟软件不断细化，将各种类型的焊接仿真技术模块化，形成适于各种类型焊接工艺的模板库。例如点焊工具、激光焊工具、电子束焊接工具、钎焊工具、搅拌摩擦焊工具等。

所谓工程化，就是仿真的结果更方便地为工程实际所应用。通过焊接仿真，找到优化的焊接参数和焊接顺序，选择合适的焊接材料，融入更多焊接实际工程经验，包括积累的材料数据库等。

焊接是一门传统的制造工艺，但是具体的焊接方法却仍然在不断发展更新，相应地，焊接数值模拟方法也会随之不断发展完善。相信基于焊接数值仿真的焊接结构设计在国内将会有更多更好的应用。

1.6　机器人仿真

自从20世纪60年代初世界上第一台机器人在美国问世以来，机器人作为机电一体化和现代生产自动化的典型代表，在制造业领域的应用取得了巨大成功。机器人技术是一种综合了机械工程、计算机技术、人工智能、控制理论、信息与传感技术等多学科而形成的高新技术，是当代研究十分活跃且应用日益广泛的领域。机器人的应用情况是一个国家工业自动化水平的重要标志。随着机器人技术不断发展，机器人的应用已经由最初的工业自动化领域逐渐向空间机器人、水下机器人、服务机器人和医疗机器人以及其他危险作业环境如核电站、战场、煤矿等领域拓展。尤其是在帮助人类克服体能和生理极限，从事具有危害性、重复性、繁重性等方面的工作，机器人有着无可限量的发展前途。

然而，随着现代加工制造业所出现的无纸化、网络化和个性化等新的发展趋势，工业机器人旧的运行模式已不能很好地满足这种要求，越来越多地表现出在加工过程中的缺陷和不足。要想适应加工制造业的发展趋势，必须对工业机器人的加工模式，特别是编程模式提出更高的要求。

1.6.1 机器人仿真的途径

目前，在机器人仿真的具体实现上，有如下多种途径：

1. 基于 AutoCAD 平台的图形仿真系统

该方法以 AutoCAD 和 AutoLisp 为基础来建立机器人仿真系统。其实现机器人模型运动有两种途径，其一是采用 AutoCAD 提供脚本文件，把所需的 AutoCAD 命令组合在一起，按预定的顺序执行这些命令，并通过运行脚本文件来产生图形显示。另一种办法是采用 AutoLisp 语言编写模型驱动程序来实现模型运动。该方法的优点在于构建机器人模型方便，但是系统缺乏交互性，运动学逆解算功能差等缺点，而且以 AutoCAD 为平台的仿真系统只适用于运动学仿真，不利于仿真系统的扩展。

2. 基于 Matlab 的运动仿真系统

Matlab（矩阵实验室）是20 世纪80 年代由 Cleve Moler 构思并开发，是集命令翻译、科学计算于一身的交互式软件系统。在机器人仿真系统中，有大量的矩阵运算，采用 Matlab 作为平台，可以充分利用 Matlab 强大的矩阵运算功能，提高矩阵运算的正确性和效率。Matlab 本身也具有显示三维图形的功能，即三维线条图。虽然三维线条图使运动仿真简明了，但是，仿真效果不好，缺乏真实感和精确性，而且线条模型不能满足对仿真系统做观察和检测的需要。

3. 基于 AutoCAD 和 Matlab 的机器人仿真系统

应用 AutoCADActiveX 技术，在 VBA 中调用 Matlab 应用程序。利用 Matlab 强大的矩阵计算功能，结合 AutoCAD 的图形功能，可以开发出运算效率高、图形显示质量好的机器人仿真系统。

4. 基于 VRML-JAVA 的运动仿真系统

虚拟制造（Virtual Manufacturing）已是制造业中广为接受的新概念，虚拟现实技术是虚拟制造的一个重要支撑技术，是进行产品虚拟设计的途径。随着 JAVA 和 VRML 技术的相继出现以及微机性能的不断提高，在微机上进行虚拟现实仿真已经成为可能。这种仿真系统虽然不具备大型系统那样的真实感和沉浸感，但它提供了一个低成本、低门槛的应用平台。VRML 和 JAVA 的跨平台性、网络化和强大的可编程能力，对于实现网络化机器人仿真是一种简单廉价而有效的手段。

5. 基于 3Ds MAX 的机器人动画仿真系统

3Ds MAX 是 AutoDesk 公司推出的专门进行图像处理和动画制作的软件，使用方便、功能强大。利用 3Ds MAX 作为机器人动画仿真系统，具有模型美观、操作简单、易于改变观察视角等诸多优势。但是，3Ds MAX 造型缺乏一些精确定位的功能以及仿真的实时性和交互性。

6. 基于 Visual C++和 OpenGL 的运动仿真系统

采用 Visual C++作为编程语言，一方面是因为 Visual C++完善的基本类库 MFC 和应用向导 AppWizard 可以方便地调用 OpenGL 以及方便地实现 OpenGL 和 DXF、SLP 等图形文件的接口。这有利于实现复杂、丰富的机器人及环境模型。另一方面，采用 VisualC + + 作为编程语言有利于正、逆运动学以及轨迹路径规划等算法及示教功能的实现。OpenGL 是近几年发展起来的一个性能卓越的三维图形标准，它独立于操作系统，以它为基础开发的应用程序可以十分方便地在各种平台间移植。

1.6.2 机器人焊接仿真视频

在实际的工业设计和产品制造过程中，借助全方位的动态视频化产品演示，使设计和生产部门之间架起方便沟通的桥梁，用以指导实际生产，也可作为用户使用产品时的操作指南。简化了沟通环节，减少了不必要的现场制作和修改。通过将 DTPS 机器人离线编程软件制作的工程车结构件机器人焊接系统离线程序转换为仿真视频，可在电脑和电视上播放，如图 1-25 所示（参见配套资料⑤工程机械焊接离线程序仿真视频）。

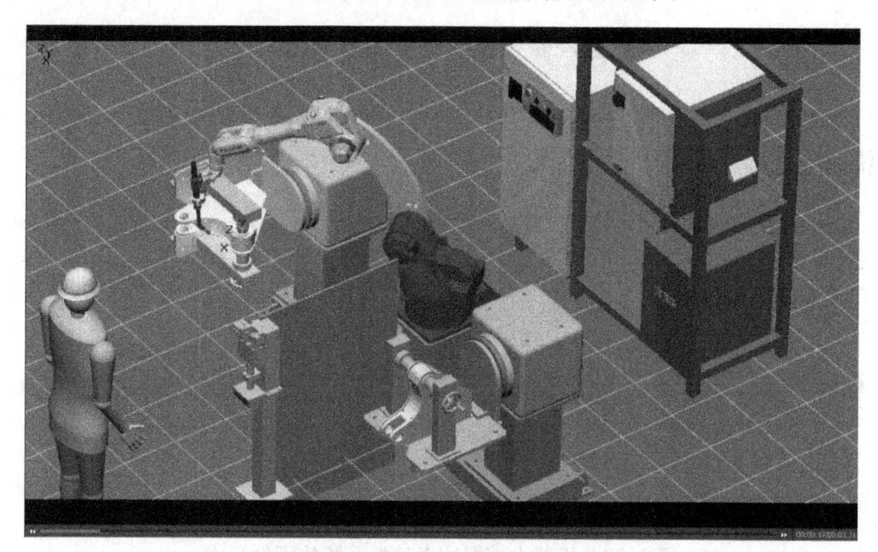

图 1-25 应用 DTPS 软件制作的机器人焊接仿真视频

1.6.3 焊接机器人教学系统

目前，计算机硬件、操作系统平台、网络通信技术都已经达到了很高的水平，为加工制造业提供了广阔的前景，因而工业机器人自身的软件领域的创新、编程和仿真技术的提高，对工业机器人的推广及其应用效率发挥起着越来越重要的作用。日本松下公司开发的应用于教学培训的“焊接机器人教学系统”其基本构成和功能如下所述。

1. 硬件构成

实际的机器人设备主要由机器人本体、机器人控制箱和机器人示教器三部分组成。它们之间通过快速（插接）端子进行连接实现通信，如图 1-26 所示。

焊接机器人教学系统则采用电脑屏替代实体机器人，利用真实的机器人示教器（实物）练习，在计算机屏（或其他显示器）上进行机器人动作的模拟，学习机器人的编程和操作。设备成本低，安全系数高，便于课堂教学和训练，适用于初学者进行学习和训练。

焊接机器人训练系统采用与标准机器人单体实物同样的示教器和示教器电缆，示教器

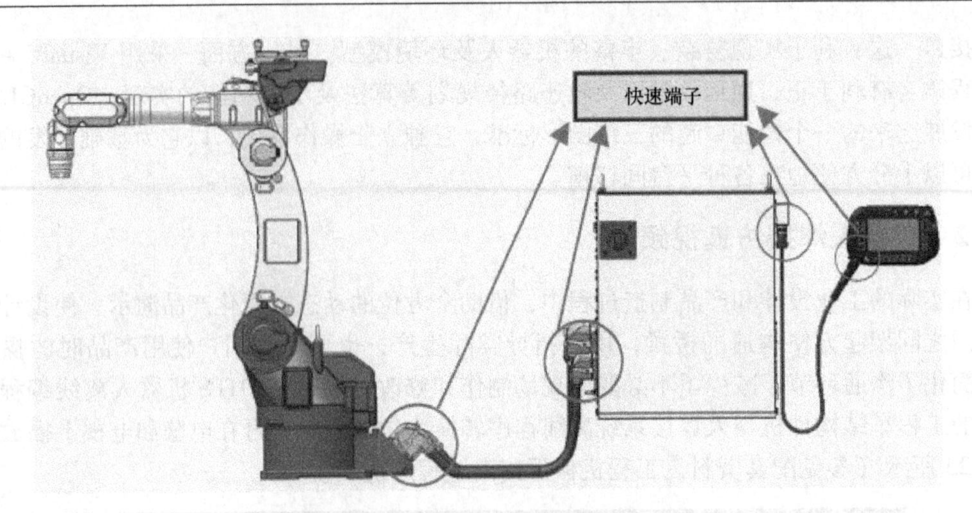

图 1-26　机器人设备构成示意图

（又称 TP）需要配带监视器输出端子，以便于与计算机屏（虚拟机器人）连接。焊接机器人训练系统的硬件部分如图 1-27 所示。

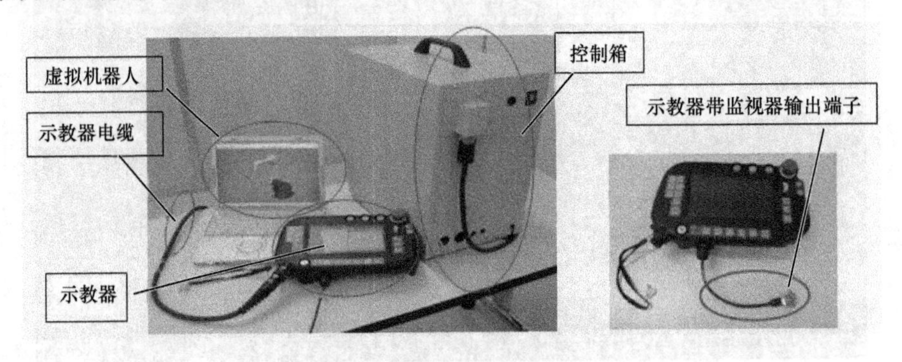

图 1-27　机器人模拟仿真教学系统的硬件组成

焊接机器人教学系统的控制箱内部由背板、主 CPU 板、伺服 CPU 板、次序板、安全板、焊接控制板、电源板等主要元器件组成，并且这些电路和实际的机器人控制箱完全一样，可互换使用。焊接机器人训练系统控制箱内部构造如图 1-28 所示。

图 1-28　焊接机器人训练系统控制箱内部构造

仿真教学机器人的操作方法和实际机器人完全相同，且使用安全。其硬件系统与实际机器人单体的硬件构成对比如图1-29所示。

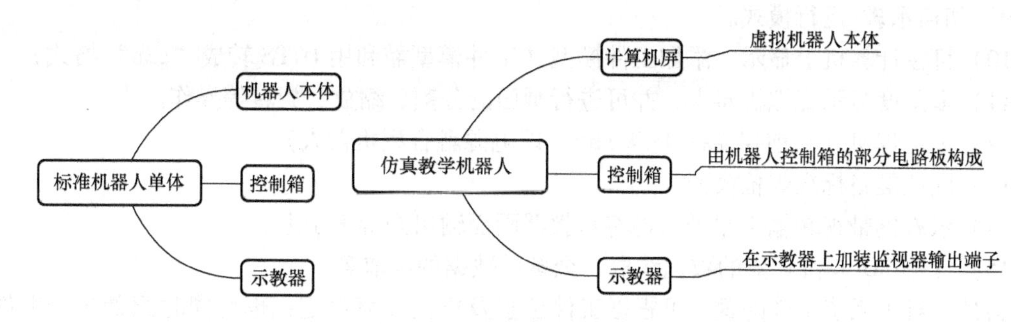

图1-29 标准机器人与仿真教学机器人硬件构成对比

借助计算机的数学模型来虚拟空间中的机器人本体和空间上的示教点，例如，利用虚拟空间的特点，事先对所示教的工件标出空间上的“接近点”和“退避点”，这样更便于学习和掌握机器人编程和焊接的基本操作要领，实现了机器人操作训练的离线化。机器人操作训练的离线化学习如图1-30所示。

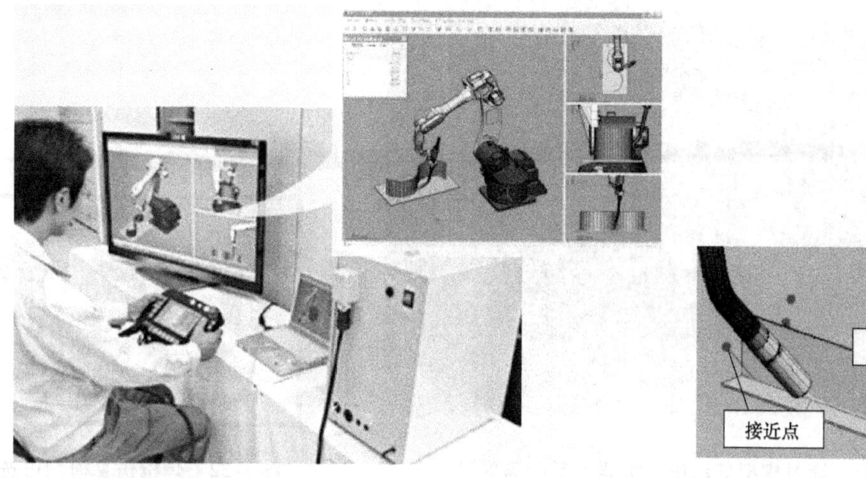

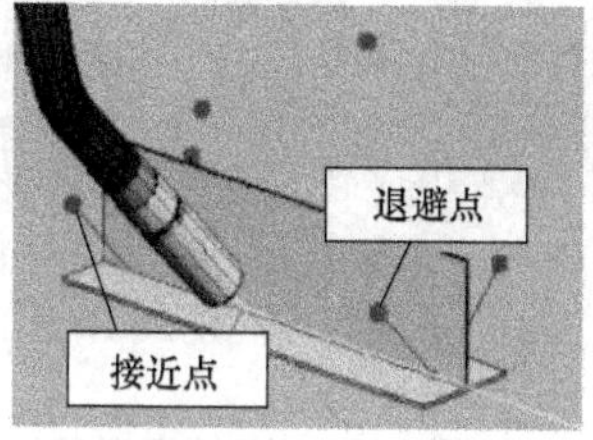

图1-30 机器人操作训练的离线化学习

2. 系统功能

机器人仿真教学系统可以模拟完成真实机器人所具有的各种示教功能、编辑功能和焊接功能，操作者的视觉和触觉等同于操作真实的机器人。系统具体的功能汇总如下：

1）程序的编写完成、保存、编辑、打开。

2）程序的运行。

3）手动动作。

4）选择菜单。

5）追加、变更、删除示教点。

6）追加、变更、删除次序指令。

7）跟踪操作。

8）对机器人进行基本设定。

9）切换示教/运行模式。

10）可在计算机上显示、添加工件模型（工件模型需利用 DTPS 转成“g2p”格式）。

11）多角度显示虚拟机器人，并可进行画面的分割、缩放、旋转等操作。

12）设定焊机（目前仅支持 TAWERS，即电源融合型机器人）。

13）默认准备标准焊枪模型。

14）示教器带视频输出端子，可将示教器画面输出到等离子上。

15）支持 SD 卡和 U 盘的数据读取、全备份数据的读取等。

另外，对于系统工件配置，可根据工件位置及方向任意设定；也可同时配置多个工件；通过在与实际设备相近的位置配置类似工件，可进行实际操作练习。焊接位置有对接、T 角接、搭接、有间隙的搭接、圆弧焊接等。具体工件有喇叭口、箱体、圆弧组合、法兰管子、管板等，均可将这些工件模型添加在系统里。通过虚拟显示仿真机器人示教场景如图 1-31 所示。

系统可根据需要，焊枪仿真模型类别可选，如图 1-32 所示。

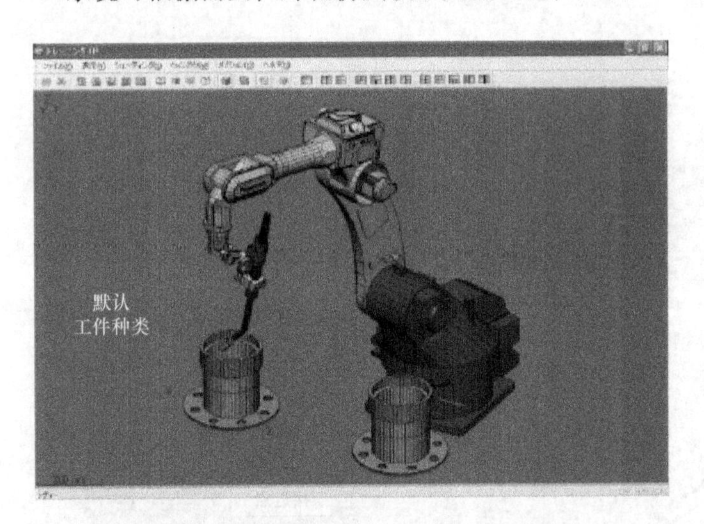

图 1-31　通过虚拟显示仿真机器人示教场景

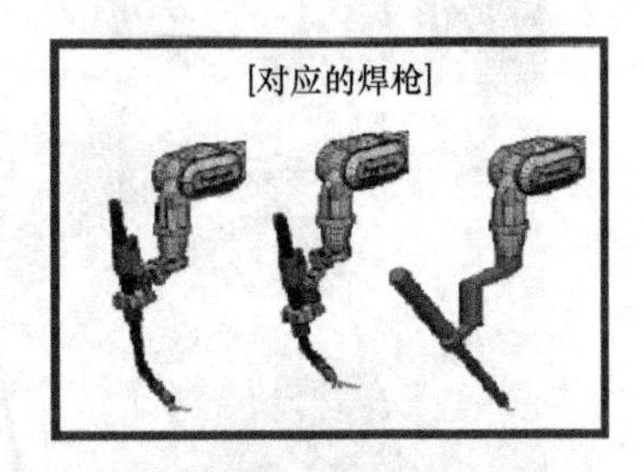

图 1-32　焊枪仿真模型可选

实际的使用中，可以将机器人系统模型和示教器程序界面分别投射到两个显示器上，实现机器人示教培训的课堂化，提高了学习效率，避免了初学者在机器人操作训练教学过程中可能出现的困难和问题，如图 1-33 所示。

3. 系统规格

1）名称及型号：虚拟机械手系统/YA-1UPCT21。

2）系统构成：控制箱、示教器电缆、示教器、软件（CD）。

3）输入电压：单相 220V。

4）对应机型：TA-1400（焊枪外置式），对应 TA-1000 1600 1800 1900；TB-1400 1800（焊枪内置式）时，需由服务人员对机型进行变更。不对应 HS-165G3（其中一款机器人型号）。

5）模拟前准备物品：计算机一台（Windows 系统）、鼠标、网线、监视器（教学时需

图1-33　示教器界面显示投射到教学显示器上的图片

要2个显示器，一个用于显示示教器画面，另一个显示机器人本体动作）、监视器电缆。

6）限制事项：无法显示及操作外部轴，不能对应工件回转示教，导入的实际工件与设备需与DTPS（机器人离线编程软件）配合使用。

机器人模拟仿真教学系统的编程操作与实际的机器人操作基本相同，详细的操作方法可参考《焊接机器人基本操作及应用》一书，这里不再赘述。

思　考　题

1. 何谓系统仿真？仿真技术发展的三个不同层次？
2. 何谓虚拟现实？简述虚拟现实的三大特征。
3. 简述系统仿真系统仿真的一般步骤。
4. 焊接训练仿真系统有哪些特点？
5. 在机器人仿真的具体实现上，有哪些途径？
6. 简述“焊接机器人教学系统”的基本构成。

第2章　机器人离线编程技术

2.1　机器人离线编程概述

根据焊接机器人的应用情况和发展需要，生产企业希望焊接机器人既要保证工作时间，又能适应柔性化生产的需要，这种生产与编程的矛盾越来越大。弧焊是机器人焊接的重要领域，也是编程示教遇到困难较多的场合，根据目前国内焊接机器人在工厂的大量应用和快速发展需要，传统的工业机器人“在线示教”方式已经不能满足生产需求，机器人离线编程与仿真技术越来越受到生产厂家的重视，对离线编程技术的需求日益增强。

在现代制造业中，焊接技术作为重要的加工手段，占有非常重要的地位，焊接机器人在提高焊接质量、降低焊接成本、实现焊接自动化等方面扮演着重要角色，然而，传统的工业机器人示教编程工作方式有诸多不足，主要体现在如下几个方面：

1）机器人在线示教不适应小批量、多品种的柔性生产的需要。

2）复杂的机器人作业，如焊接大型工件、装配任务等，很难用示教方式完成。

3）运动规划的失误会导致机器人间及机器人与固定物的相撞，破坏生产。

4）编程者安全性差，不适合太空、深水、核设施维修等极限环境下的焊接工作。

机器人离线编程技术的出现，为上述问题的解决提出了可供选择的方案。与传统的在线示教编程相比，离线编程具有的优点简述如下（后面几节将进行详细介绍）：

1）减少机器人不工作的时间。

2）使编程者远离危险的工作环境。

3）便于和CAD/CAM/Robotisc一体化。

4）可对复杂任务进行编程。

5）便于编辑机器人程序（参见配套资料④电控柜焊接离线仿真视频）。

弧焊机器人离线编程与仿真技术已经成为中国焊接界需求的重点和国内科研院所的重要研究方向。本书在介绍焊接机器人离线编程与仿真技术特点的基础上，将详细讲述焊接机器人离线编程与仿真技术在实践中的应用。

2.1.1　机器人离线编程系统研究与应用现状

1. 机器人离线编程技术的发展

国外机器人离线编程的研究从20世纪70年代开始，在70年代末就开始了机器人离线规划和编程系统的研究。早期的离线编程系统有IPA程序、sdMMIE软件包和GRASP仿真系统等。这些系统都因为功能不完备而使用不方便。在80年代中期到90年代中期推出商品化离线编程系统。在众多版本的机器人仿真与离线编程系统中，由以色列Tecnomatic公司在1986年推出的robcad机器人计算机辅助设计及仿真系统最具代表性。它是运行在SGI图形工作站上的大型机器人设计、仿真和离线编程系统，其集通用化、完整化、交互式计算机图形化、智能化和商品化为一体。但这些传统的机器人离线编程系统的分析、设计、实现和编程的方法都是面向过程的，存在着许多不足。

ROBCAD是美国Tecnomatix公司1986年推出的机器人CAD及仿真系统。短短几年内，ROBCAD已在实际工业系统中得到了广泛的应用，美国福特、德国大众、意大利菲亚特等多家汽车公司以及美国洛克希德宇航局都使用ROBCAD进行机器人生产线的设计、仿真和离线编程。美国另一个著名的机器人离线编程与仿真软件包是IGRIP，它是美国Deneb Robotics公司推出的交互式机器人图形编程与仿真软件包，主要用于机器人工作单元布置、仿真及离线编程。IGRIP可在SGI、HP、SUN等工作站上运行。IGRIP软件分为三个部分：IMS、GSL. GLI。此外，它还通过一个共享库为用户提供一些更高级的功能。

随着PC上CAD软件的发展，出现了集成在功能强大的CAD软件上的离线编程系统，真正做到了CAD/CAM一体化。基于普通PC的商用机器人离线编程软件有Workspace、ROBCAD等。Workspace是Robot Simulations公司开发的第一个商品化的基于微机的机器人仿真与离线编程软件。该软件最新版采用了ACIS作为建模核心，与一些基于微机的CAD系统（如AutoCAD）做到了很好的数据交换。

通用的离线编程系统，由于没有为弧焊机器人提供方便、有效的编程方法。从20世纪90年代中期，国外一些大学、研究所针对弧焊参数制定、机器人与变位机协调焊接等问题对机器人离线编程与仿真技术进行研究，并开发出原型系统。面向对象方法（Object Oriented Method，OOM）被认为是能解决上述问题的最有效的方法，并在许多领域取得了令人信服的成果。已经商品化的工业机器人离线编程系统有法国Dlassault公司开发的大型CAD/CAM应用软件CATn v4。除此之外，其他研究仍局限于工业机器人离线编程中的部分关键问题上。

美国SIMA公司在仿真与离线编程软件包CimSta- tion基础上开发扩展版本，用来进行机器人程序自动优化和机器人与变位机之间的协调运动。系统通过输入焊接速度、焊枪角度等参数自动规划出焊接路径。英国Loughborough大学的K. H. Goh和J. E. Middle开发出机器人弧焊离线编程工具和焊接工艺专家系统WRAPS，它主要包括建模、编程、在线编辑和专家数据库管理四个模块。该系统的图形功能有限，无碰撞检测和焊接路径规划功能，焊接参数专家系统开发还不完善。

商品化离线编程系统在弧焊方面进步很大，实现了无干涉焊接路径的自动生成、焊缝的自动编程等功能。对焊接离线编程与仿真技术的研究主要体现在智能性和自动化上。

美国NASA和Rockwell国际科学中心合作开发了一套智能化、自适应的焊接系统离线编程技术作为系统重要组成部分，用于航天飞机主发动机的机器人弧焊中。其核心购买了Mcauto公司开发图形仿真系统中的PLACE和COMMAND模块，系统的焊接参数保存在数据库中。

Jacob Rubinovitz和Richard A. Wysk提出了机器人弧焊任务级离线编程的思想。通过任务规划将用户任务转化成机器人级程序。任务规划可以解决以下方面的问题：

1）焊接顺序的问题，焊接顺序规划的目标是使焊缝之间的焊枪移动时间最短，从而使焊接生产率最大化并控制热变形。

2）从当前焊缝移到下条焊缝的过程中焊枪应走什么样的路径，考虑如何避免碰撞。日本大阪大学的前川仁等学者研究了任务级弧焊机器人离线编程系统，针对五或六自由度弧焊机器人，解决干涉检查与避免碰撞的问题。但是，没有研究机器人和变位机的协调情况，也没有在实际焊接中应用。

加拿大西安大略大学的 R. O. Buchal 等人开发了用于机器人焊接工作站自动编程系统——AUTOWELD，主要研究了工作站的建模、干涉的计算、运动学、自动焊接参数选择和轨迹规划等技术，但在建模、焊接参数规划上有待改进，并提出配备实时焊缝跟踪传感系统在实焊中是必需的。法国 Institut De Soudure 等单位联合开发机器人焊接（弧焊）的离线编程软件——ACTWELD。系统提供人机接口，可从焊接角度完成工件的设计；ACTWELD 通过自动编程能力产生机器人程序。系统支持典型的参数化装配定义，可结合焊缝跟踪和自适应传感器，并集成焊接数据库或专家系统。

中欧和东欧国家科学与技术合作计划开发出离线编程项目——ProARC，项目旨在为中小企业提供廉价且专业的离线编程系统。系统在 AutoCAD 平台上基于二次开发工具 ARX 开发，系统实现基本的建模和仿真功能，针对焊接应用研究了焊缝的宏定义、焊接起始点寻找、焊接顺序的柔性改变和焊接工艺数据库等技术。但工件模型过于复杂，模型粗糙，图形功能较差。

2. 国内各大学对机器人离线编程系统的研究

20 世纪 90 年代，熊有伦院士主持的“基于微机的机器人离线编程系统 HOLPS”科研项目，对该项技术进行了深入研究，取得阶段性成果。哈尔滨工业大学、北京工业大学、南京理工大学等单位相继开展了在机器人焊接离线编程方面的研究工作。随之开发出了 RAW-CAD 等弧焊机器人离线编程系统，并在一些产品上得到了应用。其中，哈尔滨工业大学在十几年前便开展了此项工作，研究水平在国内处于领先地位。机器人离线编程系统的基本结构如图 2-1 所示：

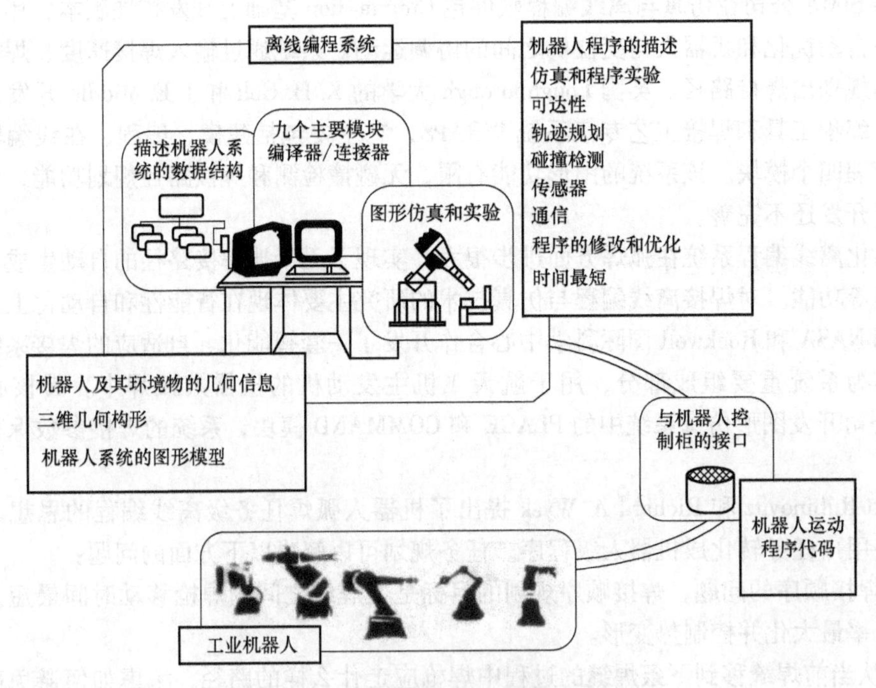

图 2-1　机器人离线编程系统基本结构

南京理工大学对 MotoMan SK6（安川）单机器人的离线编程与仿真进行了研究，并对 AutoCAD 和日本软件 MRCWord 进行二次开发，构建 SK6 机器人模型，实现机器人本体仿真。二次开发基于 AutoCAD，研究焊缝几何信息的提取、焊接工艺参数规划基于知识的推理机制以及焊枪姿态规划。没有形成自主的离线编程系统，随后自主开发了 IGM 弧焊机器人大型工作站仿真系统，系统基于 C/S 结构包含 OLE 项，通过 COM 接口实现焊接工件三维图形及几何拓扑信息的无缝集成。基于面向对象的编程自主开发了三自由度龙门机架、六自由度关节型弧焊机器人和两自由度变位机的三维造型及焊接过程图形仿真系统。但对自动规划技术研究较少，尤其是机器人与机架的协调运动规划技术。

北京工业大学在 VC++开发平台上自主开发一套离线编程与仿真系统，应用 OPGL 图形语言开发几何建模模块，实现从 CAD 模型中提取焊缝几何信息；焊接任务规划通过人机交互的方式进行；焊接参数由焊接参数数据库提供；焊接路径优化考虑到焊缝姿态和焊枪姿态，即对焊缝过渡段姿态和速度圆滑处理。系统主要从易用性和实用性角度出发，缺乏对自动规划技术研究，图形建模功能仍较弱。然后，该校又在 Sol-idEdge 平台上进行二次开发，研究图形仿真、碰撞检测、图形示教、程序下载等技术。

上海交通大学开发了基于 PC 的交互式三维可视化离线编程和动态仿真系统。系统三维几何建模基于 OpenGL 三维图形功能，研究了机器人运动轨迹的自动规划和编程并实现了图形化动态仿真。对单道焊采用交互式三维虚拟示教，对多层多道焊提出“宏”编程技术。系统侧重于建模、仿真、规划方面的研究。

哈尔滨工业大学综合应用焊接结构特征建模、焊接工艺规划和运动规划技术，在高性能 PC 和 Auto-CAD2000 平台上，运用开发工具 ObjectARX 进行二次开发实现机器人弧焊任务级离线编程。从功能角度提出机器人弧焊执行级离线编程系统的总体结构，包括建模、路径、编程、程序转换与碰撞检测等功能。当时系统任务级的功能较弱，适用的工作单元比较少，算法只适用特定的九自由度弧焊机器人系统。任务级语言转换为执行级程序才能进行编辑，使用不方便。选择 SolidWorks 作为新运行平台，在高档 PC 上，采用其二次开发工具以及 COM 和 ATL 等编程技术，从实用化角度出发，研制成功了一个功能较全的机器人弧焊离线编程系统。提出了既可以描述焊接路径又具有机器人运动学意义上的性质的双义标签点的概念，采取基于板特征和接头特征的建模机制，研究了弧焊中机器人放置规划，并且实现多机器人的运动与仿真。

3. 商品化的离线编程系统

国外商品化离线编程软件都是朝着智能化方向发展。国外主要的商品化机器人离线编程与仿真系统见表 2-1。

国外商品化离线编程系统都提供的基本功能有几何建模功能、基本模型库、运动学建模功能、工作单元布局功能、路径功能、自动编程功能、多机协调编程与仿真功能。而科研所开发的系统一般都不具备多机协调编程与仿真功能。

从应用看，商品化的离线编程系统都具有较强的图形功能，并且有很好的编程功能，针对焊接有专门的点焊、弧焊模块。机器人和变位机具有协调运动功能，并针对弧焊特点，系统可以快捷地生成焊接路径，并可自动计算船形焊等不同焊接姿态时变位机的关节角大小，对于焊接参数一般采取用户编辑文件的方式，焊接参数保存在文件中，用户可以查看、修改，但也有的系统实现了焊接参数的自动规划（如 WorkSpace），并具有和商用机器人的专用接口。

表 2-1 国外主要的商品化机器人离线编程与仿真系统

软件包	开发公司或研究机构
ROBEX	德国亚琛工业大学
PLACE	美国 McAuto 公司
Robot-SIM	美国 Calma 公司
ROBOGRAPHIX	美国 Computer Vision 公司
IGRIP	美国 Deneb 公司
ROBCAD	美国 Tecnomatix 公司
CimStation	美国 SILMA 公司
Workspace	美国 Robot Simulations 公司

商品化的离线编程软件都采用提供机器人库的方式建立仿真工作单元，机器人模型的杆件参数都是由机器人厂商提供，同实际的机器人模型也不匹配。而现有的离线编程系统的 CAD 模型采用 CSG 和 B-rep 作为实体的两种主要表达方法，数据结构则大都采用以翼边结构为主的表示方法。这两种方法生成的图形都是由若干三角面片构成，这种图形对于运动仿真来说没有问题，但如果实际工件是由复杂曲面构成，用这种简单的图形编程结构可能会存在问题。针对复杂模型问题，离线编程系统提供了图形接口，用户可以导入由 Catia 或 ProE 等生成的模型。

针对仿真模型与实际工件不匹配问题，商品化离线编程系统都提供标定模块 PLACE、WorkSpace、IG-RIP、ROBCAD，尽管这些软件中的标定功能模块叫法不同，有的叫 Calibration，有的叫 Adjust，但都能完成标定和误差补偿功能，用户把用各种测量手段得到的数据按照不同软件要求的格式输入到离线编程系统中，标定算法由系统提供。

目前，商品化离线编程软件大都采取自主开发底层建模模块和在现有建模核心 ACIS 上开发的方式。CAD 软件已将 CAD/CAPP/CAE/CAM/PDM 等功能集成于一身，用户可以从焊接角度完成产品的设计，这样为离线编程系统提供了必要的焊缝信息、工艺信息等。因此，基于 CAD 平台的离线编程系统比较符合 CAD/CAM 系统的发展方向。

4. 机器人公司开发的离线编程系统及其应用

ABB 公司开发的 RobotStudio 系统基于 Windows 操作系统，用户操作方便。系统中控制图形机器人动作的运动模块和算法采用了实际机器人控制器中的控制算法，所以，图形仿真结果和实际机器人运行结果完全一致，离线编程器中采用了 ABB 机器人的 RAPID 语言，所以系统可作为机器人操作人员的训练平台，提高操作人员编程水平。系统为了实现高质量的图形效果，可以导入 Catia 文件格式的模型。深圳富士康公司购买了 ABB 离线编程软件，离线编程结果和实际焊缝的偏差通过示教盒实时调整。ABB 机器人离线仿真系统如图 2-2 所示。

MotoMan 机器人公司提供的 MotoSim 离线编程系统也是基于 Windows 的操作系统，用户操作方便。系统集成了所有型号的 MotoMan 机器人、变位机和各种周边辅助设备的图形模型。MotoSim 本身没有标定模块，如果离线编程的程序想下载给机器人执行，则必须安装另一个 MotoCal 软件，软件提供了标定 MotoMan 机器人的方法，如图 2-3 所示。

离线编程的程序通过软件 Mot-oFilter 模块的“过滤”之后，就相当于修正了杆件参数造成的误差，但软件中没有解决工具标定、零位标定、工件标定等实际应用中需要标定的标

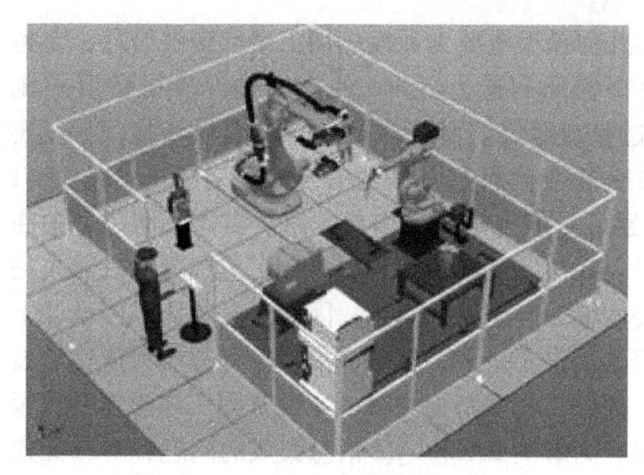

图2-2　ABB机器人离线仿真系统

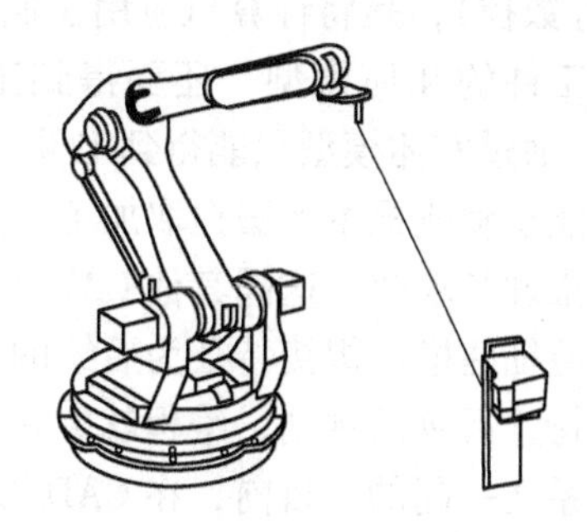

图2-3　MotoCal软件包使用的机器人杆件标定方法

定问题。MotoMan公司的这套离线编程系统主要在日本等国家应用于喷漆和点焊。日本丰田汽车公司用其离线编程弧焊功能，由于整个生产线不允许在上新品时停下来很长时间用于机器人示教编程，所以，离线编程可能起到预编程作用，编制好程序后，在实际焊接时，部分点的焊接姿态和焊接参数局部调整，缩短编程时间。

FUNAC欧洲机器人公司和以色列的CompuCraft合作开发了FunacWorks离线编程软件，在SolidWorks平台上开发，利用了CompuCraft公司的RobotWorks产品技术。

德国CLOOS机器人提供的离线编程系统在使用时，不需要标定机器人的杆件参数，由机器人的绝对位置精度来保证，每台机器人绝对位置精度都可达到1mm左右，所以，仿真环境下机器人模型和实际机器人模型误差可以忽略不计，机器人和变位机模型由仿真系统提供，这样保证设备的公称尺寸一致。但是系统即使对工件标定后在X、Y、Z三个方向上仍存在位置偏差，故提供相应补偿手段。CLOOS机器人附加接触觉传感器，可以在编程中通过碰撞路径"摸"出工件在X、Y、Z三个方向实际位置，但是对X、Y、Z三个方向的姿态偏差无法补偿。CLOOS机器人还提供了三种焊缝跟踪传感器供用户选择同离线编程系统结合使用：电弧跟踪传感器、喷嘴传感器、激光跟踪传感器。

机器人公司开发的离线编程系统具有量身定制的特点，机器人模型只限所产机器人模型，编程语言也是采用所产机器人的编程语言，优点是可以保证运动学控制算法和实际机器人的控制算法相同。

机器人公司开发的离线编程系统主要从焊接路径角度考虑，从工艺角度讲，焊接过程复杂，影响因素多，离线编程生成参数不大可用，对于焊接参数设置离线编程系统没能给出好的解决措施，离线编程系统应用中只能通过焊接工艺实验获取实际焊接工件所需要的焊接参数。

2.1.2　机器人离线编程与仿真核心技术

特征建模、对工件和机器人工作单元的标定、自动编程技术等是弧焊机器人离线编程与仿真的核心技术；稳定高效的标定算法和传感器集成是焊接机器人离线编程系统实用化的关键技术，具体内容如下所述：

1. 支持CAD的CAM技术

在传统的CAD（Computer Aided Design，计算机辅助设计）系统中，几何模型主要用来显示图形。而对于 CAD/CAM 集成化系统，几何模型更要为后续的加工生产提供信息，支持 CAM（Computer Aided Manufacturing，计算机辅助制造）。CAM 的核心是计算机数值控制（简称数控），是将计算机应用于制造生产过程或系统。对于机器人离线编程系统，不仅要得到工件的几何模型，还要得到工件的加工制造信息（如焊缝位置、形态、板厚、坡口等）。通过实体模型只能得到工件的几何要素，不能得到加工信息，而从实体几何信息中往往不能正确或根本无法提取加工信息，所以，无法实现离线编程对焊接工艺和焊接机器人路径的推理和求解。这同其他 CAD/CAM 系统面临的问题是一样的，因此，必须从工件设计上进行特征建模。焊接特征为后续的规划、编程提供了必要的信息，如果没有焊接特征建模技术支持，后续的规划、编程就失去了根基，另外，焊接特征建模的实现是同实体建模平台紧密联系在一起的。目前，在 CAD/CAM 领域，为解决 CAD/CAM 信息集成的问题，对特征建模技术的研究主要包括自动特征识别和基于特征的设计。

在机器人离线编程系统中，焊接工件的特征模型需要为后续的焊接参数规划、焊接路径规划等提供充分的设计数据和加工信息，所以，特征是否全面准确地定义与组织，就成了直接影响后继程序使用的重要问题。国内对焊接工件特征建模技术的研究主要应用装配建模的理论，通过装配关系组建焊接结构。哈尔滨工业大学以 SolidWorks 为平台开发了焊接特征建模系统，具有操作简单、功能强大、开放性好的特点，并根据焊接接头设计要求及离线编程系统的需要，对焊接特征重新分类，采用特征链方法对焊接接头特征进行组织，并给出了焊接特征建模系统的系统结构。系统实现了焊缝的几何造型，有效地提取了焊接特征，为后面焊接无碰路径规划及焊接参数规划提供了丰富的信息。

2. 自动编程技术

自动编程技术是指机器人离线编程系统采用任务级语言编程，即允许使用者对工作任务要求到达的目标直接下命令，不需要规定机器人所做的每一个动作的细节。编程者只需告诉编程器“焊什么”（任务），而自动编程技术确定“怎么焊”。采用自动编程技术，系统只需利用特征建模获得工件的几何描述，通过焊接参数规划技术和焊接机器人路径规划技术给出专家化的焊接工艺知识以及机器人与变位机的自动运动学安排。面向任务的编程是弧焊离线编程系统实用化的重要支持。

焊接机器人路径规划主要涉及焊缝放置规划、焊接路径规划、焊接顺序规划、机器人放置规划等。弧焊接机器人运动规划要在很好地控制机器人在完成焊接作业任务的同时，避免机器人奇异空间、增大焊接作业的可达姿态灵活度、避免关节碰撞等。焊接参数规划对于机器人弧焊离线编程非常必要，对焊接参数规划的研究经历了从建立焊接数据库到开发基于规则推理的焊接专家系统，再到基于事例与规则混合推理的焊接专家系统，再后来基于人工神经网络的焊接参数规划系统，人工智能技术有效地提高了编程效率和质量。哈尔滨工业大学综合应用焊接结构特征建模、焊接工艺规划和运动规划技术，实现机器人弧焊任务级离线编程，并以提高焊接质量和焊接效率为目标对机器人焊接顺序规划和机器人放置规划进行了研究，改善了编程合理性，提高了系统的自动编程能力。

3. 标定及修正技术

在机器人离线编程技术的研究与应用过程中，为了保证离线编程系统采用机器人系统的图形工作单元模型与机器人实际环境工作单元模型的一致性，需要进行实际工作单元的标定工作。因此，为了使编程结果很好地符合实际情况，并得到真正的应用，标定技术成为弧焊机器人离线编程实用化的关键问题。

标定工作包括机器人本体标定和机器人变位机关系标定及工件标定。其中，对机器人本体标定的研究较多，大致可分为利用测量设备进行标定和利用机器人本身标定两类。对于工作单元，机器人本体标定和机器人/变位机关系标定只需标定一次即可。而每次更换焊接工件时，都需进行工件标定。最简单的工件标定方法是利用机器人示教得到实际工件上的特征点，使之与仿真环境下得到的相应点匹配。

Cunnarsson 研究了利用传感器信息进行标定，针对触觉传感的方式研究实际工件和模型间的修正技术。通过在实际表面上测量数据，进行 CAD 数据描述与工件表面的匹配，于是就可以采用低精度且通用的夹具，从而适应柔性小批量生产的要求。而 WorkSpace 的技术则是利用机器人本身作为对工件的测量工具，其进行修正的原理是定义平面，利用平面间的相交重新定义棱边，或者重新定义模型上已知的位置。

4. 机器人接口

国外商品化离线编程系统都有多种商用机器人的接口，可以方便地上传或下载这些机器人的程序。而国内离线编程系统主要停留在仿真阶段，缺少与商用机器人的接口。大部分机器人厂商对机器人接口程序源码不予公开，制约着离线编程系统实用化的进程。

实际上，所有机器人都是用某种类型的机器人编程语言编程的，目前，还不存在通用机器人语言标准，因此，每个机器人制造商都在各自开发自己的机器人语言，每种语言都有其自己的语法和数据结构。这种趋势注定还将持续下去。目前，国内研发的离线编程系统很难实现将离线编程系统编制的程序和所有厂商的实际机器人程序进行转换。而弧焊离线编程结果必须能够用于实际机器人的编程才有现实意义。

哈尔滨工业大学提出了将运动路径点数据转换为各机器人编程人员都易理解的运动路径点位姿的数据格式，实际机器人程序根据此数据单独生成的方法。离线编程系统实用化的目标就是应用于商用机器人。虽然不同的机器人，对应的机器人程序文件格式不同，但是对于这种采用机器人程序文件作为离线编程系统同实际机器人系统接口的方式，其实现方法是相同的。

2.1.3　机器人离线编程系统实用化技术研究趋势

1. 传感器接口与仿真功能

由于多传感器信息驱动的机器人控制策略已经成为研究热点，因此结合实用化需求传感器的接口和仿真工作将成为离线编程系统实用化的研究热点。通过外加焊缝跟踪传感器来动态调整焊缝位置偏差，保证离线编程系统达到实焊要求。目前，传感器很少应用的主要原因在于难于编制带有传感器操作的机器人程序，德国的 DaiWenrui 研究了离线编程系统中对传感器操作进行编程的方法，在仿真焊缝寻找功能时，给出起始点和寻找方向，系统仿真出机器人的运动结果。

2. 高效的标定技术

机器人离线编程系统的标定精度直接决定了最后的焊接质量。哈尔滨工业大学针对机器人离线编程技术应用过程中工件标定问题进行了研究，提出正交平面工件标定、圆形基准四点工件标定和辅助特征点三点三种工件标定算法。实用化要求更精确的标定精度来保证焊接质量，故精度更高的标定方法成为重要研究方向。

在不需要变位机进行中间变位或协调焊接的情况下，工作单元简单，经过标定后的离线编程程序下载给机器人执行，得到的结果都很满意。而在有变位机协调焊接的情况下，如何把变位机和机器人的空间位置关系标得很准还需要深入地研究。

3. 焊缝起始点确定技术

在工业应用中，装有离线编程系统并具一定自主功能的第二代机器人对被焊工件的工装、夹具的安装定位精度要求较高，于是在局部环境中的焊缝及其起始点的确定技术变得尤为重要。离线编程技术集成焊缝起始点导引技术，这将大大扩展离线编程系统的适用空间。

上海交通大学研究用于焊接机器人初始焊位导引的视觉伺服策略技术，通过引入初始焊位导引控制算法来初步确定焊缝起始点区域；哈尔滨工业大学建立了基于力觉传感的焊缝自适应辨识标定技术，通过判断六维力状态是否有突变，根据突变判断探针在焊缝实际起始点位置区域，从而得出焊缝起始点位置，并为起始点姿态计算提供条件。

对于焊缝起始点的确定各个机器人公司的解决方法不同，如 IGM 机器人只是通过工件的准确标定来保证；MotoMan 机器人焊接角焊缝时对工件标定精度的要求松一些，离线编程只要控制机器人到起始点附近，就能够找到焊缝的起始点；CLOOS 机器人虽然提供了工件定位沿 X、Y、Z 三个方向位置偏差的补偿方法，这对工件在水平位置安装时很适合，但其他场合时就不太适用，故也要求工件标定准确。

国内现有开发的弧焊离线编程系统中对传感器操作进行编程的方法，在仿真焊缝寻找功能时，给出起始点和寻找方向，由系统仿真出机器人运动结果。

综上所述，结合目前国内焊接机器人在制造业的广泛应用和“十二五”科技自主创新的需要，机器人焊接离线编程与仿真的研究具有深远意义。

在进一步学习机器人离线编程技术之前，下一节先介绍机器人在线编程内容。

2.2 机器人在线编程

2.2.1 机器人语言

1. 机器人语言的发展

机器人语言提供了一种通用的人与机器人之间的通信手段。它是一种专用语言，用符号描述机器人的运动，与常用的计算机编程语言相似。其发展过程如下：

1973 年，Stanford 人工智能实验室开发了第一种机器人语言——WAVE 语言。

1974 年，该实验室开发了 AL 语言。

1979 年，Unimation 公司开发了 VAL 语言（类似于 BASIC 语言）。

1984 年，该公司推出了 VAL Ⅱ语言。

其他的机器人语言还有 IBM 公司的 AML 及 AUTOPASS 语言、MIT 的 LAMA 语言、Automatix 公司的 RAIL 语言等。

2. 机器人语言等级

根据作业描述水平的高低，机器人语言通常分为以下三级：

（1）动作级　每一个指令对应于一个动作，如：MOVE TO <destination>，优点为语句简洁、易于编程，缺点是不能进行复杂的运算，不能接受传感器信息。VAL 语言属于动作级机器人语言。

（2）对象级　对象级机器人语言是描述操作物体间关系使机器人动作的语言，具有运动控制（与动作级语言类似的功能）、处理传感信息、通信和数字运算、良好的扩展性（用户可根据需要增加指令）等特点。AML、AUTOPASS属于对象级机器人语言。

（3）任务级　任务级机器人语言是比较高级的机器人语言，允许操作人员下达直接命令，不必规定机器人的动作细节。对于完成如焊接工件这样的任务，需要非常高的智能。目前还没有真正的任务级机器人语言。

2.2.2　示教再现机器人

示教再现是一种可重复再现通过示教编程存储起来的作业程序的机器人，示教编程是指通过下述方式完成程序的编制：①由人工导引机器人末端执行器（安装于机器人关节结构末端的夹持器、工具、焊枪、喷枪等）；②由人工操作导引机械模拟装置；③用示教盒（与控制系统相连接的一种手持装置，用于对机器人进行编程或使之运动）来使机器人完成预期的动作，作业程序为一组运动及辅助功能指令，确定机器人特定的预期作业，这类程序通常由用户编制。由于此类机器人的编程通过实时在线示教程序来实现，通过机器人本身的存储和程序调用功能，不断重复再现示教程序。目前应用的大多是此类机器人。

示教再现机器人的基本结构由机器人本体、执行机构、控制系统、示教盒等部分组成。机器人本体一般采用直角坐标型、圆柱坐标型、极坐标型或多关节型。多关节型机器人本体占地面积小、动作范围大、空间速度快、灵活性和通用性好，已逐步成为机器人机械结构的主流。执行机构逐步由液动气动向全电动发展，采用示教再现（Teaching/Playback）方式（简称T/P方式），可使机器人具有通用性和灵活性。T/P方式是用自动化机械代替人工作业的最直接的方法。T/P机器人的控制系统主要功能有：

1）对外部环境的检测、感知功能。

2）对作业知识的记忆功能。

3）位置控制及加减速控制功能。

4）反复动作指定功能。

5）有条件无条件跳转功能。

6）对外部设备的控制功能等。

目前，上述功能是通过微处理机系统的软硬件巧妙结合来实现的。控制方式主要有点位控制和连续轨迹控制两种，点位控制应用于点焊机器人，连续轨迹控制一般应用于弧焊机器人。

自20世纪50年代末至20世纪90年代，世界上应用的工业机器人绝大多数为示教再现工业机器人（即第一代机器人）。在20世纪80年代之前，以人工导引末端执行器（俗称手把手示教）及机械模拟装置两种示教方式居多，在点到点（点位控制）和不需要很精确路径控制的场合，用上述示教方式可降低成本；20世纪80年代后半期至20世纪90年代生产的工业机器人一般都具有人工导引和示教盒示教两种功能。采用示教盒示教可大大提高控制精度，并能控制机器人的速度，且免除了人工导引的繁重操作。自我国“七五”攻关和“八五”期间开始，研制和生产的工业机器人多属示教再现机器人。

2.2.3　机器人示教编程

机器人是受程序控制的机械、电子装置，通过编程定义其作业内容。目前，机器人的编程类型主要有示教编程、机器人语言编程与离线编程三种方式。其中，以示教编程最为普遍。

1. 示教编程的种类

示教编程通常有两种方式，即手把手示教（用手移动机器人，属于早期示教形式）和示教盒示教（用示教盒移动机器人，目前多属于此类形式）。机器人示教盒的外形及各部位的标识如图 2-4 所示。

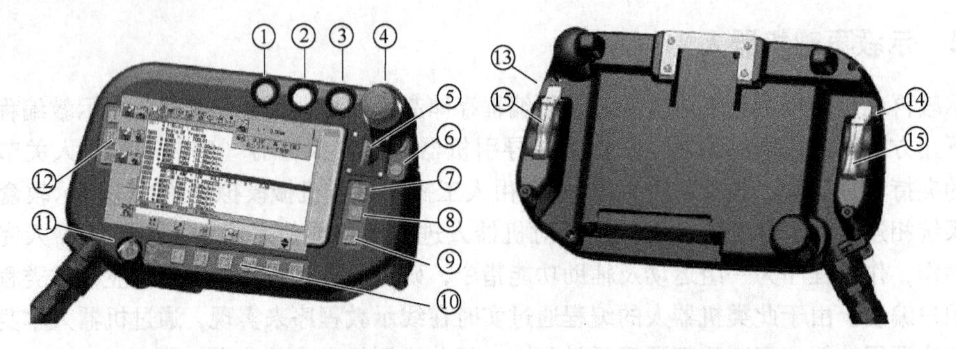

图 2-4　松下 G_{III} 机器人示教盒（示教器）正面和背面外形图

机器人示教盒各部位名称及示意图见表 2-2。

表 2-2　机器人示教盒各部位名称及示意图

序号	名　称	示 意 图
①	启动开关	
②	暂停开关	
③	伺服 ON 开关	
④	紧急停止开关	
⑤	Jog 微动键	
⑥	“+/-”键	
⑦	登录键（确认键）	
⑧	窗口切换键	
⑨	取消键	
⑩	用户功能键	F1 F2 F3 F4 F5 F6

（续）

序号	名　　称	示　意　图
⑪	模式选择开关	
⑫	动作功能键	Ⅰ Ⅱ Ⅲ Ⅳ Ⅴ Ⅵ Ⅶ Ⅶ
⑬	右上挡键（右切换键）	
⑭	左上挡键（左切换键）	
⑮	安全开关（3 段位）	

示教编程是工业机器人广泛使用的编程方法，编程人员根据任务的需要，将机器人末端工具移动到所需的位置及姿态，然后把每一个位姿连同运行速度、焊接参数等记录并存储下来，机器人便可以按照示教的位姿再现，如图 2-5 所示。

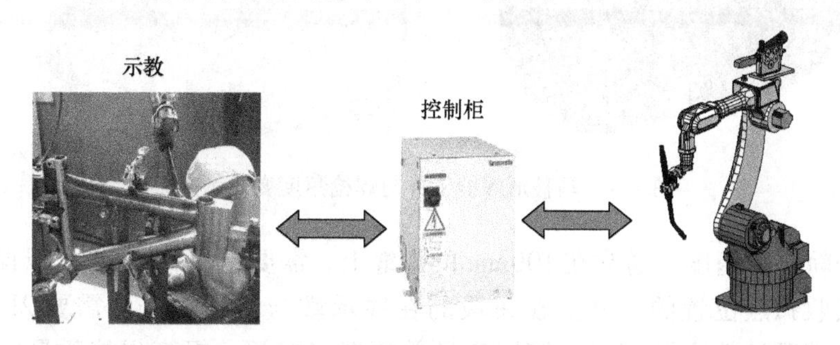

图 2-5　示教编程示意图

2. 示教编程的优、缺点

（1）示教编程的优点　不需要预备知识和掌握复杂的计算机装置，方法简单、易于学习。在机器人所要完成的任务不很复杂以及编程时间相对于工作时间比较短的情况下，示教编程是有效可行的。

（2）示教编程的缺点

1）机器人的在线示教编程过程繁琐、效率低。在许多复杂的作业以及频繁更换工件的场合，机器人的生产效率较低。由于示教编程工作必须在现场完成，编程人员主要通过眼、脑、手的配合进行示教，因此，对编程人员眼睛的观测精度和观测方法有较高要求。下面列举机器人焊接培训基地学员在取证考试现场对指定工件进行示教的场景，如图 2-6 所示（参见配套资料⑥考证试件离线程序仿真视频）。

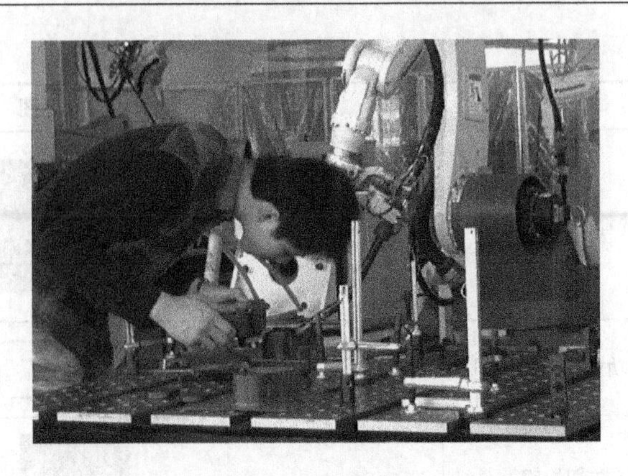

图 2-6　编程人员在练习示教工件

对于焊缝较为复杂的工件，例如马鞍形（相贯线）焊缝工件的焊缝路径及焊枪角度变化关系，焊枪角度需要跟随焊缝位置变化相应作出焊枪姿态的改变，现场示教难度较大，耗时较长，如图 2-7 所示。

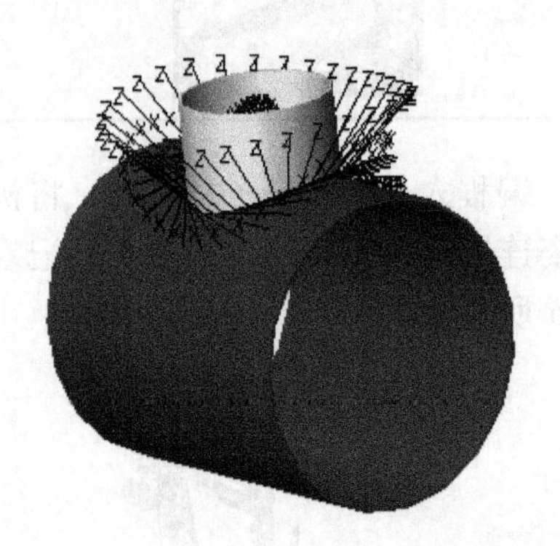

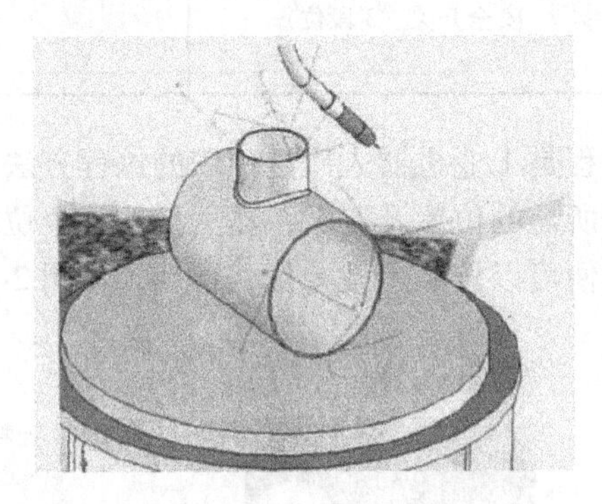

图 2-7　马鞍形焊缝工件与焊枪角度变化示意

为了保证轨迹的精度，通常在 100mm 的焊缝上，需要示教 50 个点，以保证焊接机器人运行平滑及收弧点位置的一致。在每段的在线示教与编程中，约需要 2h 的时间。因此，如何提高编程的效率及精度，缩短产品总的焊接时间，提高焊接质量成为机器人生产需要迫切解决的问题。

2）视觉误差。视觉误差主要反映在视距误差和视角误差。误差是指测量结果偏离真值的程度。对任何一个物理量进行的测量都不可能得出一个绝对准确的数值，即用测量技术所能达到的最完善的方法，测出的数值也和真实值存在差异，这种测量值和真实值的差异称为误差。而视觉误差是指人和动物通过视觉感知外界物体的大小、明暗、颜色、动静所获得的信息与被感知外界物体真实的大小、明暗、颜色、动静之间的差别。结合机器人示教编程工作，对于焊接机器人设备而言，系统的重复定位精度一般小于 ±0.1mm，对于薄板焊接，焊丝的示教偏离程度不能大于 ±0.5mm，否则可能导致焊接失败。由于焊接机器人的编程示教过程是通过“眼”→“脑”→“手（动作）”的配合，所以，示教的精度完全取决于示教者的经验和目测结果，对于复杂路径难以取得令人满意的示教效果。示教过程的眼、脑、手配合示意图如图 2-8 所示。

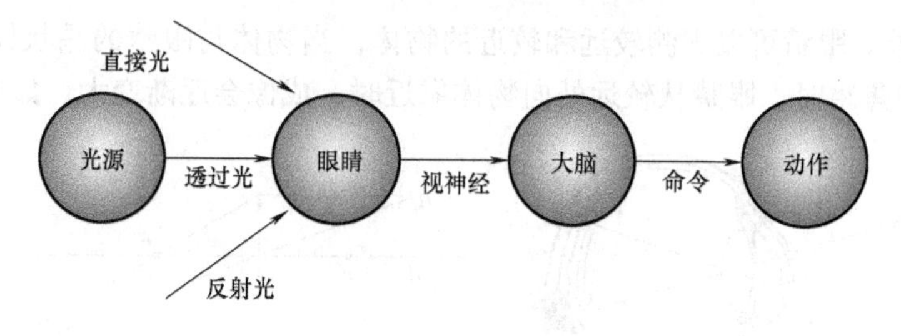

图2-8　示教过程的眼、脑、手配合示意图

下面，我们从眼睛的视觉原理解释视觉误差产生的原因。眼睛的视觉原理简述如下：

人眼的结构相当于一个凸透镜，外界物体在视网膜上所成的像是倒立的实像。涉及大脑皮层的调整作用以及生活经验的影响，倒立的像通过视网膜上的视神经传输到大脑，大脑将其转换成正立的像。眼睛之所以能看见周围的各种物体，一是必须有光，二是眼球内具有可以成像的构造。当我们睁开眼睛，从周围物体发射或反射而来的光，穿过瞳孔和晶状体，聚集在眼睛后面的视网膜上，形成这些物体的图像，连接视网膜的视神经立即把这些信息传送到大脑，所以，我们就能看到外界物体。眼睛的观测景物的原理如图2-9所示。

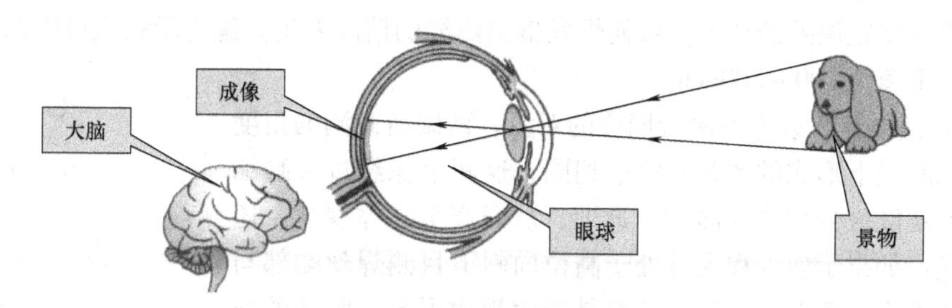

图2-9　眼睛的视觉原理

眼睛在观测远、近物体时是通过晶状体的调节作用实现的，当睫状肌放松时，晶状体变薄，远处来的光线恰好会汇聚在视网膜上，眼球可以看清远处的物体。当睫状体收缩时，晶状体变厚，近处来的光线恰好会聚在视网膜上，眼球可以看清近处的物体。

① 视觉疲劳误差。眼睛在看近处物体时，屈折力就要增加，以使近物能汇聚在视网膜上，形成清晰的物像。眼睛的这种调节功能是通过睫状肌的收缩和晶状体固有的弹性两个因素完成的。看近处物体时晶状体变凸，看远时晶状体则扁平。所以，要维持眼睛的正常调节作用，必须要有健全的睫状肌功能及晶状体的可塑性，二者缺一不可。

如果晶状体的肌肉总是处于紧张状态，时间长了，肌肉就会疲劳，失去调节能力，看到的景物就会模糊。眼睛晶状体的调节作用如图2-10所示。

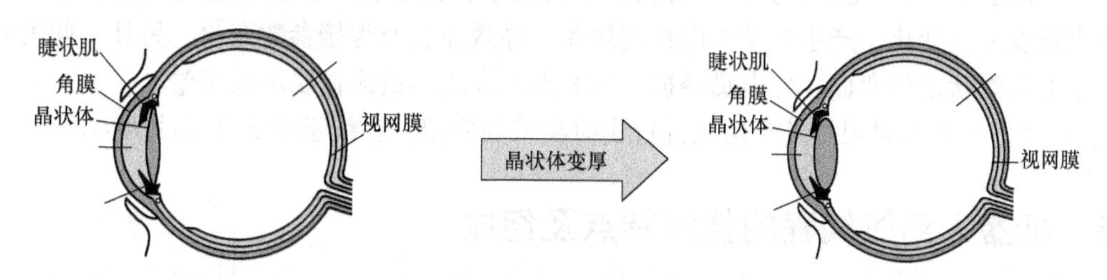

图2-10　眼睛晶状体的调节作用示意图

② 视距误差。眼睛可以观测较远和较近的物体，当物体与眼睛的晶状体（凸透镜）的距离大于透镜的焦距时，眼睛从较远处向物体靠近时，成像会逐渐变大，如图 2-11 所示。

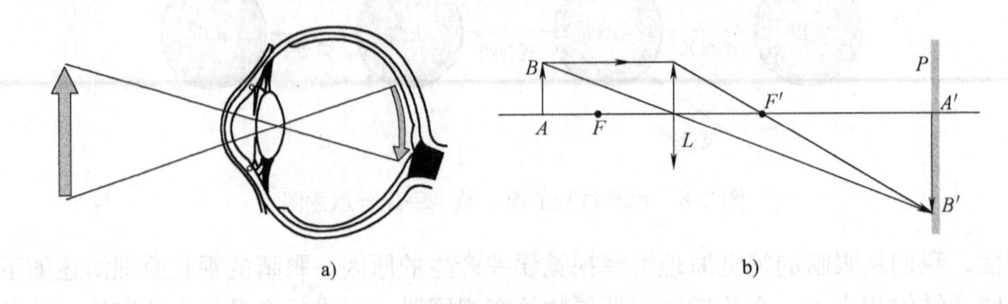

图 2-11　眼睛成像放大的原理

图 2-11a 为人眼观测物体的图示，图 2-11b 为凸透镜（类似眼睛的晶状体）成像画法，图中 L 代表凸透镜，F 为透镜焦距，P 代表视网膜、AB 代表物体、$A'B'$代表视网膜上的成像。结合编程示教工作，眼睛离工件位置越近、成像越大，焊缝看得越清楚。焊缝离眼睛越远，成像越小，越不利于观察。实际工作中，编程示教人员容易出现在较远的距离观察示教点位置，造成视距误差的产生，致使焊丝偏离焊缝的情况发生。编程示教人员眼睛与示教点的最佳观测距离为 100～500mm。

③ 视角误差。人以左右眼看同样的对象，两眼所观测的角度不同，在视网膜上形成的像并不完全相同，这两个像经过大脑综合分析以后就能区分物体的前后、远近，从而产生立体视觉。还有一种情况：如果示教编程人员处于高位向斜下目测焊丝端部与焊缝位置来确定位置点，这时，便容易产生视角误差。眼睛的视角误差如图 2-12 所示。

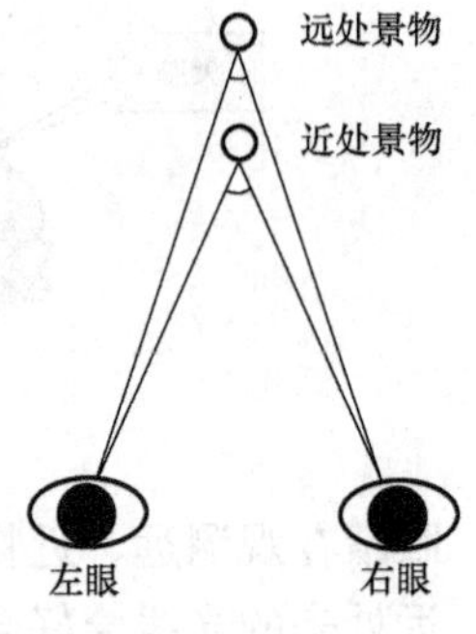

图 2-12　眼睛的视角误差

假设图中左右眼在高处观察景物位置，此时，近处景物为前点（实际位置点），远处景物为后点（眼睛观测到的位置点），这时就产生了视角误差。

所以，对一个示教点的确定，一是要近距离观察，另外，需要前后、左右、上下观察并修正焊枪位置，以消除从一个角度观察所产生的视角误差。

④ 光线对视觉的影响。在较暗的光线下，瞳孔会变大，使更多的光线进入眼中，而在明亮有光线下，瞳孔变得很小，是为了防止过多的光线射入眼中损坏视网膜。所以，示教现场的光线强弱对眼睛的视力会有一定影响。

3）在线示教的其他一些误差。焊枪在不同的示教位置，由于焊枪电缆弯曲状态会使焊丝伸出长度发生变化，产生焊丝伸出长度误差，导致弧长及焊接参数变化。另外，伸出的焊丝处于非自然状态的弯曲、导电嘴磨损、TCP 点不准均会造成在线示教误差。

4）对于一些需要根据外部信息进行实时决策的应用，在线示教更是无能为力。

2.3　机器人离线编程的技术特点及组成

随着机器人焊接应用技术的飞速发展、机械制造业市场竞争日趋激烈，对机器人的生产周期、制造成本，提出了更高的要求。为了适应这种形势，设法提高焊接接头质量及焊接接头质量的稳定性，保证生产周期已成为当务之急，机器人焊接系统的柔性优势正是解决这种矛盾的良好方案。离线编程系统可以简化机器人编程过程，提高编程效率，是实现系统集成的必要的软件支撑系统。

2.3.1　机器人离线编程的特点及功能

1. 机器人离线编程的特点

与示教编程方法相比，机器人离线编程具有以下一些特点：

1）减少机器人的非工作时间。当机器人在生产线或柔性系统中进行正常工作时，编程员可对下一个任务进行离线编程仿真，这样，编程不占用生产时间，提高了机器人的利用率，从而提高整个生产系统的工作效率。

2）改善了编程环境，使编程员远离危险的作业环境。由于机器人是一个高速的自动执行机构，而且作业现场环境复杂，如果采用示教器现场示教的编程方法，编程员必须在作业现场靠近机器人末端执行器才能很好地观察机器人位姿，这样，机器人的运动可能会给操作者带来危险，而离线编程不必在作业现场进行。设计人员也可直接在计算机上获得机器人系统的技术数据，如图2-13所示。

3）使用范围广。同一个离线编程系统可以适应各种机器人的编程。

4）便于构建FMS（柔性制造系统）和CIMS（计算机集成制造系统）中有许多搬运、装配等工作需要有预先进行离线编程的机器人来完成，便于和CAD系统集成，实现CAD/CAM/Robotics一体化。

图2-13　设计人员通过离线编程获得技术数据

5）提高了编程效率与质量，可使用高级机器人语言对复杂系统及任务进行编程。

6）便于修改程序，避免了在线示教所产生的各种误差。

一般的机器人语言是对机器人的动作描述。当然，有些机器人语言还具有简单环境构造功能。但对于目前常用的执行级和对象级机器人语言来说，用数字构造环境这样的工作算法复杂，计算量大且程序冗长。而对任务级机器人语言来说，一方面高水平的任务级语言尚在研制中，另一方面任务级机器人语言要求复杂的机器人环境模型的支持，需借助人工智能技术，才能自动生成控制决策和轨迹规划。示教编程和离线编程的对比见表2-3。

表2-3　示教编程和离线编程的对比

示教编程	离线编程
需要实际机器人系统和工作环境，编程时，机器人停止工作	需要机器人系统和工作环境的图形模型。编程时，机器人无需停止工作

2. 离线编程的功能

（1）编辑功能　随着3D图形显示的强化，离线编程软件（例如本书所列举的松下DTPS软件）实现了CAD图形的编辑；此外，还配备了程序文件及其他各种数据的编辑功能，提供了强有力的编辑环境。

1）3D模型编辑功能：用鼠标可方便地建立3D模型，系统内还配备有立方体、圆柱等模型。

2）程序编辑功能：可编辑作业命令，并能在示教的同时简单地追加命令。

3）工具数据编辑功能：实现工具数据的编辑。

4）用户坐标编辑功能：编辑用户坐标信息，自动生成三点制定方式的用户坐标，与离线示教功能组合还可进一步简化数据的建立。

（2）仿真功能　随着离线编程软件仿真功能的强化，仿真功能得到提高，可通过画面操作和确定实际机器人的位置和作业工具的适当配置。

1）跟踪功能：用图像显示机器人动作轨迹。

2）脉冲记录：用脉冲数据记录机器人的轨迹；借助视觉可实现机器人动作的再现和逆动；通过显示点到点的时间可以直接确定机器人点到点的移动时间。

3）提高轨迹精度：考虑到伺服控制的延迟，角部的仿真精度可控制在20%以内。

4）作业时间计算：仿真操作结束后自动算出作业时间，预测精度通常为5%。

5）动作范围显示功能：用图形显示机器人的作业范围，使得作业工具的配置变得简单易行。

6）干涉状况自动检测：检测机器人和其他工具和夹具的干涉。

7）机器人可配置区域检测功能：为使机器人达到理想的示教点，可检测出机器人的配置位置。

（3）检测功能　检测功能使仿真时动作状况的检测得以加强。

1）I/O信号的检测：支持控制柜的各种I/O指令，机器人I/O信号的检测以及I/O信号的输入、输出功能；模拟实现I/O信号同步程序的联锁。

2）程序步骤的同步显示：与运行中的程序相对应，机器人动作时的各步骤得到同步显示。

（4）示教功能

1）示教盒功能：具有与实际机器人示教盒类似的功能；会操作机器人就会使用该功能；可以应用于示教盒的实际操作培训。

2）离线编程示教功能：示教功能与离线编程功能相结合，使原来的示教工作量大幅减轻，直接对画面进行操作，实现目标点移动及姿态变换。

（5）其他功能

1）高速3D图像显示：具有明暗显示功能、线形轮廓显示功能、远近投影显示功能及设定功能、旋转及放大/缩小显示功能等。

2）校准功能：该功能使得机器人本体精度以及作业工具控制点动作精度得以提高；工具和机器人之间的相对位置得以修正。

3）外部CAD数据的应用：可以兼容外部DXF、3DS等格式数据，将外部的CAD数据模型导入离线编程软件系统。

2.3.2　机器人离线编程系统的组成

随着大批量工业化生产向单件小批量多品种生产方式转化，生产系统越来越趋向柔性制造系统（FMS）和计算机集成制造系统（CIMS），包括数控机床、机器人等自动化设备，结合CAD/CAM技术，由多层控制系统控制，具有很大的灵活性和很高的生产适应性。系统是一个连续协调工作的整体，其中任何一个生产要素停止工作都必将迫使整个系统的生产工序停止，占用了生产时间，所以，传统的机器人示教编程不适应于这种场合。另外，FMS和CIMS是一些大型的复杂系统，如果用机器人语言编程，编好的程序不经过离线仿真就直接用在生产系统中，很可能引起干涉、碰撞，有时甚至造成生产系统的损坏。所以，可以独立于机器人在计算机系统上实现的机器人离线编程方法就应运而生了。它是在计算机中建立设备、环境及工件的三维模型，在这样一个虚拟的环境中对机器人进行编程。

机器人离线编程系统是机器人语言编程的拓展，它充分利用了计算机图形学的成果，建立机器人及其工作环境的模型，再利用一些规划算法，通过对图形的控制和操作在离线的情况下进行编程。离线编程示意图如图2-14所示。

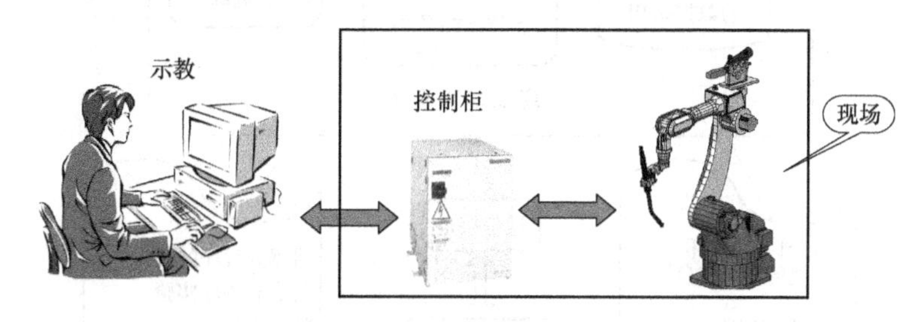

图2-14 离线编程示意图

1. 机器人离线编程的概念和技术内容

机器人离线编程系统是利用计算机图形学的成果，建立起机器人及其工作环境的几何模型，再利用一些规划算法，通过对图形的控制和操作，在离线的情况下进行轨迹规划。通过对编程结果进行三维图形动画仿真，以检验编程的正确性，最后将生成的代码传到机器人控制柜，以控制机器人运动，完成给定任务。机器人离线编程系统已被证明是一个有力的工具，可以增加安全性，减少机器人不工作时间和降低成本。机器人离线编程系统是机器人编程语言的拓展，通过该系统可以建立机器人和CAD/CAM之间的联系。一个离线编程系统应涵盖以下技术内容：

1）所编程的工作过程的知识。

2）机器人和工作环境三维实体模型。

3）机器人几何学、运动学和动力学的知识。

4）基于图形显示的软件系统、可进行机器人运动的图形仿真。

5）轨迹规划和检查算法，如检查机器人关节角超限、检测碰撞以及规划机器人在工作空间的运动轨迹等。

6）传感器的接口和仿真，以利用传感器的信息进行决策和规划。

7）通信功能，以完成离线编程系统所生成的运动代码到各种机器人控制柜的通信。

8）用户接口，以提供有效的人机界面，便于人工干预和进行系统的操作。

此外，由于离线编程系统是基于机器人系统的图形模型来模拟机器人在实际环境中的工作进行编程的，因此为了使编程结果能很好地符合于实际情况，系统应能够计算仿真模型和实际模型之间的误差，并尽量减少二者间的误差。

2. 机器人离线编程的组成

机器人离线编程系统不仅要在计算机上建立起机器人系统的物理模型，而且要对其进行编程和动画仿真以及对编程结果后置处理。

机器人离线编程系统主要包括用户接口、机器人及环境的建模、运动学计算、轨迹规划、动力学仿真、并行操作、传感器仿真、通信接口、误差校正。机器人离线编程系统的构成如图 2-15 所示。

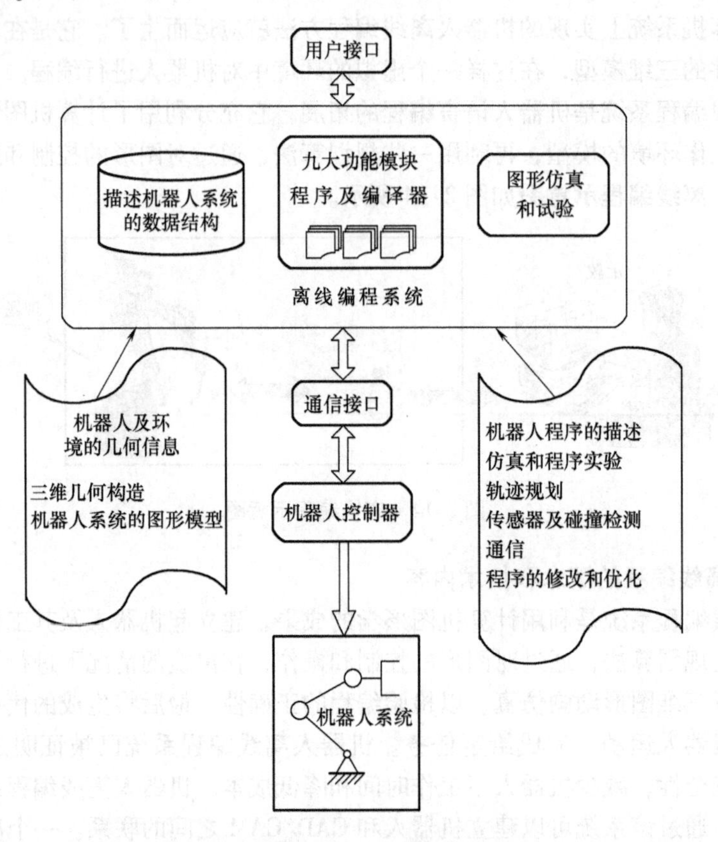

图 2-15　机器人离线编程系统的构成

（1）用户接口　一般工业机器人提供两个用户接口，一个用于示教编程，另一个用于语言编程。作为机器人语言的拓展，离线编程系统把机器人语言作为用户接口的一部分。另外，用户接口的一个重要部分，是对机器人系统进行图形编辑，一般设计成交互式，可利用鼠标操作机器人的运动。

（2）机器人及环境的建模　这是离线编程的前提，必须构建机器人、夹具、零件和工具的三维几何模型，最好直接采用零件和工具的 CAD 模型。所以，离线编程系统应包括 CAD 建模子系统，可以集成到 CAD 平台上。若为独立系统，应具备与外部 CAD 文件的转换接口。

（3）运动学计算　离线编程系统需要进行图形仿真、碰撞检测等任务，需要进行运动学计算，包括正运动学及逆运动学计算。要求与机器人控制器采用一致的逆运动学算法，或直接提供直角坐标给机器人控制器，由控制器进行逆运动学计算。

（4）轨迹规划 离线编程系统除了对机器人静态位置进行运动学计算外，还应该对机器人在工作空间的运动轨迹进行仿真。由于不同机器人厂家所采用的轨迹规划算法差别很大，离线编程系统应对机器人控制器中所采用的算法进行仿真。轨迹规划模块根据起点、终点位置及约束条件，输出中间点位姿、速度、加速度的时间序列，还应该具备可达空间计算及碰撞检测等功能。

（5）动力学仿真 如果机器人工作在高速及重负载的情况下，必须考虑动力学特性，以防止产生比较大的误差。

（6）并行操作 有些场合常涉及两个或多个机器人同时完成一个作业，有时，既使一个机器人工作，也常需要和变位机、传送带等系统配合。因此，离线编程系统应能对多个设备进行同时仿真。可以采用多处理器技术，通常采用单处理器分时操作（多任务系统）。

（7）传感器仿真 在实际机器人系统中，可能装有各种传感器。在离线编程系统中，对这些传感器进行建模并仿真是很重要的。传感器主要分为局部的和全局的两类，局部传感器有力觉、触觉和接近觉传感器。触觉阵列的几何模型分解成一些小块，检查每个几何块与物体间的干涉，确定接触情况。

接近觉传感器也可利用几何模型件的干涉检查来仿真，将长方体分成许多小块，与物体相交的块数可以表示接近的程度，利用相交部分的体积可以仿真力觉传感器。

（8）通信接口 连接离线编程系统与机器人控制器。利用通信接口可以把仿真系统所生成的机器人运动程序转换成机器人控制器可以接受的代码。由于不同厂家生产的机器人所用的语言系统不同，使离线编程系统的通信接口的通用性受到限制。

（9）误差的校正 离线编程系统中的仿真模型与实际机器人模型存在误差，需要对这些误差进行校正。误差来源：机器人连杆制造误差、传动间隙、机器人刚度不足、相同型号机器人的不一致性、控制器的数字精度、温度等外部环境的影响可增加标定模块及传感器补偿。

2.4 焊接机器人离线编程技术

2.4.1 执行级焊接机器人离线编程系统

执行级焊接机器人离线编程系统是指在个人台式计算机上，运用离线编程系统的各类工具对机器人系统进行建模、示教和程序编辑。

1. 总体结构

离线编程系统的总体结构如图2-16所示。

2. 建模模块

离线编程系统中的建模模块要完成部件建模、设备建模、工作单元设计和布置三方面的任务。

工作单元由机器人设备和变位机设备以及环境物组成，而设备又由不同数目的部件组成，部件和部件之间由各种关节连接或直接连接。

3. 建立的工作单元实例

根据部件之间的相互关系建立系统模型，例如，摩托车车架机器人焊接系统模型如图2-17所示。

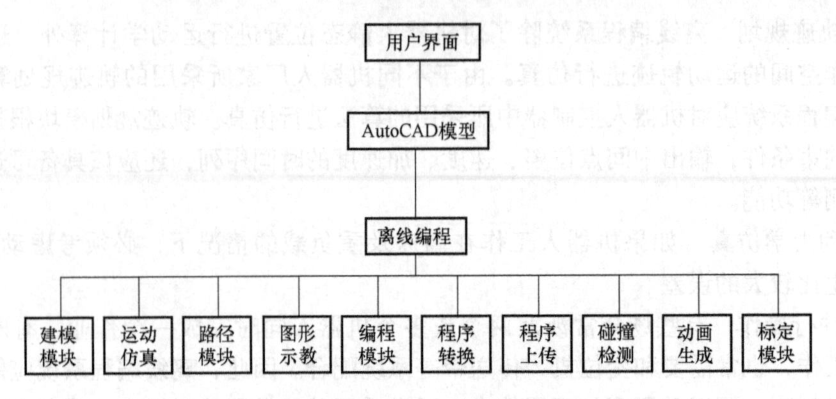

图 2-16　离线编程系统总体结构图

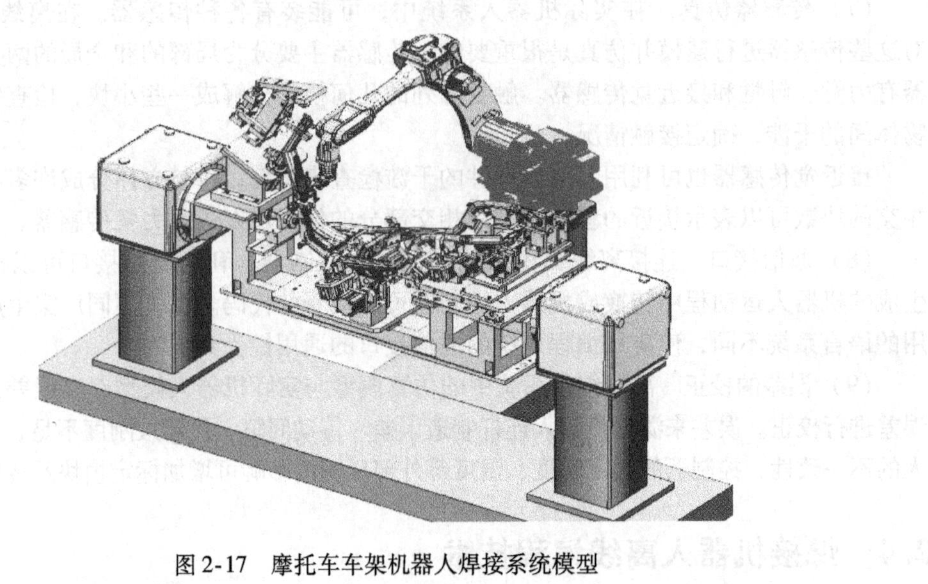

图 2-17　摩托车车架机器人焊接系统模型

在上例中，将单元部件装配成机器人系统的流程图，如图 2-18 所示。

4. 离线编程的模块功能

（1）路径模块　首先，引入标签点（Tag Point）的概念。在离线编程系统中，标签点是一个以笛卡儿坐标系（直角坐标系和斜角坐标系的统称）图形为基础的对象，其图形表征了机器人运动中的工具坐标系的位姿，其内部还可记录该点的焊接工艺参数。标签点图形是由三个互相垂直的一定长度直线、标签点名称以及 X、Y、Z 字符组成，不随用户观察视点变化，便于用户观察与利用。

路径（Path）是一系列标签点的集合。路径分为普通路径（空走点）和焊接路径（焊接点），普通路径只记录机器人运动过程，而在焊接路径中，标签点还要记录其性质，如起弧点、收弧点以及焊接参数。一条路径必须用于描述某个部件的焊缝位置。标签点路径如图 2-19 所示。

路径功能是离线编程的一大特点，机器人工具（例如 CO_2/MAG 焊枪）的运动过程能通过离线示教可视化的运动轨迹记录下来，以便于编程人员编辑，也可保存相应位置点的工艺参数。编程人员可以利用系统的命令对单个标签点或整条路径进行修改，从而改变机器人工具的运动过程或焊接参数，比现场示教编程方便得多。由于路径属于部件上的焊缝，当工件

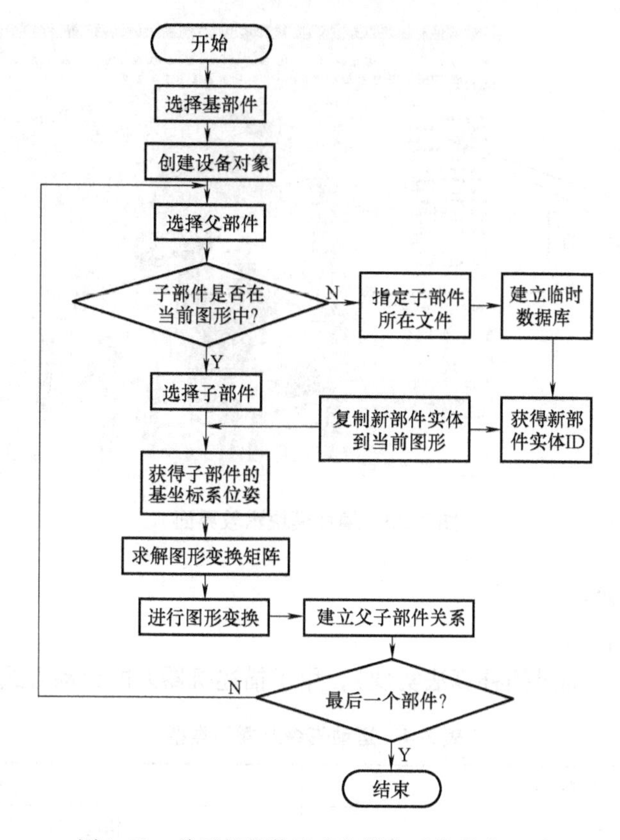

图2-18 单元部件装配成机器人系统的流程图

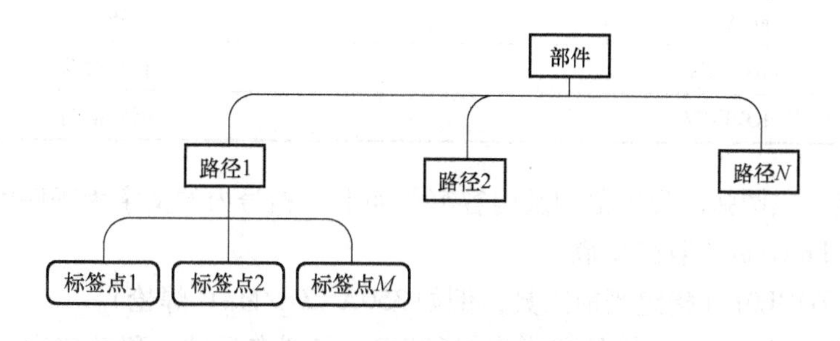

图2-19 标签点路径图

重新定位或变位机位置变化时，采用路径模块的平移功能，路径将与部件一起移动，工作程序将随路径改变被一起保留下来，避免了重新示教操作。因此，路径功能使离线编程的效率比现场示教编程的效率高得多。

（2）编程模块 为了用程序语言描述机器人工作单元的工作过程，定义机器人执行级离线编程语言移动命令。通过设定机器人移动的插补方式（运动方式）、运动速度等参数，即可对系统图形进行实时示教（编程）操作。编程模块示教界面如图2-20所示。

利用机器人移动命令编写程序，便可实现机器人工作单元的离线编程。编程前，首先需要了解机器人的基本的指令，例如，常用焊接指令如下：

ARC-SET：引弧标志及焊接参数设定。

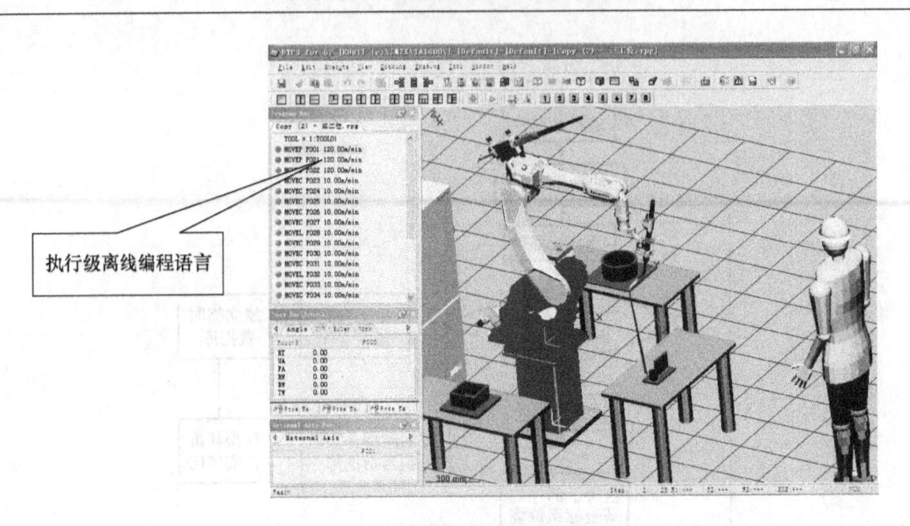

图 2-20　编程模块示教界面

CRATER：收弧标志。

END：程序结束标志。

机器人运动指令（通过插补算法实现），用于描述机器人的运动方式，见表 2-4。

表 2-4　运动指令及插补类型

运 动 指 令	插 补 类 型
MOVEP	移动 PTP（点到点）
MOVEL	直线
MOVEC	圆弧
MOVELW	直线摆动
MOVECW	圆弧摆动

例如，焊接一段圆弧的程序语句及内容解释如下（括号内的文字为程序解释）：

Begin　of　Program（编程开始）

TOOL = 1　TOOL01（指定当前工具，例如 350A CO_2/MAG 焊枪）

P1：MOVEP　90m/min（插补方式为 MOVEP、点到点运动，移动速度为 90m/min、原点位置）

P2：MOVEC（焊接开始点，插补方式 MOVEC 为圆弧）

ARC-SET　（焊接参数设定）　AMP = 200　（焊接电流 200A）

VOLT = 24　（焊接电压 24V）　S = 0.5　（指定当前焊接速度为 0.5m/min）

ARC-ON　Arcstart1 · prg　RETRY = 0　（焊接开始，设定引弧程序，起弧重试为 0 次）

P3：MOVEC　（焊接中间点，插补方式 MOVEC 为圆弧）

P4：MOVEC（焊接结束点，插补方式 MOVEC 为圆弧）

CRATER　AMP = 160　VOLT = 22　S = 0.5（收弧参数设定）

ARC-OFF　ArcEnd2 · prg　RELEASE = 0（焊接结束，设定收弧程序，粘丝解除为 0 次）

P5：MOVEP 90m/min（插补方式为 MOVEP、点到点运动，移动速度为 90m/min、回到起点）

End of Program（程序结束）

（3）程序转换模块　通过 DTPS 离线编程软件的“Installation”项目菜单下编制的程序只能在离线编程系统内进行仿真，不能直接下载到机器人。由于机器人接受的程序格式要求，因此，需要将“Installation”项目菜单下的文件通过“PC Folder”模块转换为机器人可接受的“prg（$G_{Ⅱ}$）或 rpg（$G_{Ⅲ}$）”格式程序（后面一章有详细讲述）。编程转换模块如图 2-21 所示。

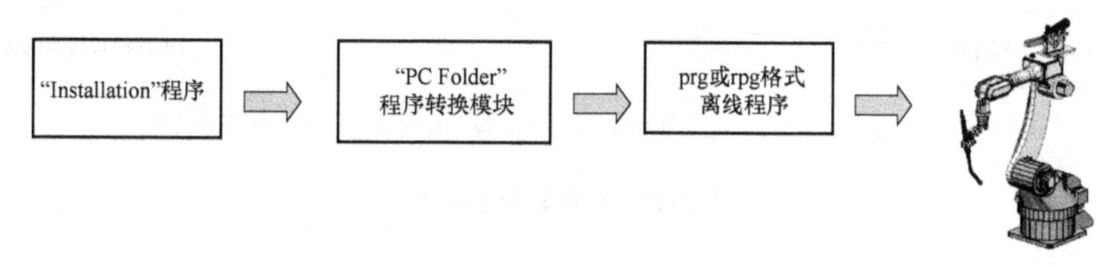

图 2-21　编程转换模块

（4）程序转换模块的格式　列举自定义的六自由度机器人加三轴变位机程序的基本格式如下：

2/P/3. 274　8. 857-9. 141 1. 894 30. 230-3. 789/0. 000 0. 000 0. 000/10. 000/0. 000

对应以上基本格式的内容解释见表 2-5。

表 2-5　六自由度机器人加三轴变位机程序的基本格式内容

序号	运动方式代码	机器人关节角	变位机关节角	机器人速度	变位机时间
2	P	3. 274 8. 857-9. 141 1. 894 30. 230-3. 789	0. 000 0. 000 0. 000	10. 000	0. 000

（5）程序转换结构　程序转换结构如图 2-22 所示。

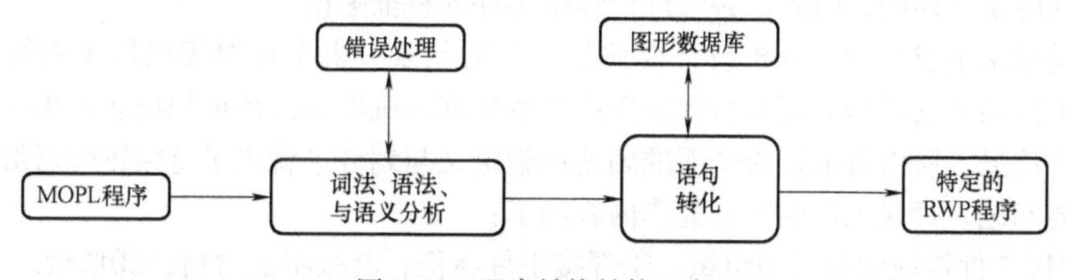

图 2-22　程序转换结构示意

（6）程序转换器的界面　程序转换器界面如图 2-23 所示。

2. 4. 2　任务级焊接机器人离线编程系统

近年来，机器人离线编程技术发展迅速，逐渐向自动编程方向发展，出现了任务级离线编程（Task Level OLP）概念，它采用更高级的指令系统，用户只需要输入简单的命令，即可完成编程工作，例如：用户发出“焊接零件 A”的指令，系统便会自动生成零件 A 上的焊缝轨迹，根据零件的材料及结构形式，自动给出焊接工艺参数等，并自动转换成机器人控制程序。

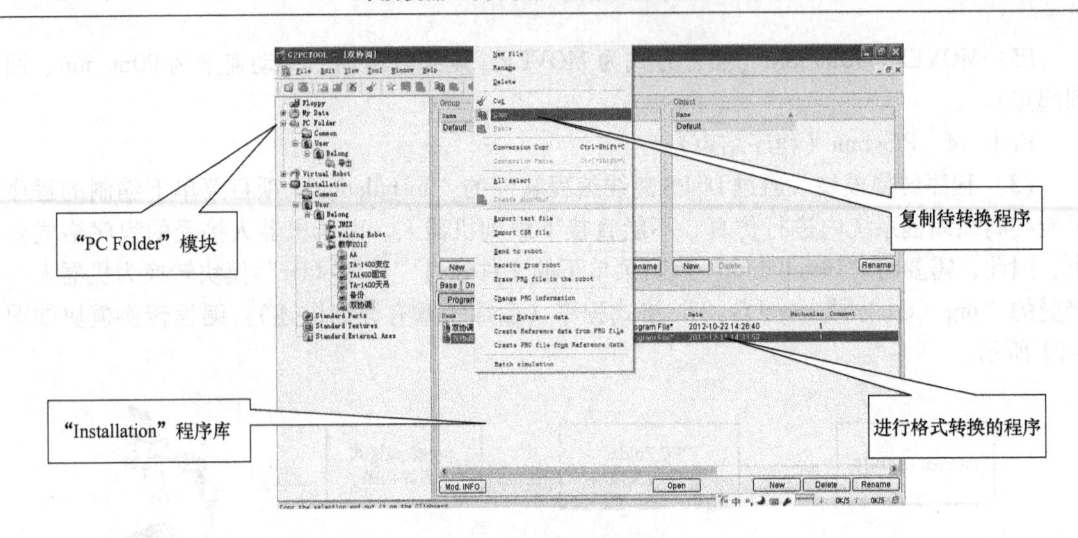

图 2-23　程序转换器界面

与执行级离线编程相比，任务级离线编程要用更抽象的编程命令编程。为了使抽象的任务级编程命令能够解释成具体的执行级编程命令，不但需要被焊工件的各种信息，而且需要根据这些信息规划合适的焊接工艺参数和机器人运动路径。因此，机器人焊接任务级离线编程需要如下支撑技术：①焊接工件特征建模技术；②焊接参数规划技术；③焊接机器人路径规划技术。

1. 任务级焊接工件特征建模技术

对于任务级的离线编程系统，不仅要得到工件几何模型，还要得到工件的加工信息（如焊缝位姿、板厚、材料和坡口等）。通过实体模型只能得到工件的几何要素，不能得到上述加工信息，而从实体几何信息中往往不能正确或根本无法提取上述加工信息，因此，无法实现任务级离线编程对焊接工艺和焊接机器人路径的推理和求解。这同其他 CAD/CAM 系统面临的问题是一样的，因此，必须进行焊接工件的特征建模。

特征是用来生成设计、分析设计或评价设计的元素。由于在焊接机器人离线编程系统中，焊接工件的特征模型需要为后续的焊接参数规划、机器人路径规划模块提供充分的设计数据和加工信息，所以特征是否全面准确地得到定义与划分，就成了直接影响后继程序使用的一个重要问题。焊接工件的特征建模内容如下：

1）焊接工件特征的分类和组织：①焊接工件特征；②板特征材料；③形状。

2）接头特征形式：焊缝。`

3）坡口特征形状：尺寸。

4）板特征包括：形状、材料、尺寸等和板相关的特征。

5）接头特征包括：形式特征、焊缝特征和装配特征等。

6）焊缝特征包括：焊缝的形状（圆弧或直线）、关键焊缝点的位置姿态及其他信息（如和其他特征之间的关系等等）。

7）装配特征是指：记录焊板之间相对位置和拓扑关系的一组特征（如板号、板之间的面和边，对应的关键点等）。

8）坡口特征是指：坡口形状、尺寸等信息。焊接工件的特征建模工具如图 2-24 所示。

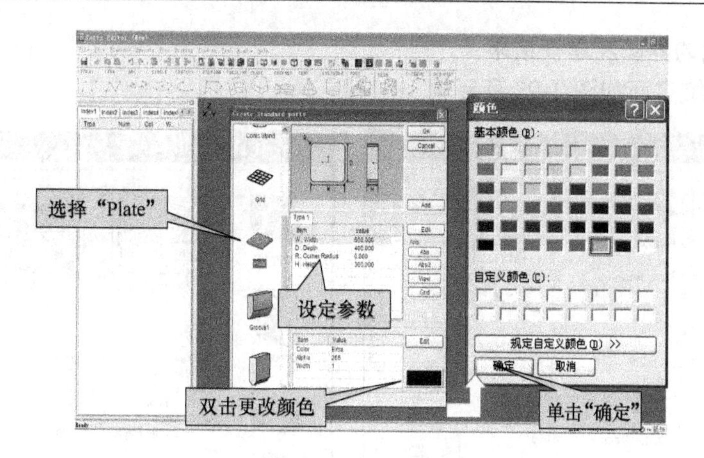

图 2-24　焊接工件的特征建模工具

2. 焊接工件数据模型

在实际焊接结构中，焊接结构件由焊接接头以一定顺序相连接，并且由于不同形式的焊接接头（如对接、角接等）都有其固定的分类和描述位置形状的参数，这使得焊接与装配有相似之处。因此，焊接工件特征建模可以看做是一种装配，例如钢板的焊接，板相当于零件，而接头相当于装配关系。

这里假定一个接头由两个板相连，而一个板上则可以连接多个接头。依据这种原理建立焊接工件的数据模型，如图 2-25 所示。

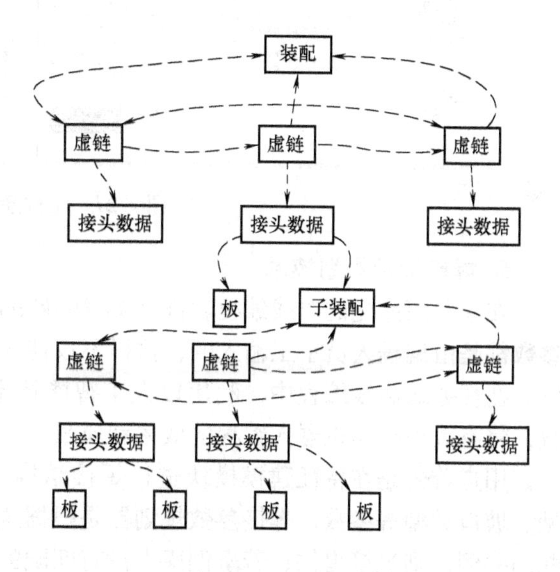

图 2-25　焊接工件数据模型思维导图

3. 特征建模系统

特征建模系统如图 2-26 所示。

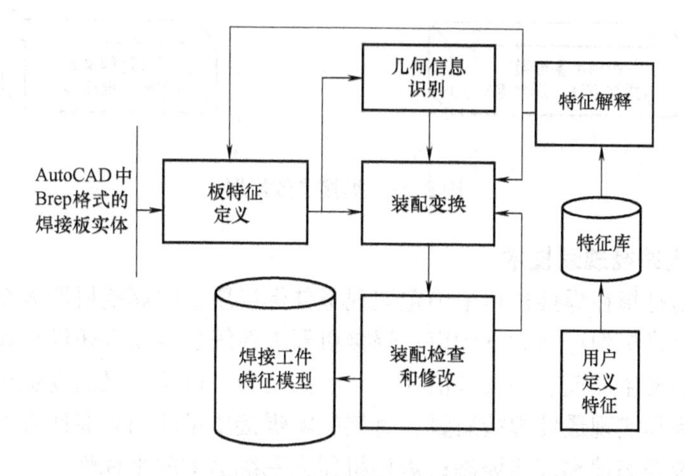

图 2-26　特征建模系统

4. 建模系统的界面及建模结果

工件建模系统界面如图 2-27 所示。

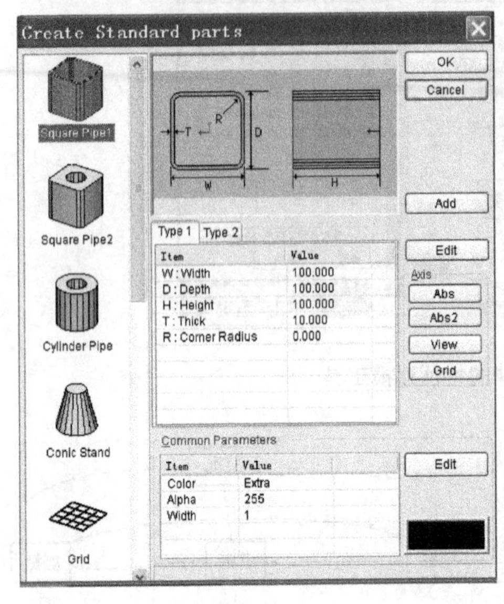

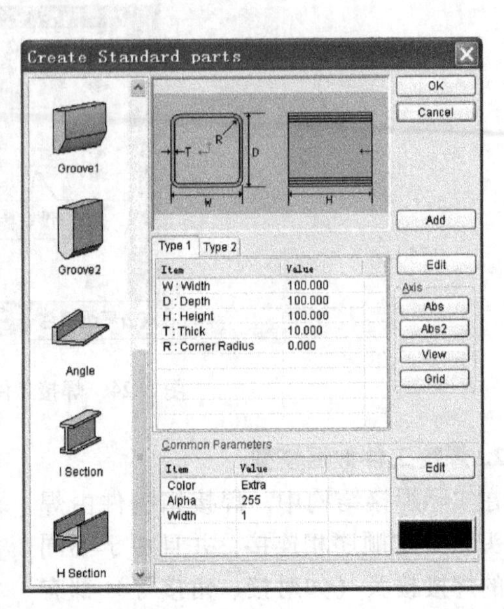

图 2-27　工件建模系统界面

5. 焊接参数规划技术

在某些商品化的离线编程软件（如 WorkSpace、IGRIP 等）中，机器人焊接所需的焊接参数都是由编程人员手工输入的，这样不仅使编程出错的几率增大，而且增加了编程的工作量。在任务级离线编程中，利用以人工智能技术为基础的焊接参数规划器自动确定焊接参数，将有效地提高机器人编程的效率和质量。

用户首先是在特征建模模块进行焊接结构的设计，并确定了工件材质、板厚、接头类型、坡口类型等参数，焊接参数规划器是根据这些参数去检索事例库，如果事例库中存在匹配的事例，则直接提供；若事例库中没有匹配的事例，程序自动进行智能推理，以便给出满足要求的焊接参数。焊接参数规划如图 2-28 所示。

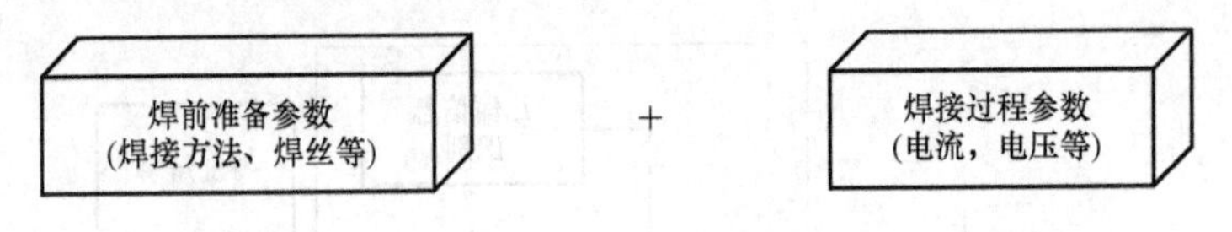

图 2-28　焊接参数规划

6. 焊接机器人路径规划技术

焊接路径规划是指在焊接过程中确定实现最佳焊接质量的焊接机器人系统各路径点处的各关节值。焊接路径规划存在如下约束：焊接机器人系统的运动学闭链约束、焊接机器人和工件或卡具之间不发生碰撞、各关节值在关节限制之内、机器人灵活度优于最差灵活度。焊接路径规划的目标是实现最佳焊接质量。直接影响焊接质量的因素有两方面：因焊枪避碰原因而导致实际焊枪姿态偏离理想姿态；焊接机器人系统运动的平稳性。

焊接路径规划可分成以下两步：

第一步：最小化焊枪姿态偏离理想姿态的程度（工具级规划）。

第二步：最优化焊接机器人系统各关节运动的平稳性（机器人级规划）。路径规划示意如图2-29所示。

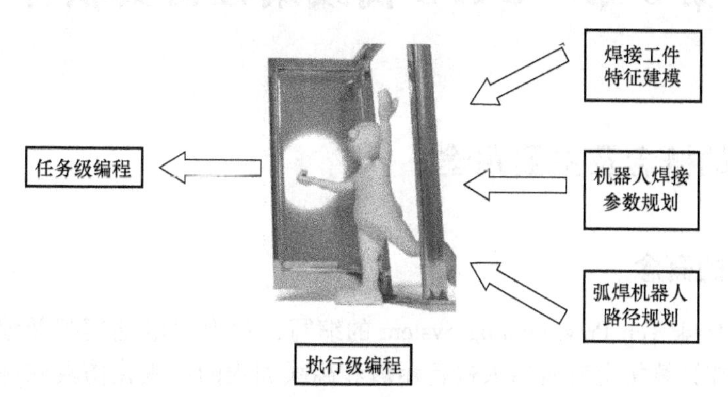

图2-29　路径规划示意

7. 任务级离线编程器的结构

任务级离线编程器的结构如图2-30所示。

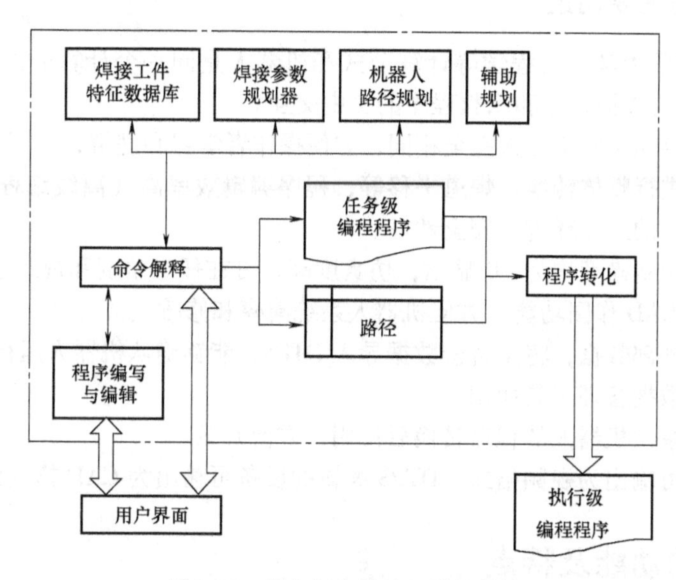

图2-30　任务级离线编程器的结构

思考题

1. 机器人离线编程的概念和技术内容？
2. 离线编程系统中的建模模块要完成哪几个方面的任务？
3. 焊机器人离线编程系统的构成？
4. 简述焊接工件的特征建模内容。
5. 简述机器人任务级离线编程的概念。

第3章　DTPS 离线编程仿真软件

3.1　DTPS 的概念及主要用途

3.1.1　DTPS 的概念

“DTPS” 是 Desk Top Programming System 的缩写，意为“电脑模拟及编程系统”。它是松下公司开发的在计算机上对机器人进行示教和离线编程的可视化仿真软件，利用 DTPS 不仅可以离线编辑机器人程序、进行动画模拟，还可以对实际设备的参数进行修改，并使修改后的参数反映到实际设备中。DTPS 主要用于系统方案的研讨、机器人动作范围的确认以及节拍估算等。

3.1.2　DTPS 的主要用途

1）DTPS 使用的力学、工程学等计算公式和机器人是同一个计算公式，因此，其模拟精度很高，可以实现虚拟程序和示教程序的自由交互。

2）操作的内容和实际机器人完全相同，方便操作者学习和理解，便于教学。

3）可对数据进行整体转换、焊道平移等，程序编辑效率高（离线编程可节约 1/3 的时间）；改善编程示教的工作环境、安全性好。

4）机器人及设备模型均为 3D 显示，仿真度高，可在任意角度和视距进行观察。

5）具备简易 CAD 作图功能，方便机器人系统建模和修改。

6）能够调用外部数据，将全备份数据导入 DTPS，能够确认机器人运行状况。

7）可以作为数据管理工具使用。

8）可将不同系列机器人的程序转换后使用，方便升级。

9）模拟动画可输出为视频格式；DTPS 编辑的设备可输出为 CAD 格式使用。

3.2　DTPS 的功能及特点

下面介绍 DTPS 软件 G_{II}/G_{III} YA-QNPCD1 Version3.03.01（版本）离线编程及仿真系统的功能及特点。

3.2.1　DTPS 软件在实际工作中的功能

DTPS G_{II}/G_{III} YA-QNPCD1 离线编程仿真软件具有如下功能，其结构如图 3-1 所示。

（1）数据管理功能　该功能是为了最大限度地有效发挥机器人控制器的功能，提供的人机对话系统，能够全面实现机器人相关数据的管理。

（2）用户管理功能　同机器人一样，对 DTPS 的操作人员可以分级管理，以保证 DTPS

产品功能的有效利用。共分为系统管理员、编程技术员、标准级别、确认级别及初学者级别五级。

（3）通信功能　通过外部通信功能，可以将机器人与计算机进行连接，实现数据的保存、再生等操作。TAWERS 机器人具备焊接数据管理功能，可以将机器人的焊接数据存储在计算机中，便于随时调用。

（4）文本转换功能　利用 DTPS 可以将备份的程序文件转换成人们可以读取使用的文本格式。另外，可以将 CSR 格式的文本文件转换成程序文件，下载到机器人中使用。

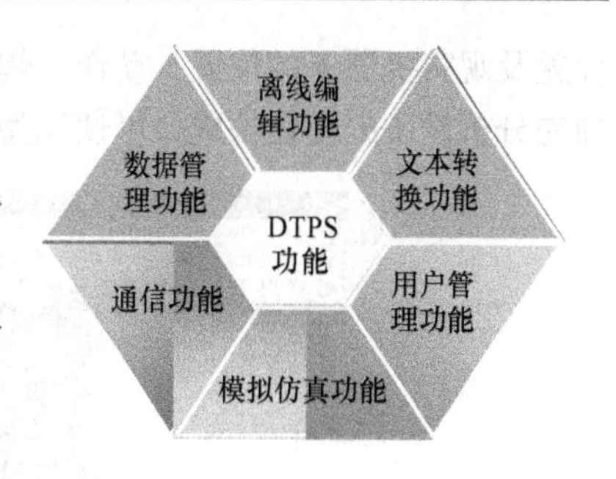

图 3-1　离线编程系统结构图

（5）离线编辑功能　机器人的全备份数据以及利用文本转换功能编辑的 CSR 格式的文件在计算机上进行编辑，编辑的画面同机器人在线示教的界面完全一样，编辑完的数据可重新下载到机器人中使用。离线编辑功能画面如图 3-2 所示。

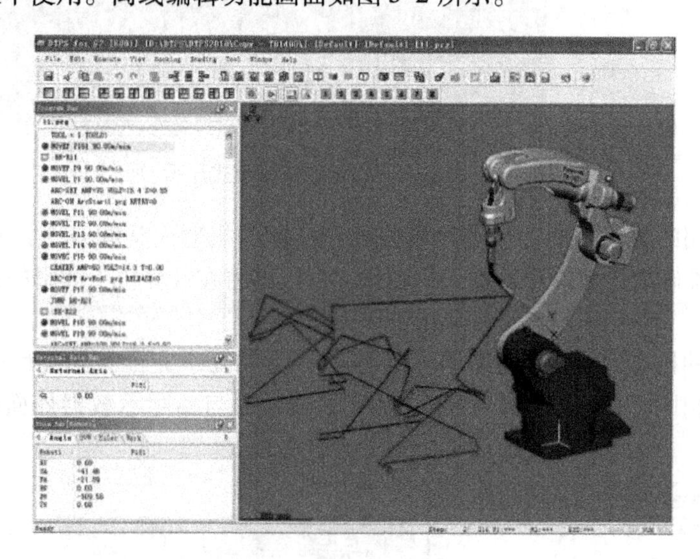

图 3-2　离线编辑功能画面

（6）模拟仿真功能　DTPS 具备模拟仿真功能，可以在计算机上模拟实际机器人的动作状态，在购买设备之前，可直观地确认设备的状态，避免选型失误。模拟仿真功能的实际应用如下：

1）机器人系统公司设计人员。可为设备选型、夹具的设计提供依据。

2）工厂的机器人编程技术人员。可实现简易离线编程系统。

3）准备购买机器人的厂家。模拟机器人生产过程，方案研讨。

4）教育培训及机器人介绍。安全性、效率高的机器人教育。

5）可提供焊接、切割、搬运等所有用途的机能模拟。

3.2.2 DTPS 软件的特点

1）在 DTPS 中，所有模型均为三维模式，有利于观察设备布局、直观方便，能够直观地设置及观察机器人的位置、动作、焊枪角度、干涉情况等，在实际购买机器人设备之前，通过预先分析设备的配置构成，可使选型更加准确。机器人工作站的三维模式显示如图 3-3 所示。

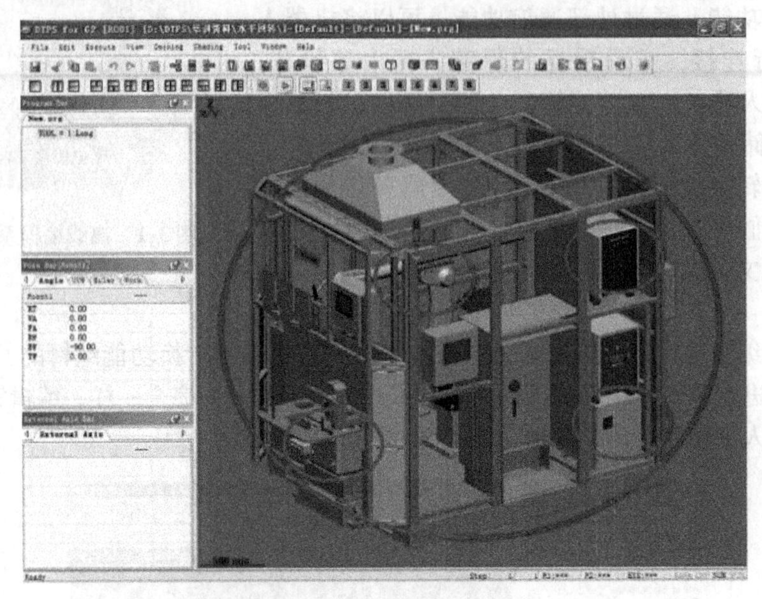

图 3-3　机器人工作站的三维模式显示

2）DTPS 使用的力学、工程学等计算公式和实际的机器人是同一个计算式，因此，模拟精度很高，可准确无误地模拟机器人的动作，并能够将在计算机上编辑的程序文件导入机器人中使用。

3）DTPS 中的机器人设置及操作和实际机器人上的几乎完全相同，程序的编辑画面也同实际设备完全相同，便于学习和操作。模拟编程画面与实际示教器界面的比较如图 3-4 所示。

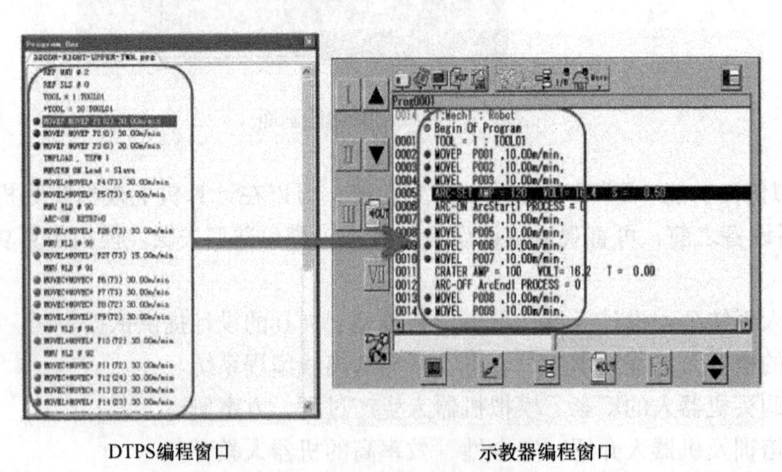

图 3-4　模拟编程画面与实际示教器界面的比较

4）DTPS 具备简易 CAD 作图功能。通过 DTPS 的简易 CAD 作图功能，可以方便快捷地模拟用户的工件状态，估算机器人动作范围是否合适，快速模拟机器人与工件的位置关系，为进一步的设备研讨做好准备。简易的 CAD 作图功能如图 3-5 所示（参见配套资料⑦-(3)运用 DTPSⅡ仿真软件制图）。

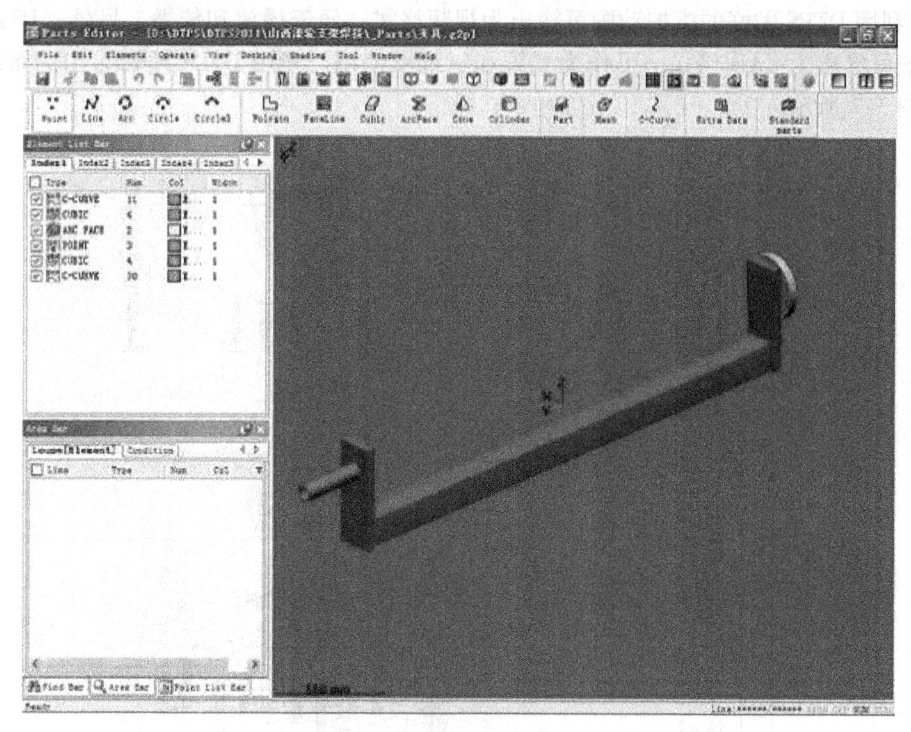

图 3-5　简易的 CAD 作图功能

5）在离线编程过程中，可对数据进行整体转换、焊道平移等操作，程序编程效率高，与实际示教编程相比，离线编程大约可节约 1/3 的时间。离线编程整体转换、焊道平移功能如图 3-6 所示。

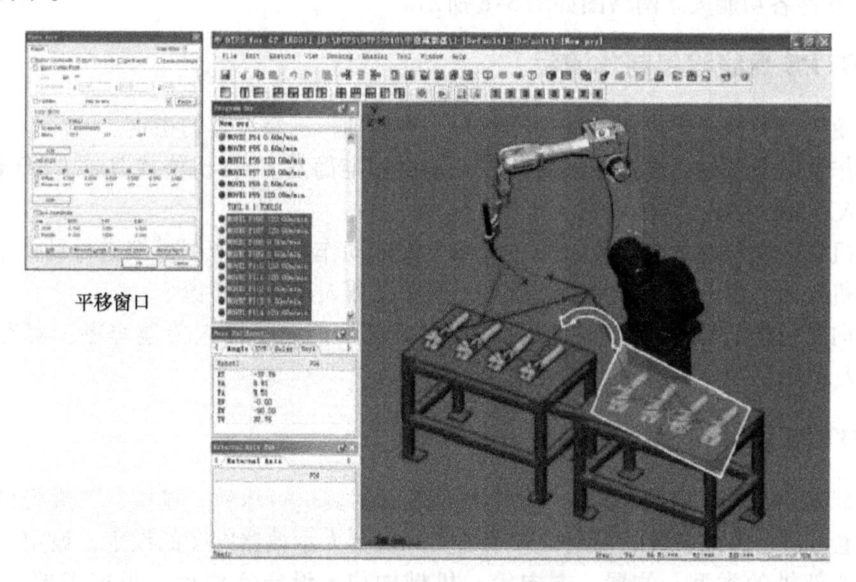

图 3-6　离线编程整体转换、焊道平移功能

6）DTPS 支持松下不同系列机器人程序之间的相互转换。例如，可以将在 G_{II} 机器人上编辑好的程序转换成 G_{III} 机器人可用的模式，这样，便于机器人产品的升级换代。

7）利用 DTPS 做好的模拟动画可输出为视频格式，便于播放和传播。另外，DTPS 编辑好的系统可导出为 CAD 格式，可作为二维和三维图使用。使用 DTPS 编辑导出的系统 CAD 视图如图 3-7 所示。

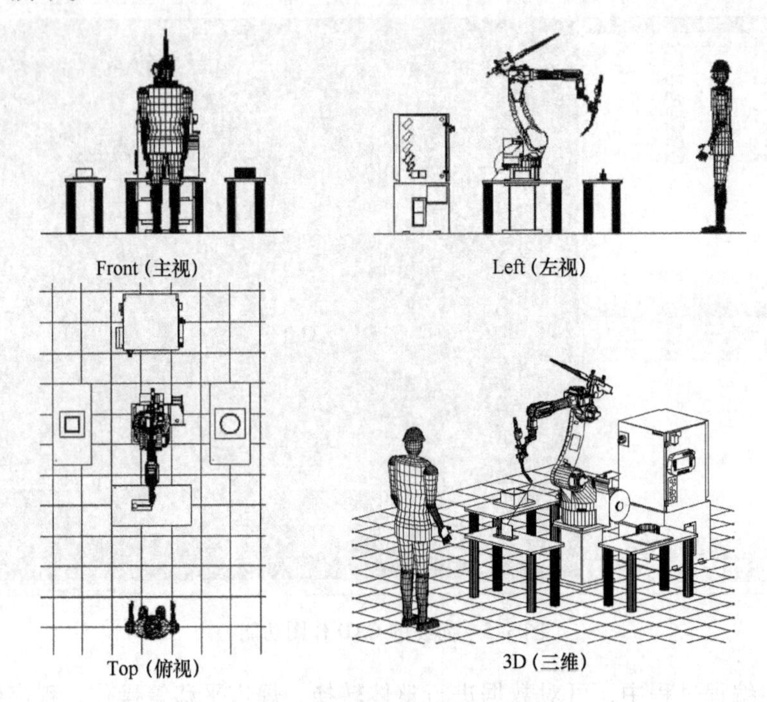

图 3-7　使用 DTPS 编辑导出的系统 CAD 视图

DTPS 软件各功能关系网络图如图 3-8 所示。

3.2.3　DTPS 离线程序制作流程

（1）使用机械构成的设定　进行机器人、外部轴、工装夹具的指定。

（2）作业对象工件、设备图形的制作　依据标准简易 CAD 机能或其他 CAD 数据组合，做成机器人程序的示教、模拟。

（3）机器人程序的示教、模拟　在画面上做成动作数据，依据模拟进行动作确认。

（4）机器人程序、JOB 的编辑　插入、编辑机器人用的程序指令。

（5）向实机传送数据，开动机器人　使用通信功能向机器人传送程序，实现离线程序控制机器人动作。

3.2.4　DTPS 的设定内容

使用 DTPS 可设定两台机器人，12 个外部轴，对其进行示教、模拟；可进行机器人机种的选择，也可进行焊接参数的设定；采用与实际机器人示教器同样的设定，设定外部轴的构成；指定外部轴的类型、位置、方向等；机械构成，设定完成后，根据需要可随后自由变更。

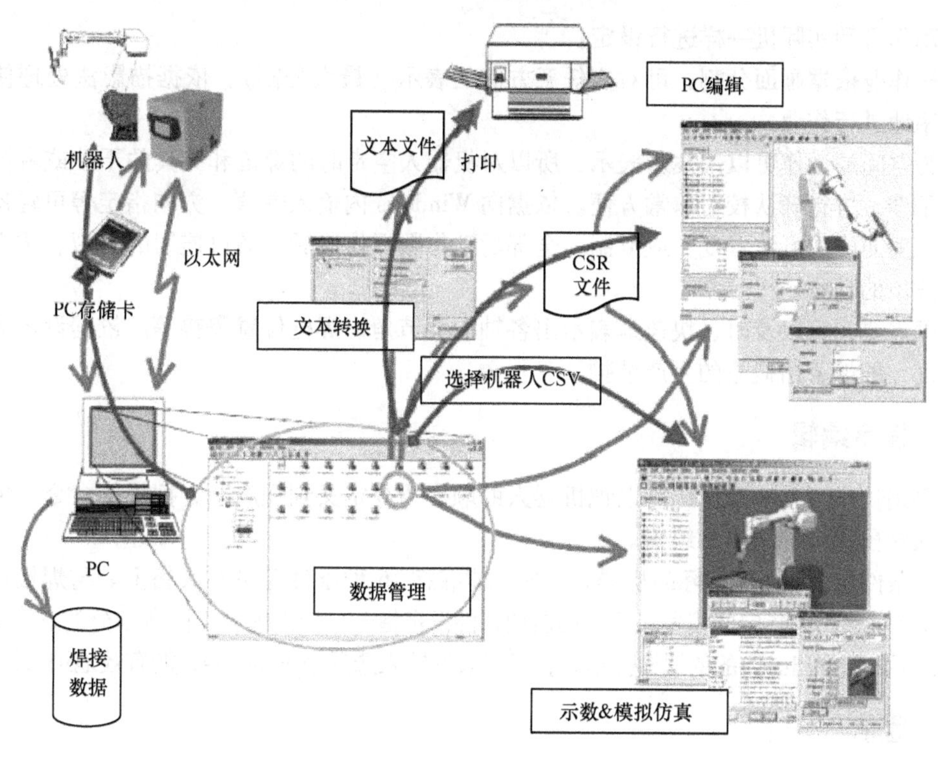

图3-8 DTPS软件各功能关系网络图

3.2.5 部品编辑、工件编辑

依据部品、工件编辑可进行加工对象工件形状的定义、焊枪及机器人形状的定义及外部轴、控制器等的设备图形的定义等。

通过三次元数值输入，采用标准的数据制作机能可做成图形，从其他的CAD系统中导入.igs/.dxf/.STL/.VRML等格式的图纸，IGES、DXF格式，也可做成图形数据。

图形以直线或圆弧的形式表现，依据立体、圆柱的边体等的制作可进行阴影处理。机器人周边机器的数据作为设备图形可作成焊枪或搬运手爪作为机器人部品保存。

控制器及外部轴基础部分等的不动作部分作为基础保存，和外部轴一体移动，旋转部分作为外部轴保存。

3.2.6 示教、模拟

在设定的设备环境下，在所定的位置上如果配置设定工件的话，可以进行机器人动作的示教。机器人的操作同于示教盒的操作。

工件位置可自由设定、变更。一旦在示教好的程序上进行工件位置变更时，依据关节角自动再计算功能，能够判断此位置时的机器人姿势的好与坏，可很容易进行工件位置的研讨。

在示教时通过传感器机能的使用，可以把焊枪尖端移动到可选择的要素端部。

焊接部位依据焊缝属性的要素制作，可很容易地做成动作。根据指定的焊枪角度、前进角度等，可自动追加焊接开始点、中间点、结束点的间距。两台机器人之间的协调和外部轴的协调动作可和实际机一样进行设定。

示教作业依据画面分割，可对应任意方向的表示（最大分割），依据描影法处理使用能够有效率地进行作业。

因为空间的动作可以用残影表示，所以对机器人空走时的焊枪和夹具的干涉或者机器人之间的干涉，进行确认校对非常方便。依据向 Windows 内输入数值、方向指定等可轻松地对做成的空间曲线进行位置变更或复制。全部的动作数据作成后，通过连续的模拟、仿真，可确认一连串的动作。

根据需要，可以及时、快速地表示出各轴的关节角、焊枪位置姿势等。依据设定的实际动作速度，能够算出概略的生产节拍。

3.2.7　程序编辑

如果确认出了全部动作，可以把机器人的顺序指令定义到程序中，把焊接命令、传感指令、输入输出指令等插入、编辑。

焊接条件输入和使用实际的机器人一样，能够把 16 种条件记录在表格上。与焊接位置相关，依据条件表格内指定的编号，可自动追加条件设定指令。依据内容不同所划分的顺序指令的类别中，可以选择出必要的依据选择指令，可以表示输入选择用 Windows，能有效地进行设定。

3.2.8　通信

在计算机上完成离线编程后，把完成的程序输送给现场的机机器人，就可以进行动作确认，具体的步骤如下：

（1）按指定编号传输　当把编辑中的程序、JOB 原封不动地进行输送时，指定好编号可单独送信。

（2）选择程序全部传输　使用通信机能，可任意选择复数程序、JOB，能够进行全部输送。

（3）数据编辑及保存　从实际机上也能接受程序、JOB，依据对已存在程序的修正、编辑，可进行再利用及数据保存、管理。

3.3　DTPS 软件的安装方法与步骤

3.3.1　软件的安装及运行环境

为保证 DTPS 软件的正常使用，对计算机的配置有基本要求，参考数据如下：

CPU：Intel Pentium 1GHz 以上。

内存：512M 以上。

硬盘：30G 以上。

图形加速器：分辨率 800×600 以上。

系统：Windows XP。

安装前请注意：DTPS 软件有正版软件和试用版软件之分，正版软件为单机版，配有密匙 U 盘（俗称加密狗），如图 3-9 所示。

试用版软件一般由厂商免费提供，容量约 37.6MB，可连续使用三个月，到期后须由制造厂商更新方可继续运行。语言种类目前只有英文和日文可选（DTPS软件的安装使用可参考配套资料②-(1) 试用版DTPS for G2 Eng Temp10月、②-(2)、②-(3) 软件安装须知和系统运行日期的调整）。

软件安装完成后，在计算机"程序"菜单中找到"Panasonic Robot Software"（松下机器人软件），单击"G2 & G3 PC Tool"（可以在桌面建立快捷方式图标），即弹出DTPS系统登录对话框，试用版软件图标和快捷方式图标如图3-10所示。

图3-9 DTPS正版光盘和密匙U盘

图3-10 试用版软件图标和快捷方式图标

初次登录时，在弹出的对话框中自行设置用户名（图3-11中的用户名设置为"Welding Robot"）和初始密码后单击"OK"即可进入系统，登录框的英文词译和图示如图3-11所示。

再次登录系统时，弹出登录对话框，如图3-12所示。

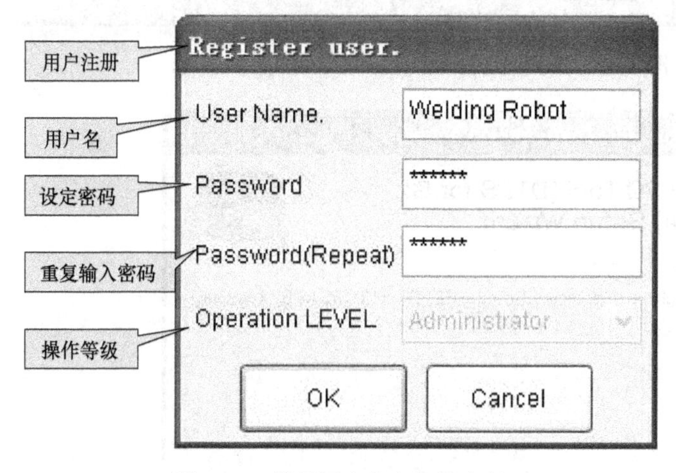

图3-11 设置用户名和初始密码

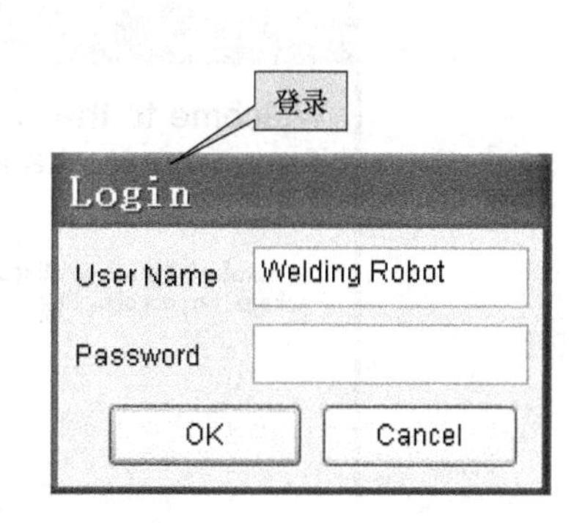

图3-12 再次登录系统对话框

3.3.2 安装方法及步骤

安装软件时，按照弹出框的提示进行操作即可完成安装，具体的方法及步骤如下所述：

1）单击DTPS软件图标（此例为"DTPS for G_{II} Eng Temp10月.msi"，即2012年10月为起始日期的试用版软件），如图3-13所示。

2）系统提示会通过一些必要的步骤引导您在计算机上安装此临时包，同时警告版权保护。单击"Next"（下一步）进入下一个安装界面，如图3-14所示。

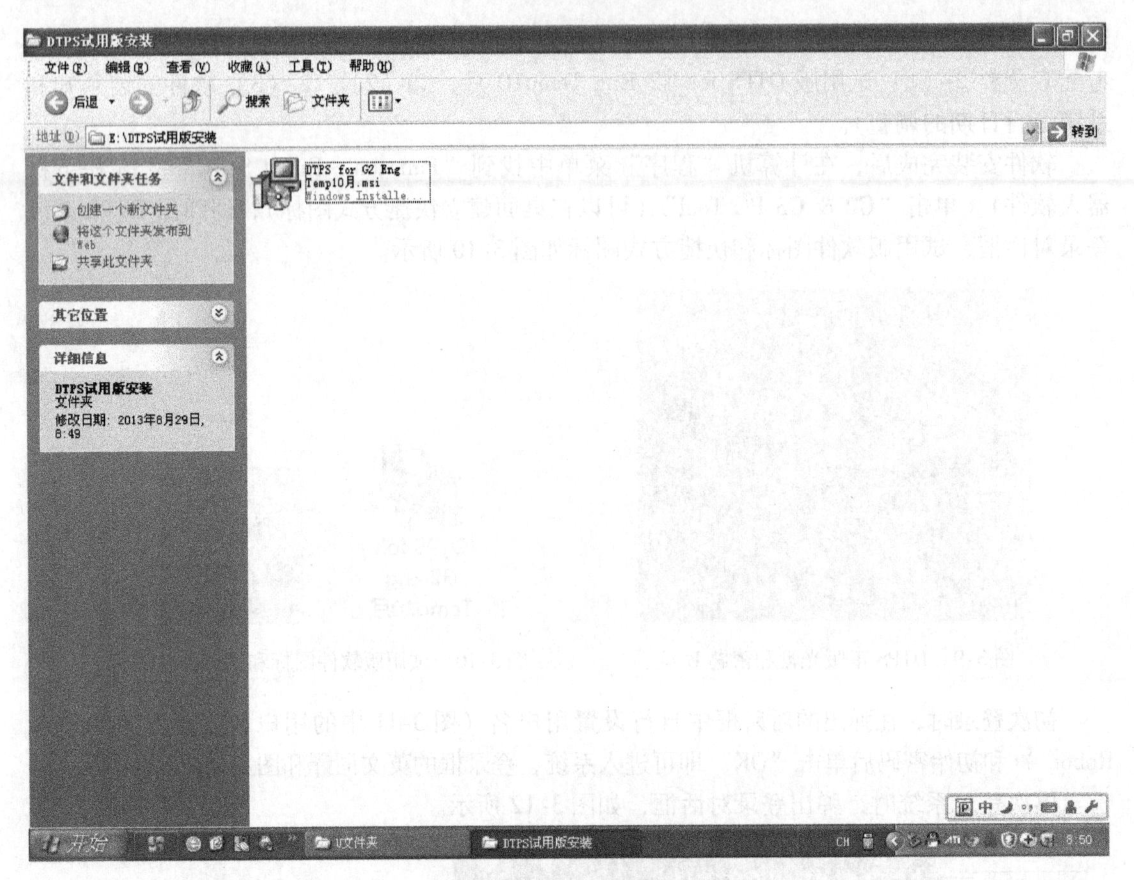

图 3-13　DTPS 软件图标

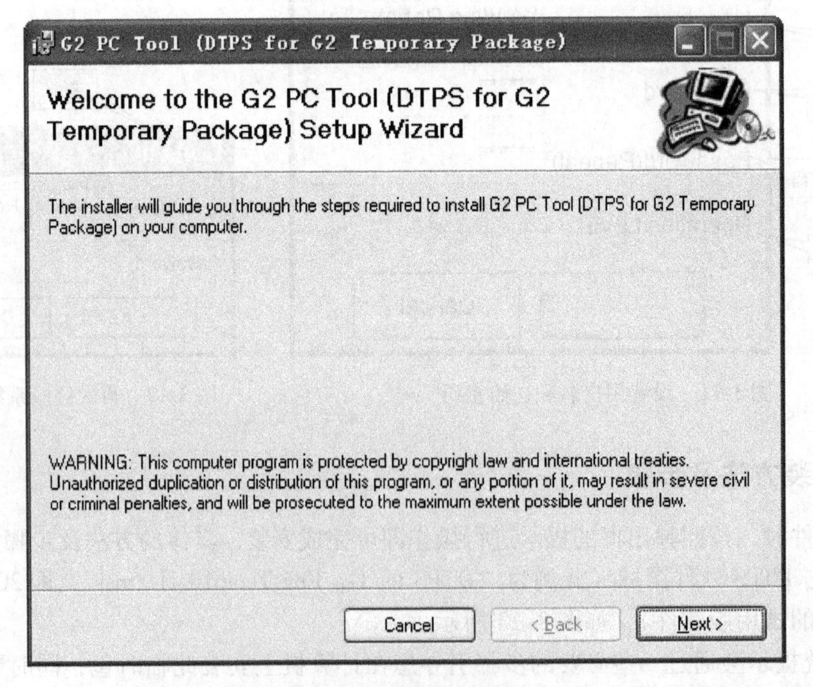

图 3-14　系统安装提示

3）在姓名（Name）和组织（Organization）中填入相应的内容后单击“Next”，如图3-15所示。

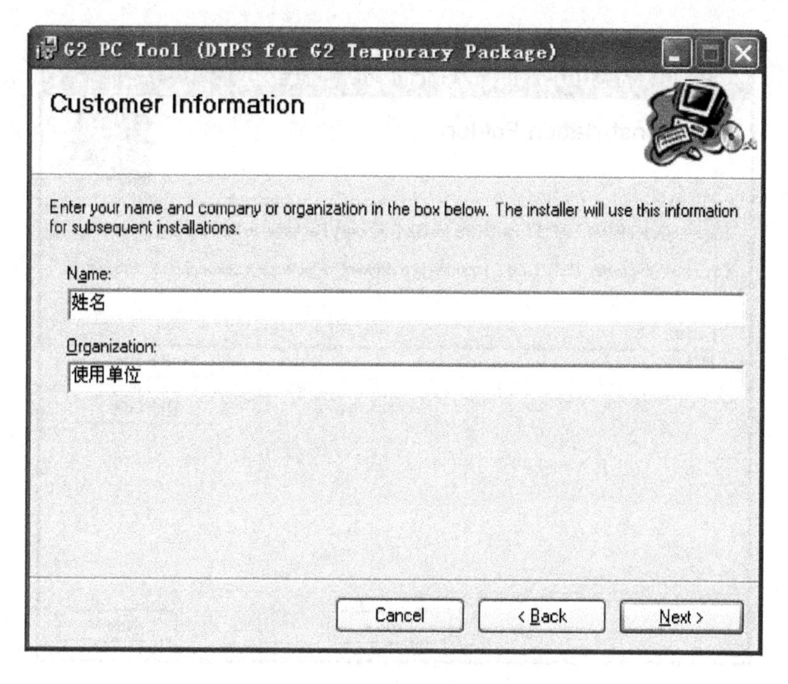

图3-15　给安装的软件命名

4）系统提示：是否启用用户管理功能？选择“Yes，use”，并单击“Next”，如图3-16所示。

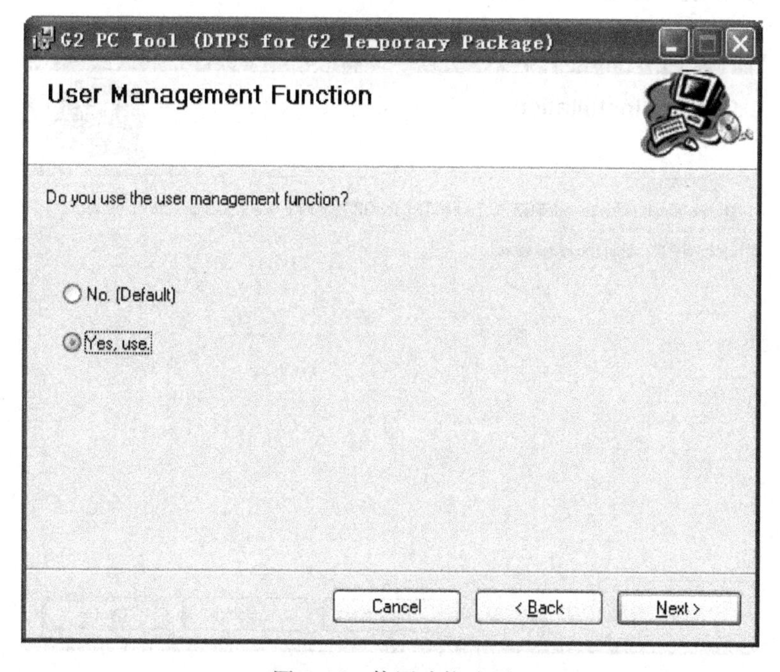

图3-16　使用功能选项

5）单击“Browse”（浏览）选择将该软件安装到某个指定的文件夹下（图例选择在 d 盘），或直接在文件夹（Folder:）栏目中键入该文件夹的地址。单击“Next”继续，如图 3-17 所示。

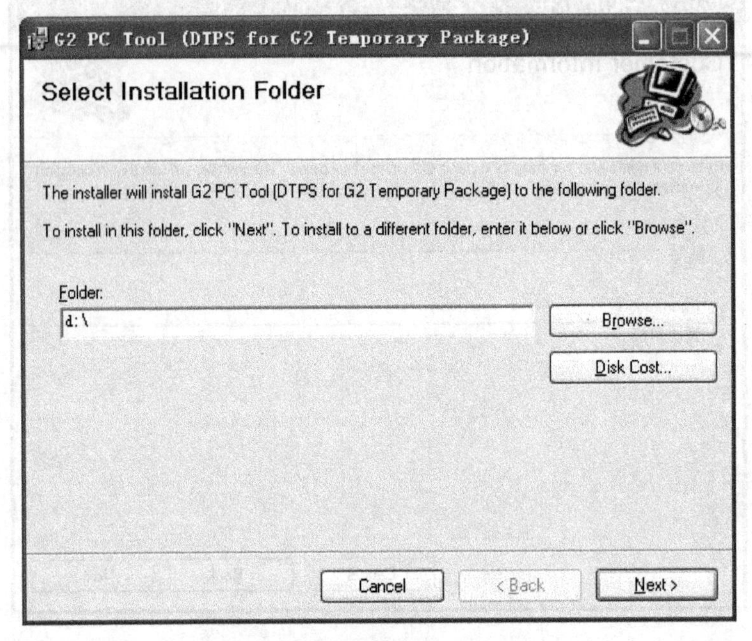

图 3-17　选择软件的安装位置

6）系统提示：已准备在您的计算机上安装 G2 PC 工具（G2 型 DTPS 临时包），单击“Next”启动本次安装，如图 3-18 所示。

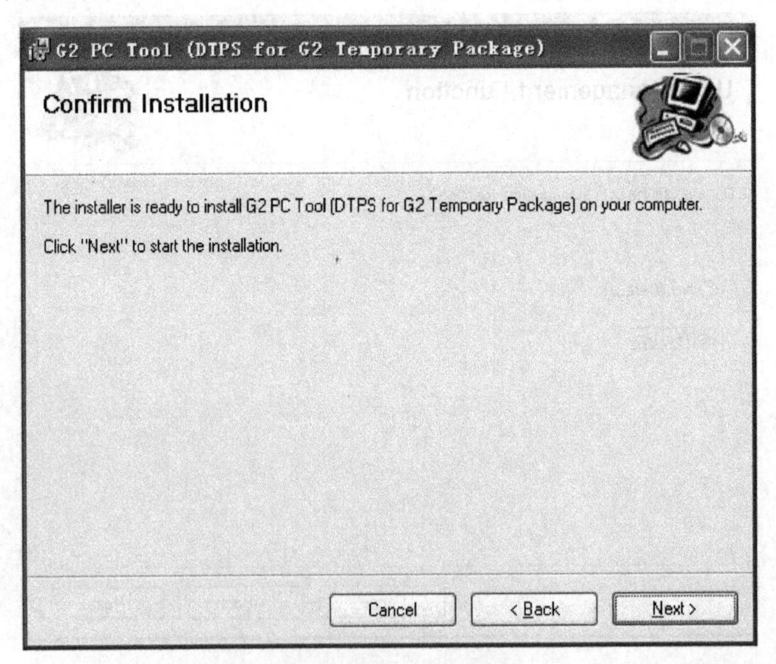

图 3-18　准备在计算机上安装

7）软件正在安装，请等待，如图3-19所示。

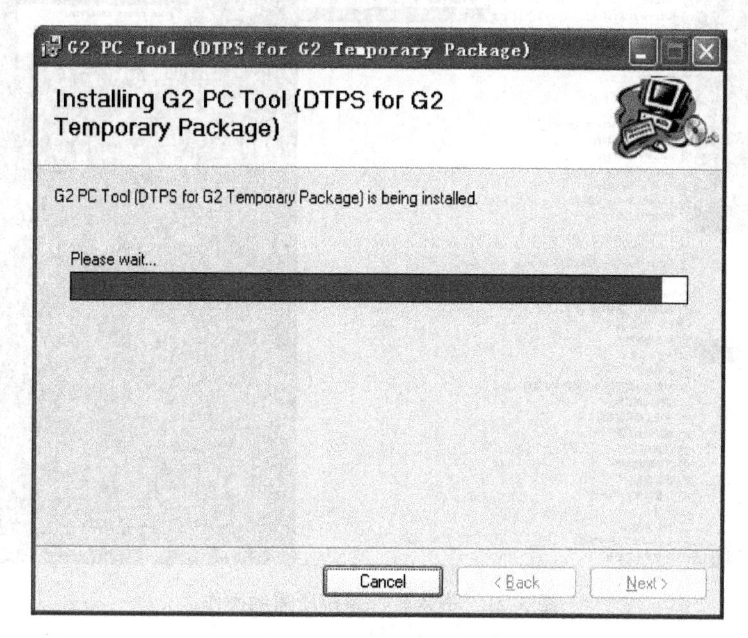

图3-19 软件正在安装

8）软件已安装成功，单击“Close”退出，如图3-20所示。

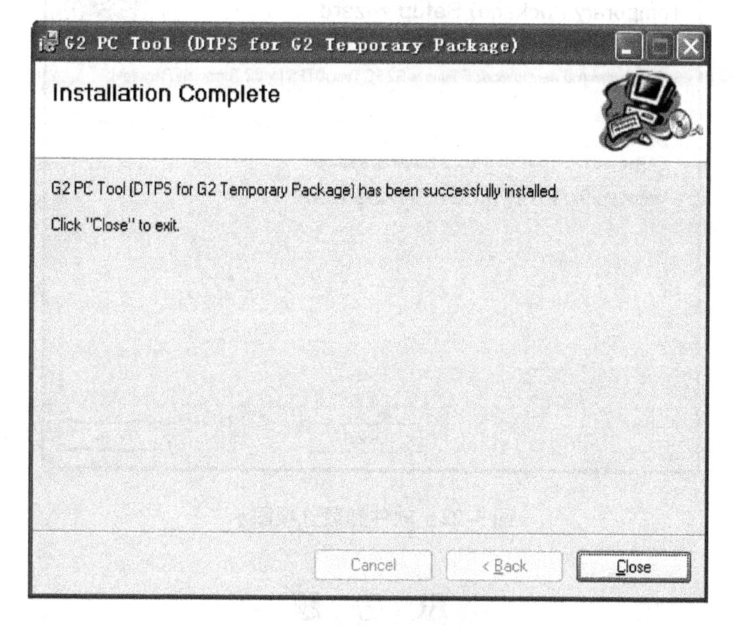

图3-20 软件已安装完毕

9）软件安装完成后，在“程序”菜单里找到“Panasonic Robot Software”，单击“G2 & G3 PC Tool”即可进入系统，如图3-21所示。

10）重新安装系统时，需要先将之前安装的软件卸载，选择任务后，单击“Finish”（完成），如图3-22所示。

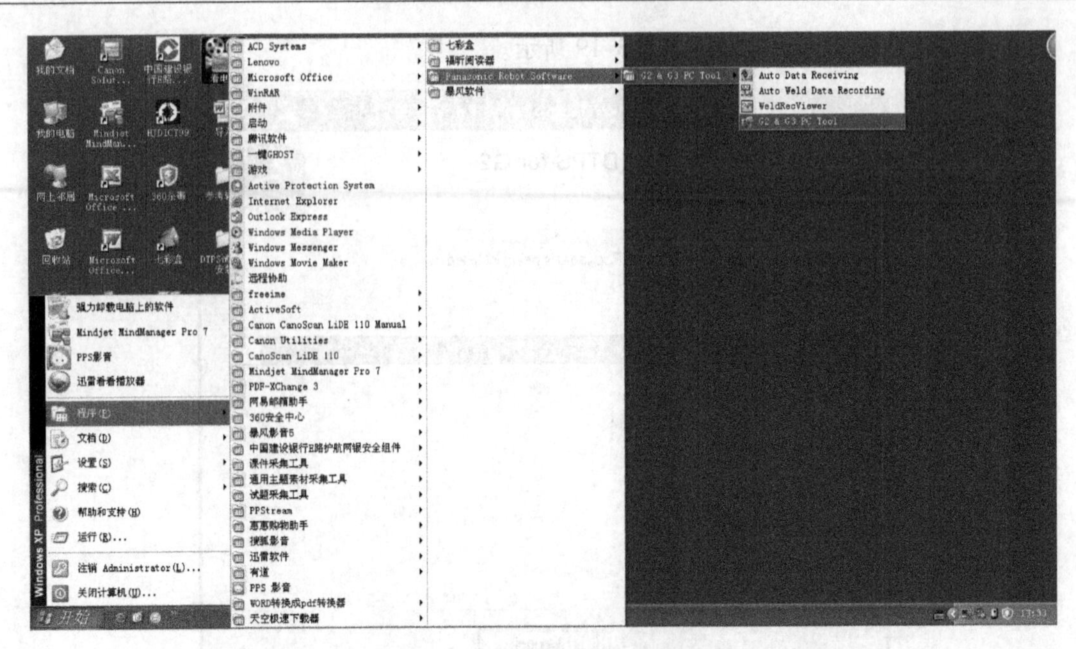

图 3-21　进入软件系统所需的操作

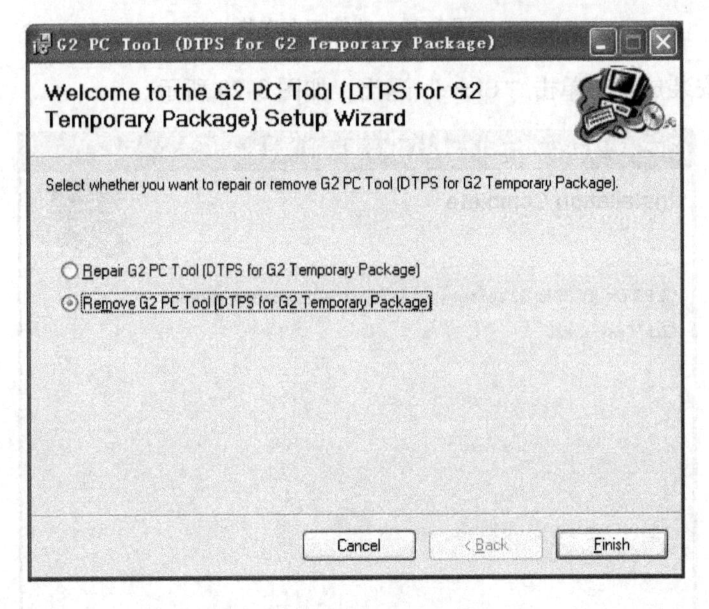

图 3-22　软件卸载选项图示

思　考　题

1. 简述 DTPS 软件的概念。DTPS 软件在实际工作中的功能有哪些？
2. 简述 DTPS 离线程序的制作流程。
3. DTPS 的设定内容有哪些？
4. DTPS 软件的安装方法及步骤？

第4章　DTPS离线编程仿真软件的使用

4.1　DTPS软件的安装与链接的建立

4.1.1　DTPS软件系统初始界面

单击“G2 & G3 PC Tool”系统软件快捷方式后，弹出登录对话框，输入用户名和密码登录，进入项目名称栏初始界面，如图4-1所示（参见配套资料⑦-(1)TDTPS教程PPT）。

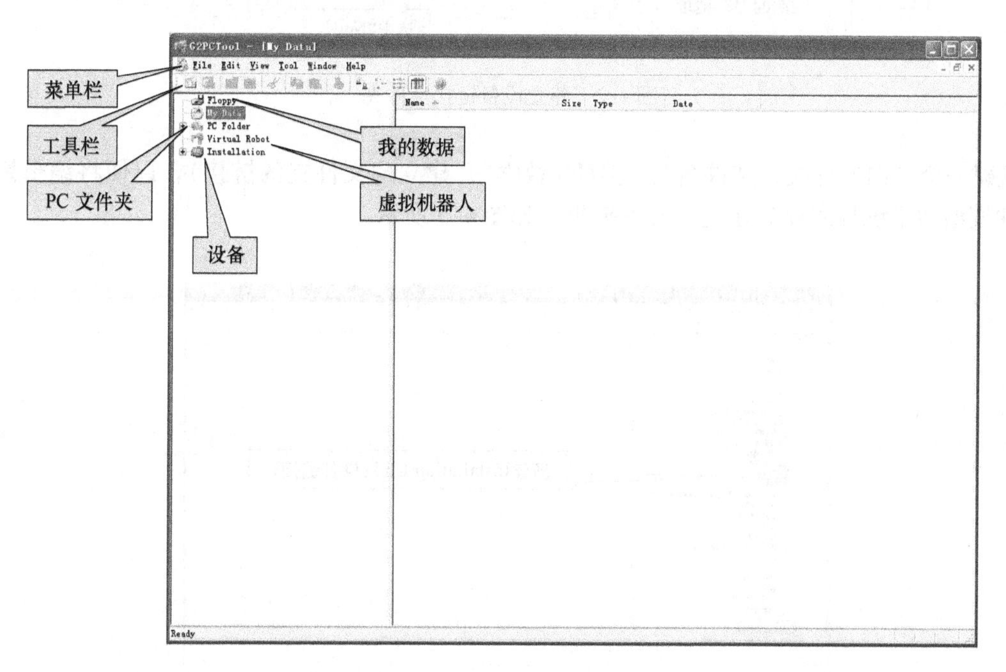

图4-1　DTPS项目名称栏

4.1.2　Installation Link（设备链接）的生成

1）进入系统初始界面后，选择“File”（文件）→“Add Control”（增加）→“Installation Link”（设备链接），给要建立的（设备链接）“Installation Link”命名（此例命名为“DTPS教学”），在Link（链接）中输入要建立的链接位置，并选中“New”（新建），单击“OK”，如图4-2所示（参见配套资料②-(6) 进入系统建立链接文件）。

2）新建Installation Link（设备链接）时保存的文件可自行命名，本例的链接文件名地址为“DTPS教学”的文件夹，通过项目名称栏建立与电脑磁盘文件夹的链接，（例如，在

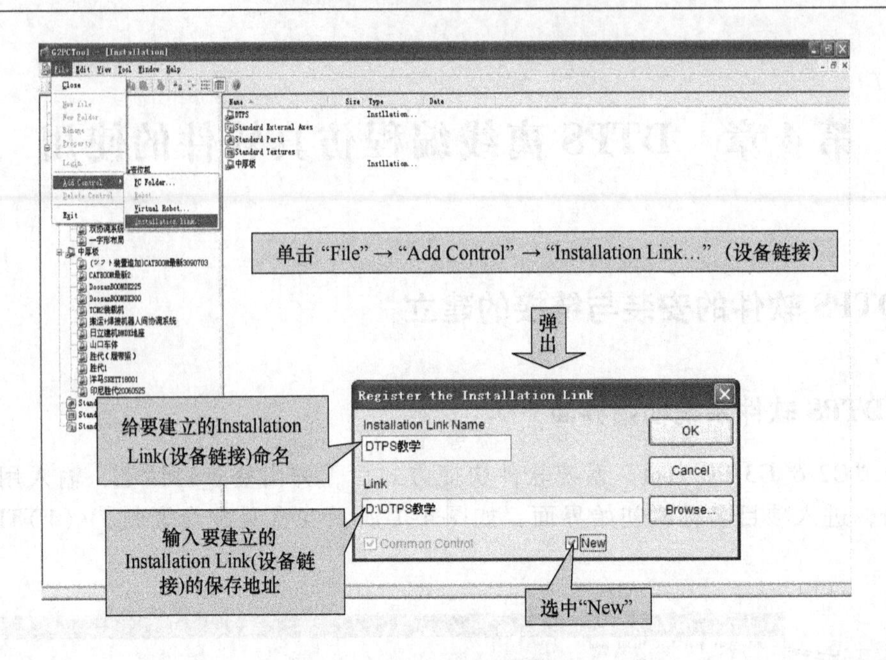

图 4-2　建立设备链接文件夹

D 盘建一个空白文件夹，文件名为“DTPS 教学”，建立与文件夹的链接)，以便将编辑好的工件模型和系统程序存放在这个文件夹里，如图 4-3 所示。

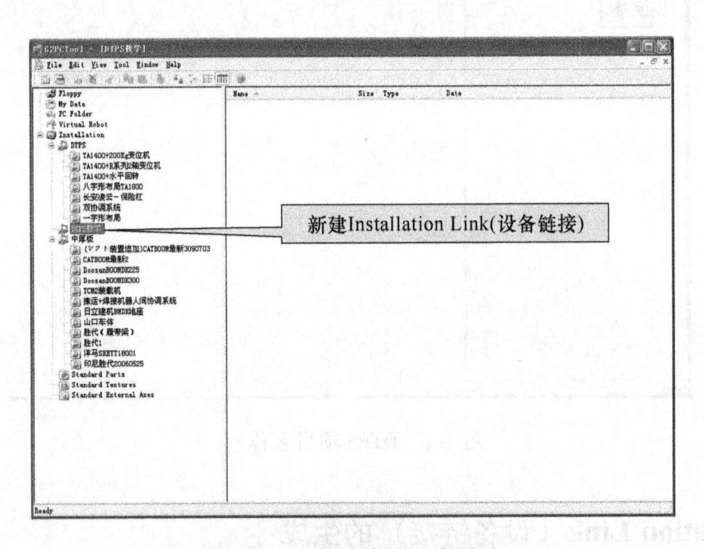

图 4-3　设备链接的生成图示

4.1.3　Installation（设备）的建立

1）右键单击建立在“Installation”目录下的“DTPS 教学”设备，再单击弹出菜单中的“Property”（属性），在弹出框中单击“Add Installation”（添加设备），如图 4-4 所示。

2）在“Add Installation”（添加设备）弹出框中，在“Name”（名称）中输入新的设备

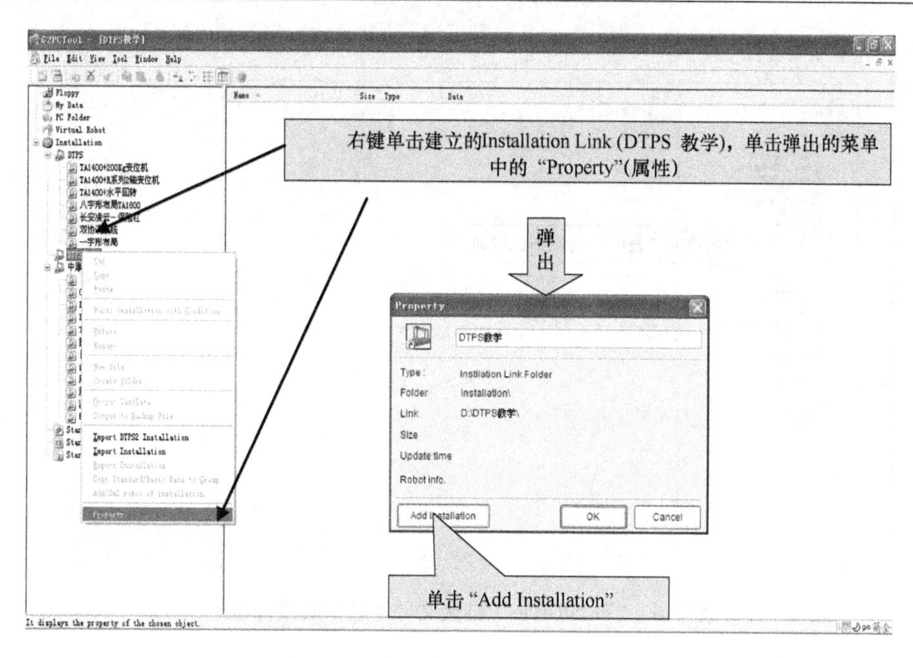

图4-4　进入建立设备链接的菜单

名称（此例名称为“教学”），然后选择“Robot”（机器人）的台数（此处设定为1台），点选“New”，单击“OK”后，在弹出的确认对话框里单击“是”，如图4-5所示。

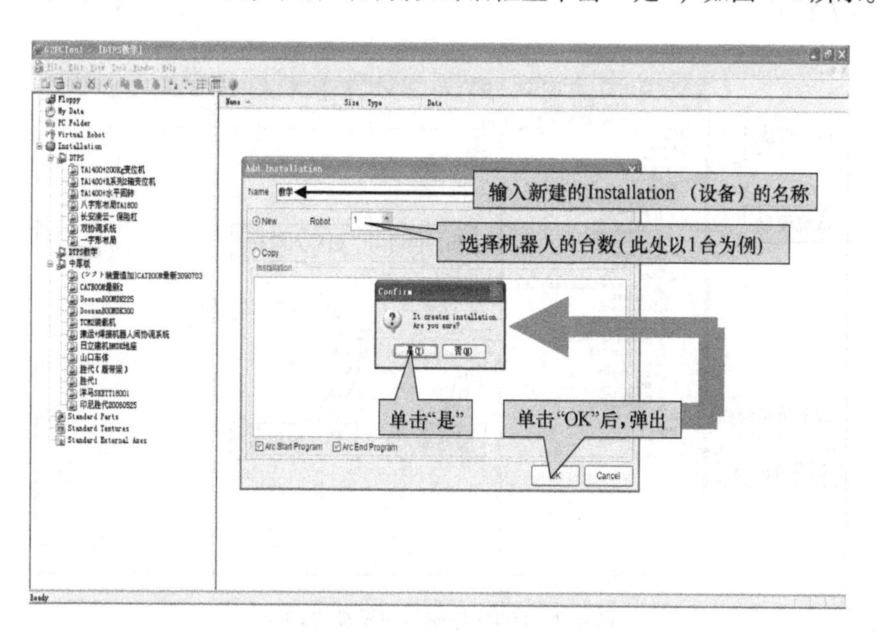

图4-5　设备名称及台数的设定

3）在项目名称栏里的“Installation”目录下，可以看到，链接文件“DTPS教学”地址下的“教学”设备建立完成，如图4-6所示。

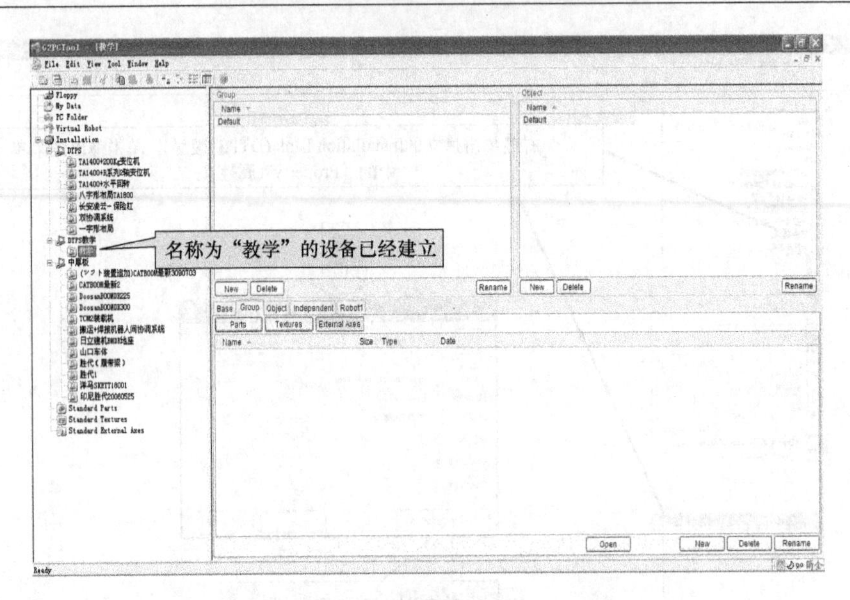

图 4-6　“Installation”链接文件地址下的设备建立

4.1.4　DTPS 软件系统导航界面

1）建立与文件夹的链接后，单击设备文件，即进入 DTPS 导航界面，其项目栏的英文词译如图 4-7 所示。

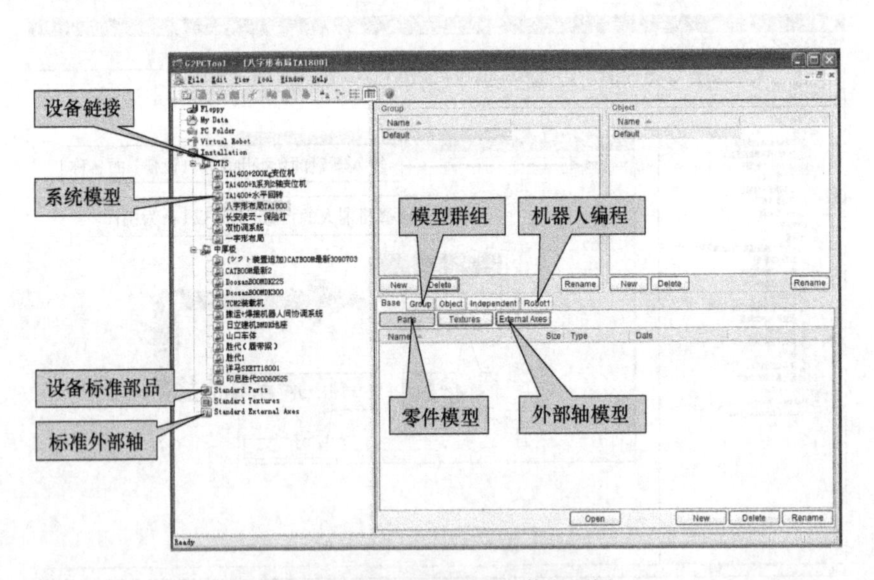

图 4-7　DTPS 导航界面及英文词译

2）一个设备（库）相当一个存储单元，通过 DTPS 软件系统绘制的零件模型可放置在“Group”（群组）或“Base”（基库）下的“Parts”（零件模型）里，这些存储单元里面可放置一定数量的零件模型。在组合机器人系统时，可在这些库里调用已经画好的零件模型，如图 4-8 所示。

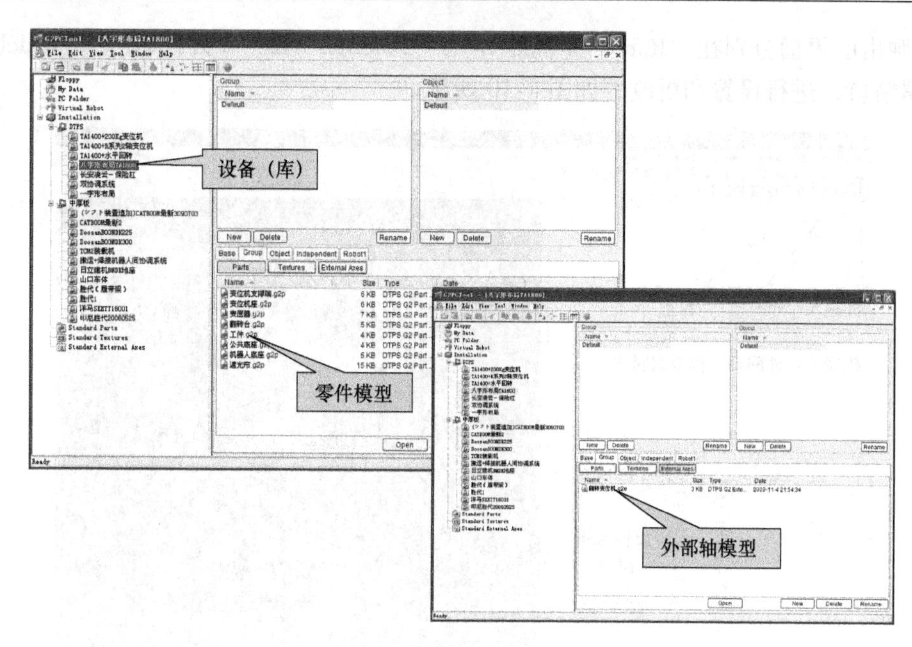

图4-8　在设备文件名下的模型文件

4.2　Installation（设备）属性的编辑

4.2.1　机器人属性的编辑

1）右键单击“Installation”项目名称栏里“DTPS教学”下的“教学”设备，从弹出的菜单中选择“Property”（属性），弹出“Property”对话框，单击“Installation Editor”（设备编辑器），如图4-9所示。

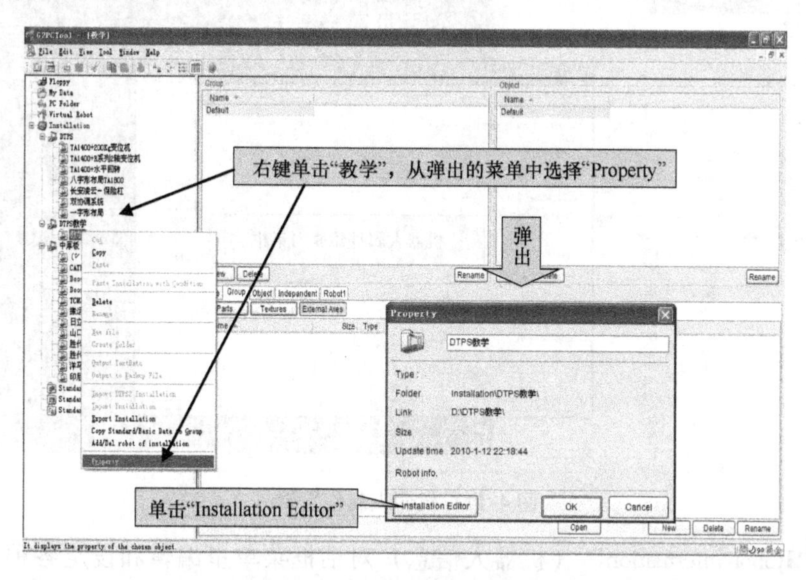

图4-9　进入设备属性编辑菜单

2）弹出的界面分别在"Robot"（机器人）、"External Axis"（外部轴）、"Model"（模型）编辑窗口，进行设置和更改，如图 4-10 所示。

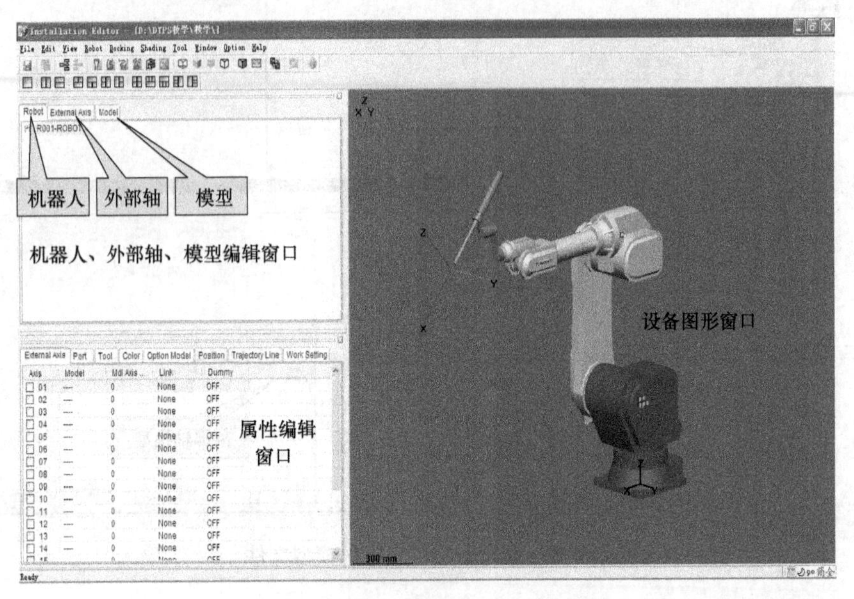

图 4-10　机器人、外部轴、模型编辑窗口

3）右键单击"R001-ROBOT"，选择"Property"（属性），弹出机器人属性编辑对话框（或双击"R001-ROBOT"也可弹出机器人属性编辑对话框），如图 4-11 所示。

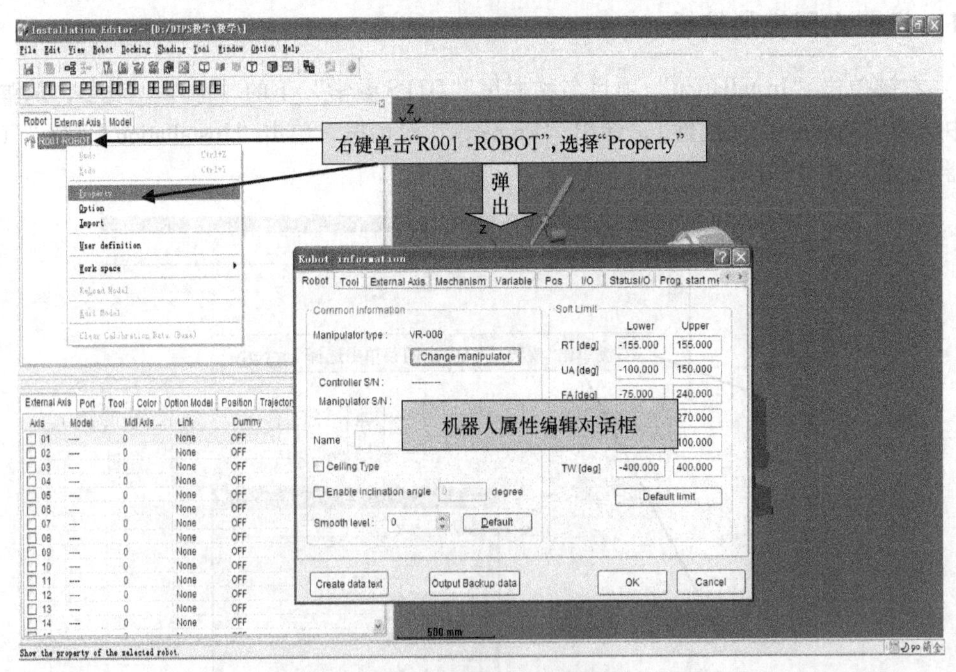

图 4-11　机器人属性编辑

4）在"Robot information"（机器人信息）对话框菜单里编辑和设定各种参量，如图 4-12所示。

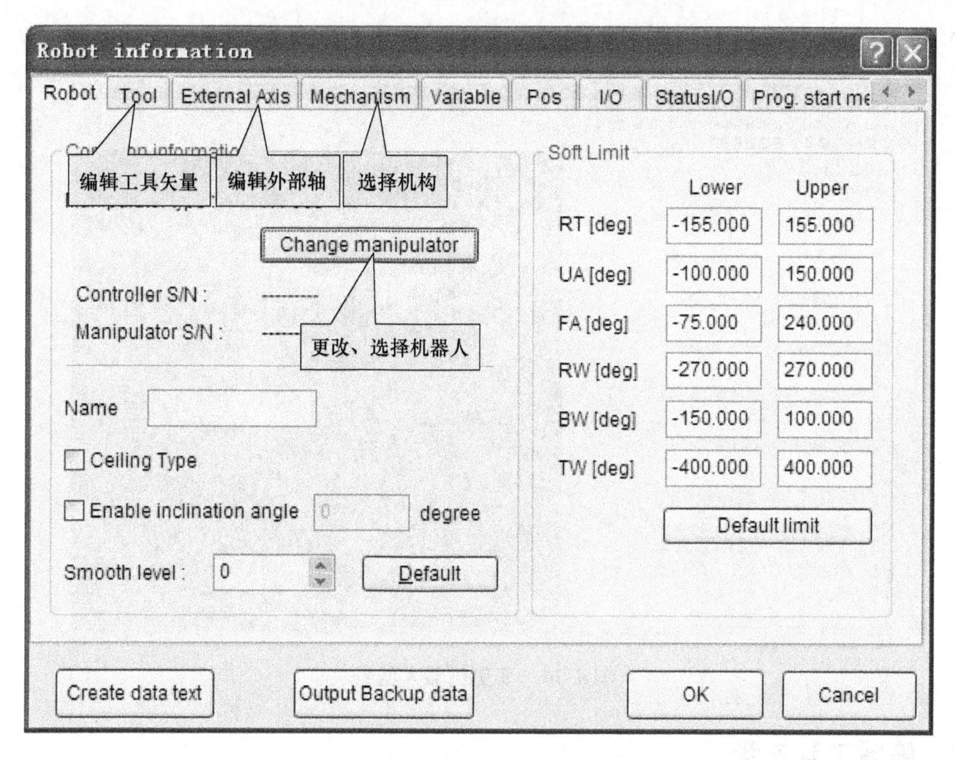

图4-12　机器人属性对话框

5）单击“Change manipulator”（变更机器人），从弹出的对话框中选择合适的机器人型号，如“TA1400”，如图4-13所示。

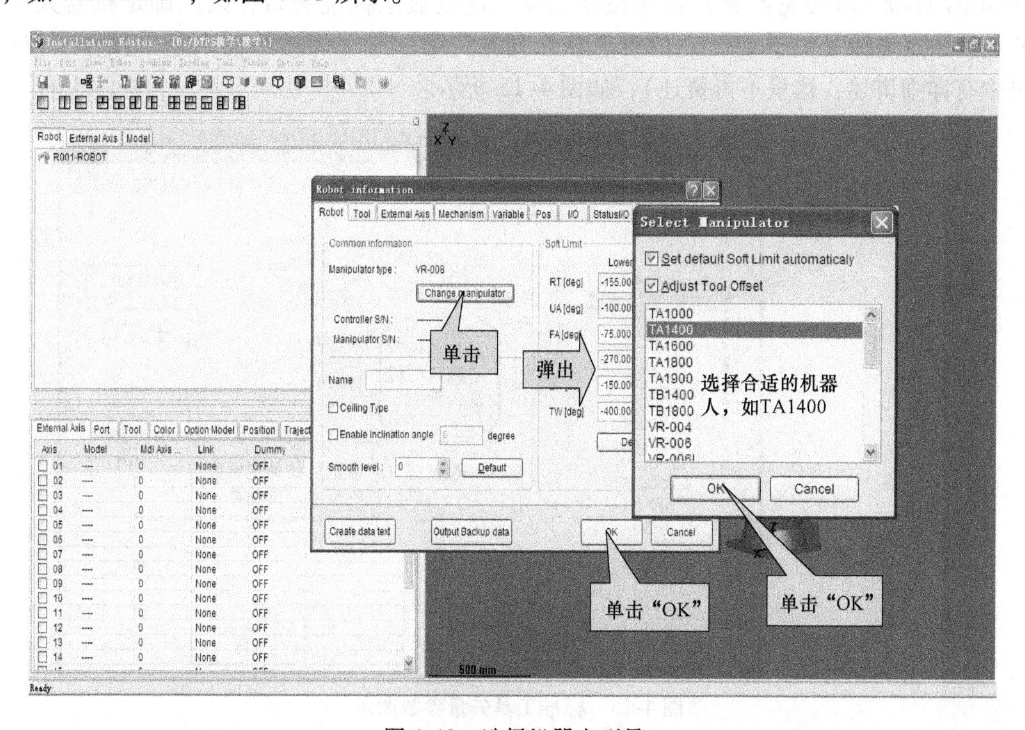

图4-13　选择机器人型号

6）单击“OK”确认后，图中的机器人型号变更为“TA1400”，如图 4-14 所示。

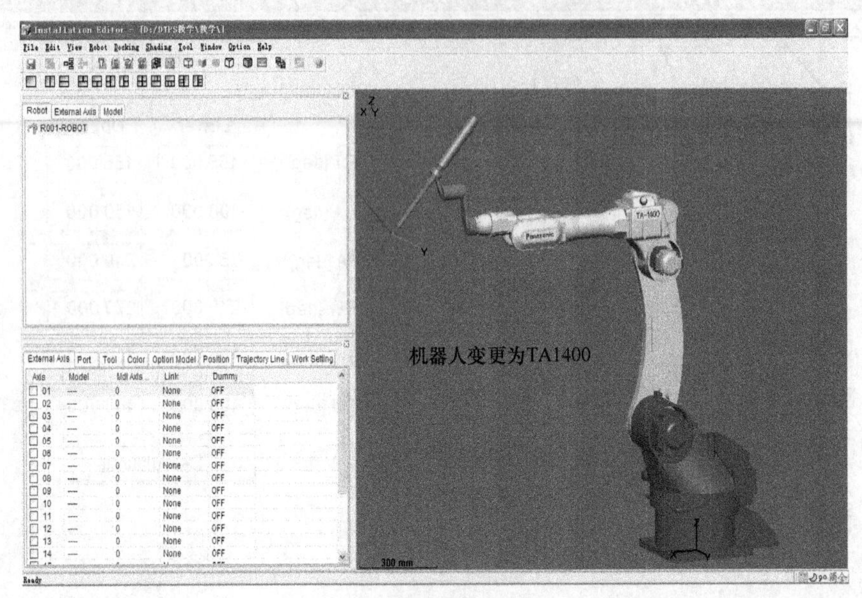

图 4-14　变更机器人型号

4.2.2　编辑工具矢量

1）在机器人属性编辑窗口中，选择“TOOL”（编辑工具矢量）选项，从左侧对话框中选择一个工具，例如“TOOL01”（工具 01），在该对话框中设定工具矢量参数（本例为 CO2/MAG 焊枪工具矢量参数）如果设定默认，此处显示标准矢量，以此确定机器人工具 TCP 点及原点坐标（关于 TCP 点的概念在系列教材第一册《焊接机器人基本操作及应用》一书中有详细讲述，这里不再赘述），如图 4-15 所示。

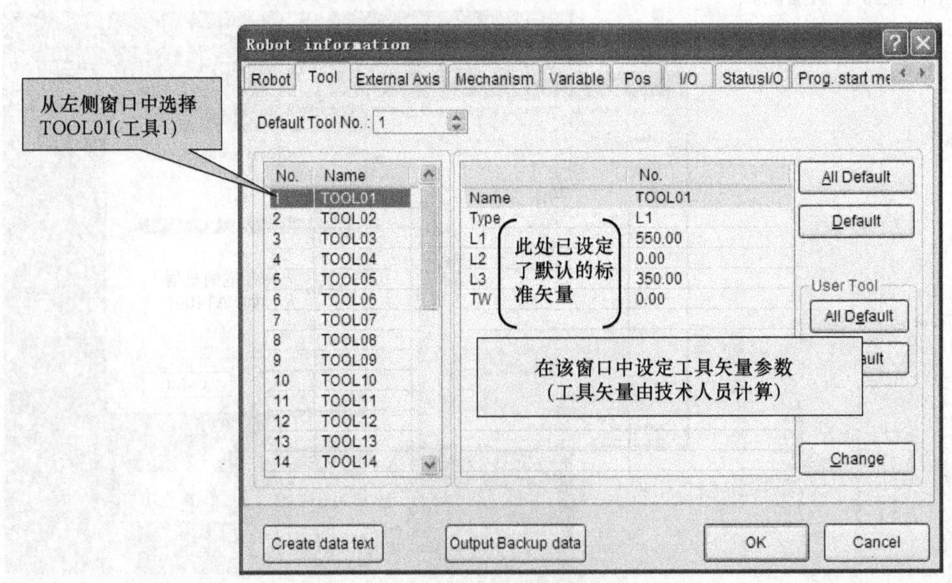

图 4-15　标准工具矢量参数图示

2）编辑外部轴界面如图 4-16 所示，可在此对话框中编辑外部轴，关于外部轴的编辑，详见本章后面的讲解。

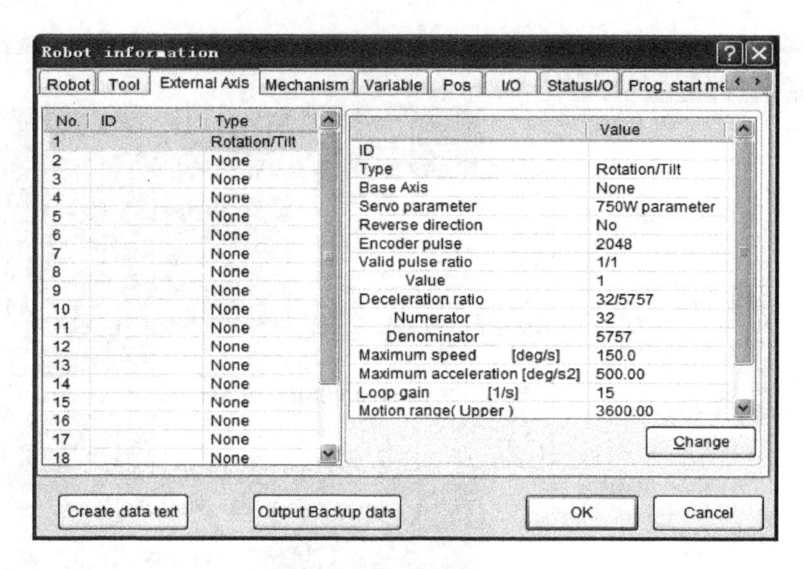

图 4-16　编辑外部轴界面

4.2.3　机构的设定

（1）外部轴添加　设定机器人外部轴处于“Use”（即使用状态，具体内容详见 4.3.4 节），如图 4-17 所示。

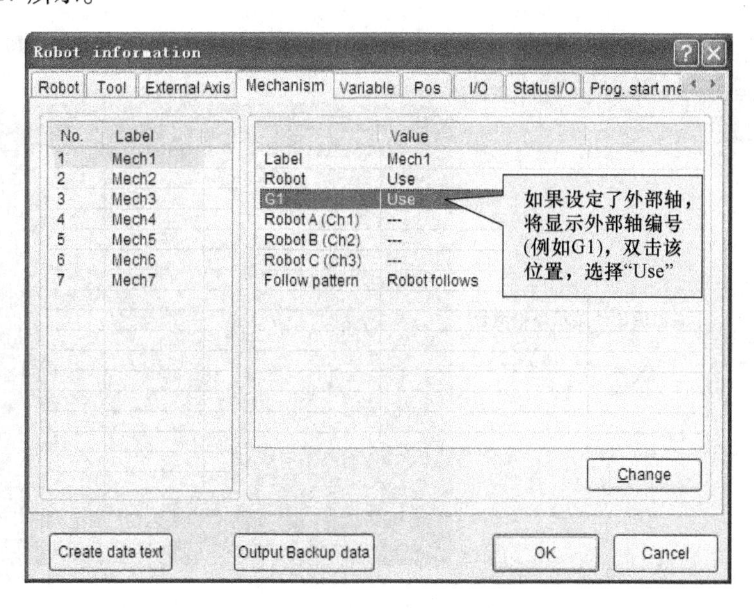

图 4-17　机器人系统机构（外部轴）的设定

（2）工具模型（焊枪）的添加

1）选择“Tool”工具标签，双击“File”，弹出“Open the tool model”（打开工具模型）

对话框，从“Standard”部品库中选择焊枪（例如“Torch 350A standard”），如图 4-18 所示。

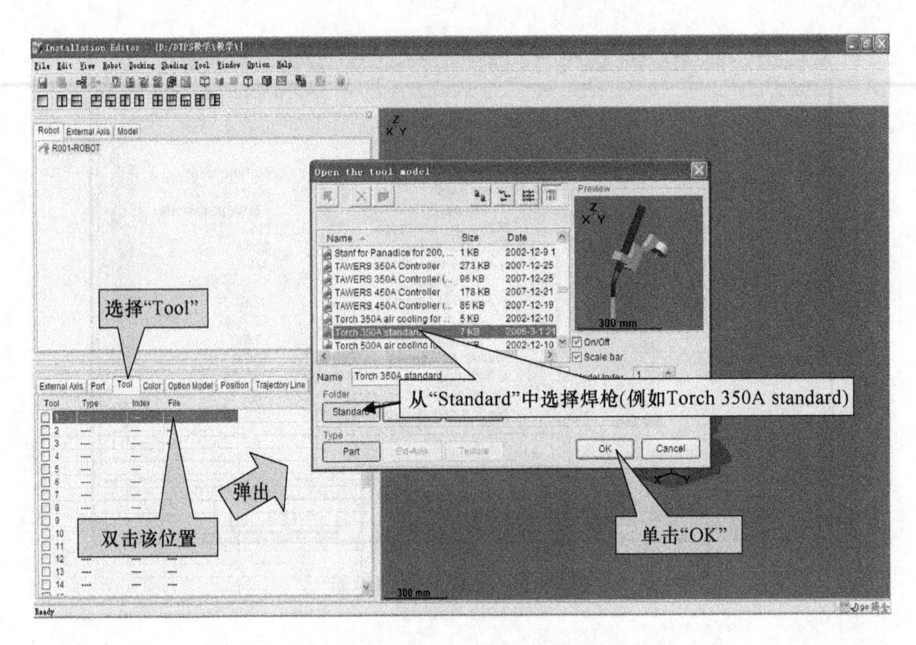

图 4-18　工具模型（焊枪）的添加界面

2）单击“OK”后，“File”处显示“Torch 350A standard”，焊枪模型已改变为所选型号，如图 4-19 所示。

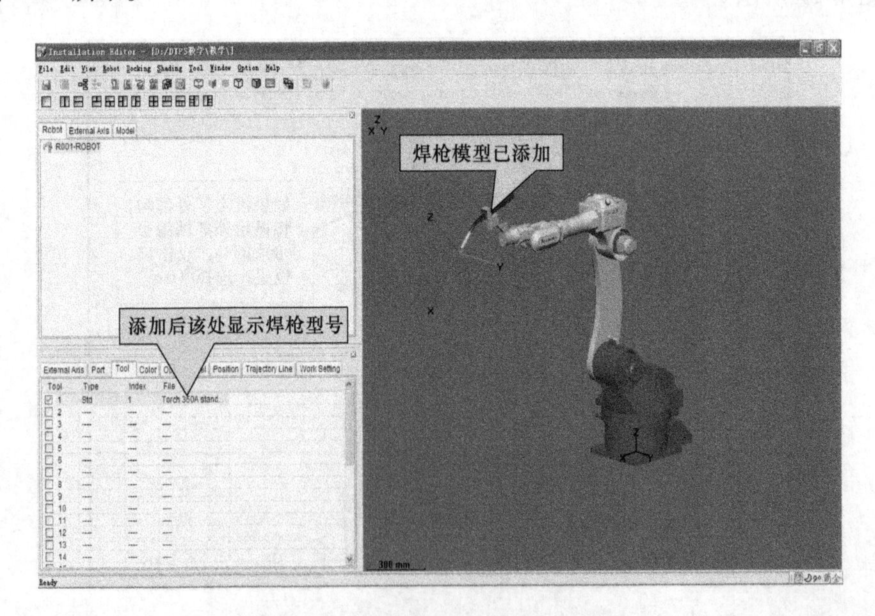

图 4-19　工具模型（焊枪）的添加

（3）送丝机构的添加

1）在“Robot”编辑菜单下，选择“Option Model”（模型选项）标签，由于送丝机安装在 FA 轴，鼠标双击该行，在弹出的对话框中，选择“Standard”部品库中某种型号的送丝机，如图 4-20 所示。

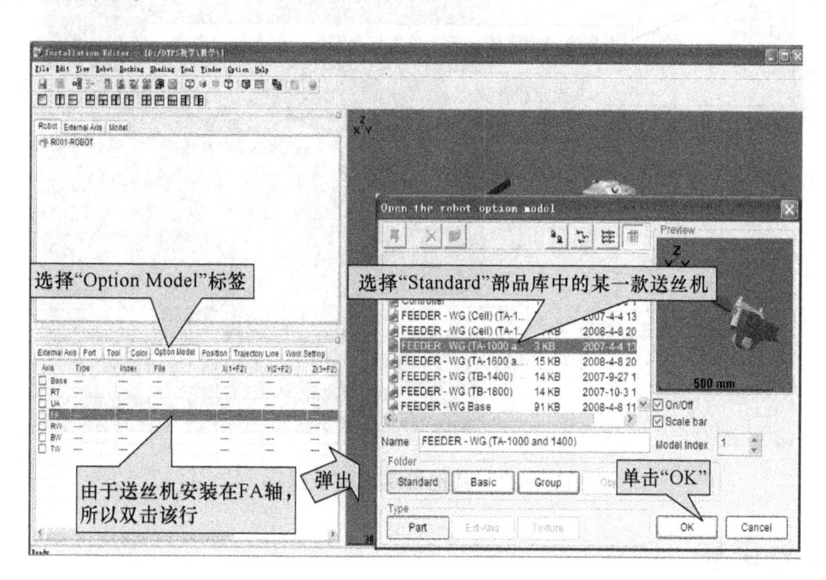

图 4-20　送丝机构的添加界面

2）单击“OK”后，机器人的 FA 轴处出现送丝机模型，“Option Model”（模型选项）标签也显示“FEEDER-WG（TA-1000 and 1400）”，如图 4-21 所示。

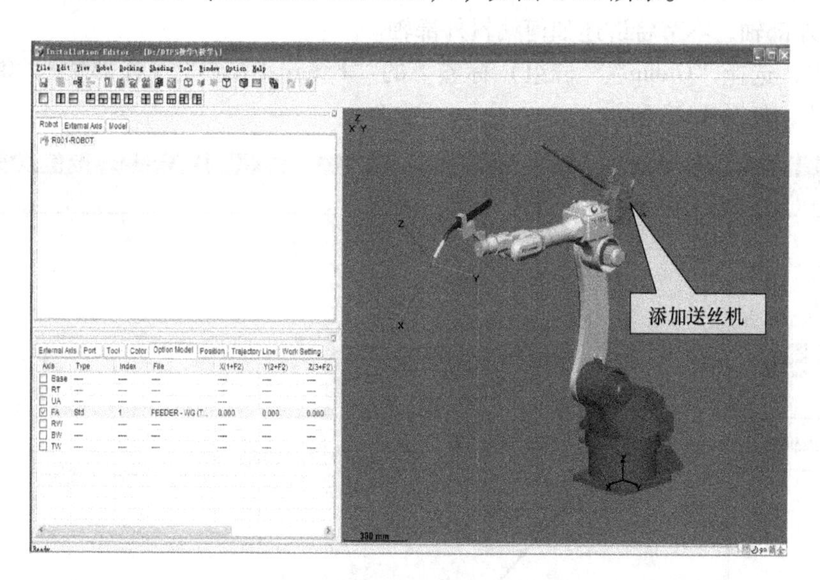

图 4-21　送丝机构（送丝机）的添加

（4）其他标签的说明　选择机构中的“External Axis”（外部轴）、选择机器人间通信端口“Port”、设定设备颜色“Color”、设定机器人位置“Position”、设定机器人运行轨迹的属性“Trajectory Line”（轨迹线）、设定工件的位置“Work Setting”（工件设置），当所有设定完成之后，单击保存图标，保存设定内容，如图 4-22 所示。

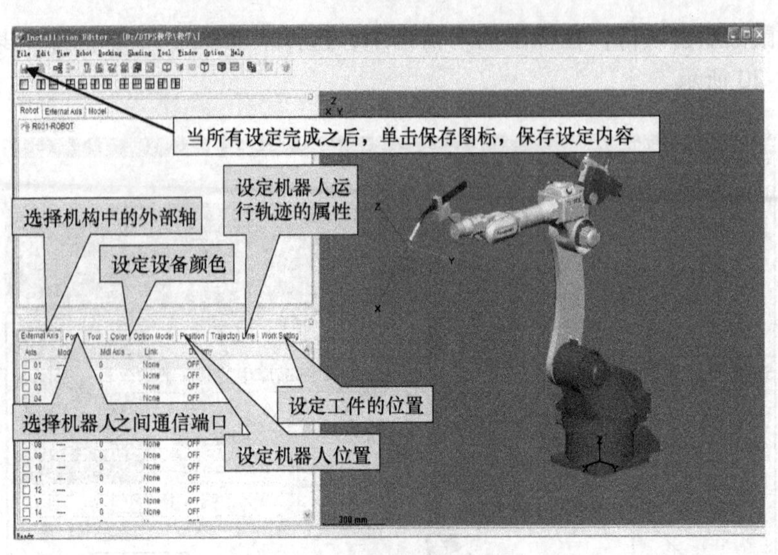

图 4-22　其他设定内容及保存

4.3　编辑外部轴

4.3.1　回转变位机的编辑

在 DTPS 标准模型库中已经制备了一些标准的外部轴模型，可以直接选用，也可以自己绘制、编辑外部轴，本节将讲述如何编辑外部轴。

1）首先，选择“Group”（群组）标签下的“External Axes”（外部轴），单击“New”（新建）按钮，如图 4-23 所示。

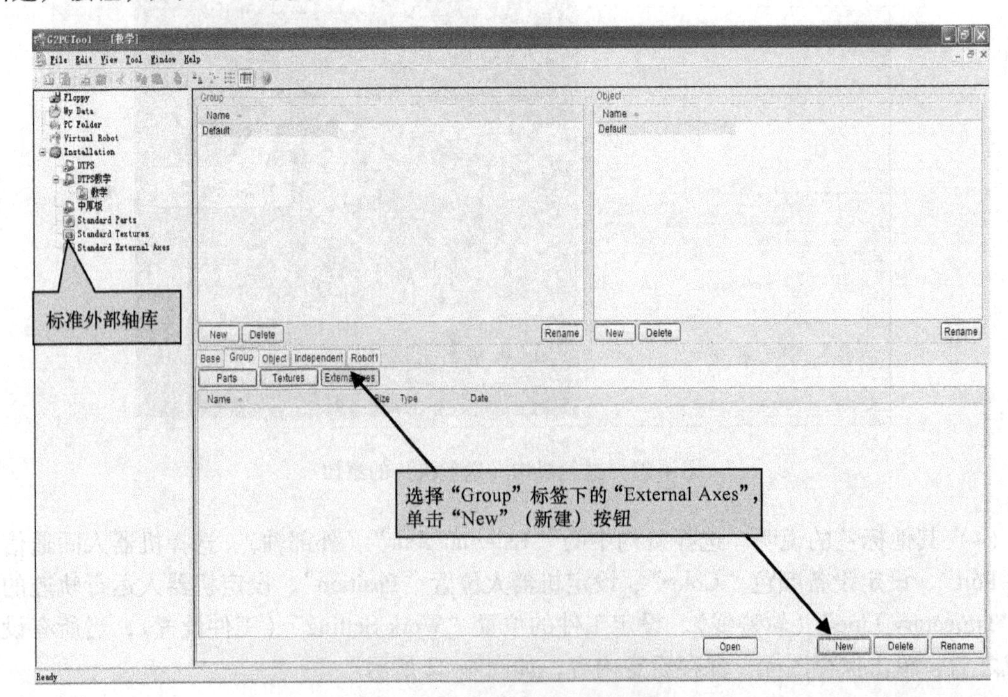

图 4-23　设定外部轴的导航界面

2）在弹出的外部轴编辑框里可进行外部轴项目和外部轴属性编辑，如图4-24所示。

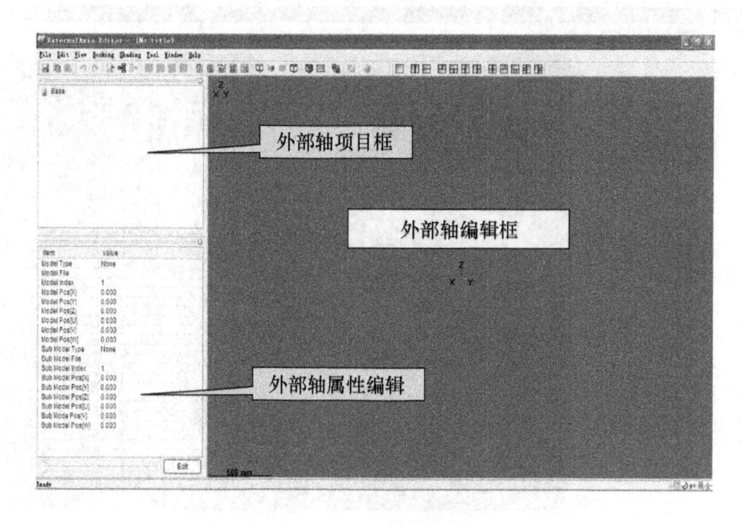

图4-24 外部轴编辑界面

3）添加外部轴基座模型。首先，双击“Model File”（模型文件），弹出标准外部轴对话框，从“Standard”（标准库）中选择一个外部轴基座模型（例如双持两轴变位机的基座模型），如图4-25所示。

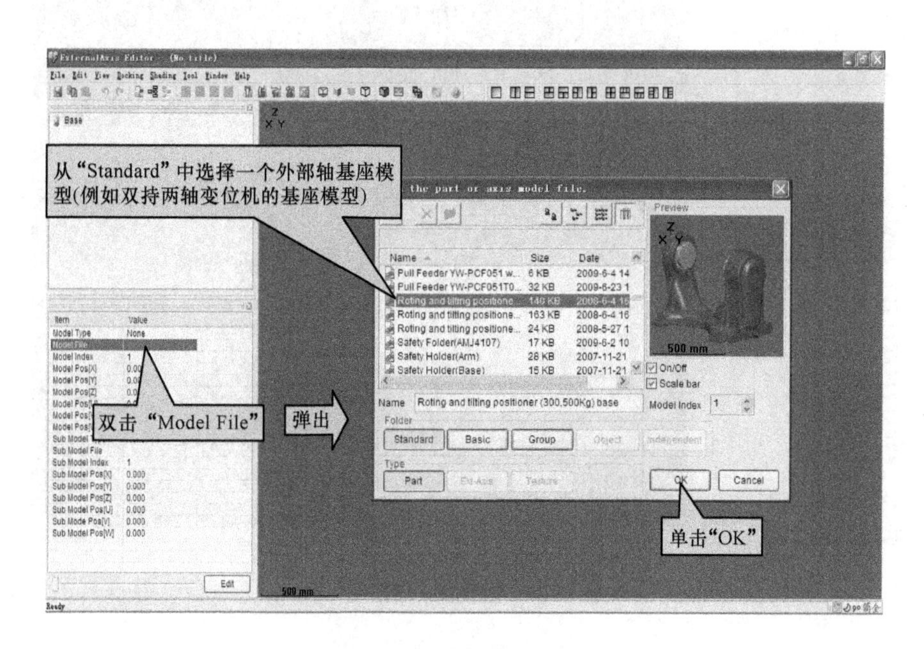

图4-25 添加外部轴基座模型图示

4）添加外部轴基座模型。添加模型至编辑框内，如图4-26所示。

5）添加第一轴。右键单击“Base”（基座），从弹出的菜单中选择“Add axis”（添加轴），如图4-27所示。

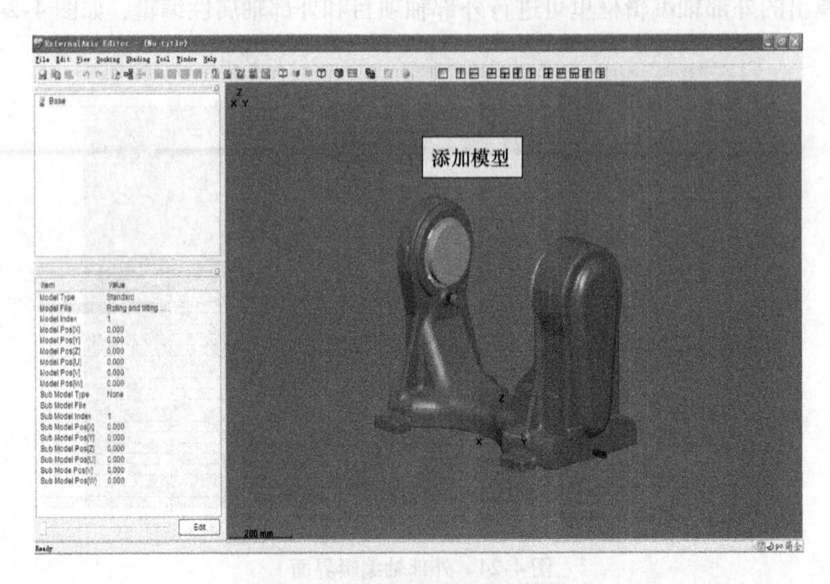

图 4-26　添加外部轴基座模型

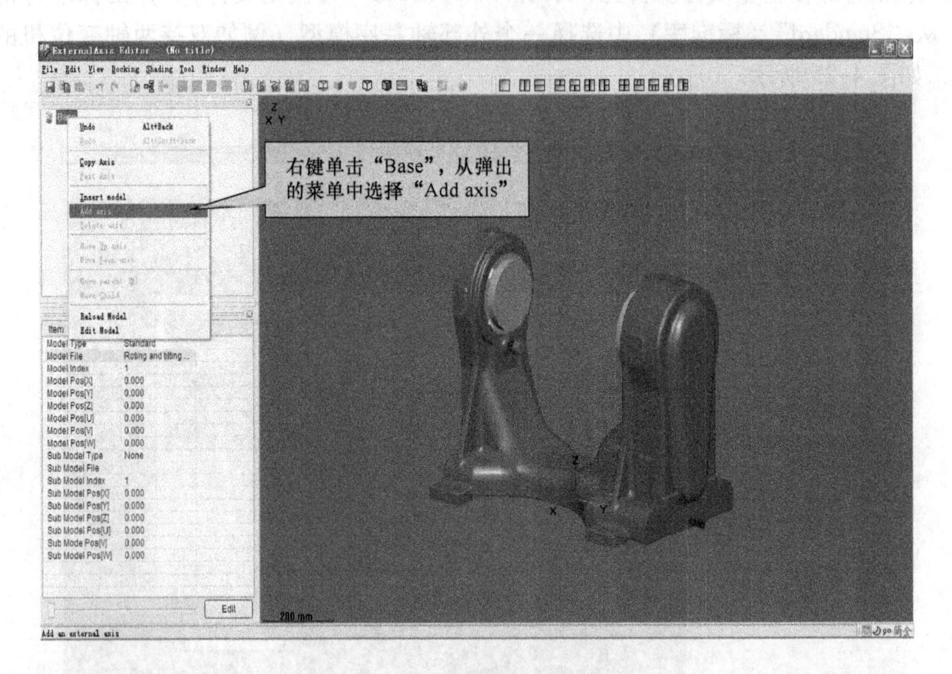

图 4-27　添加第一轴图示

6）单击选择 Axis［01］。由于第一轴是围绕 Y 轴旋转的轴，所以"Axis Type"（轴向类型）选择"Rotation［V］"（旋转），如图 4-28 所示。

7）设定各个参数。设定第一轴的坐标系位置参数和转动范围参数，如图 4-29 所示。

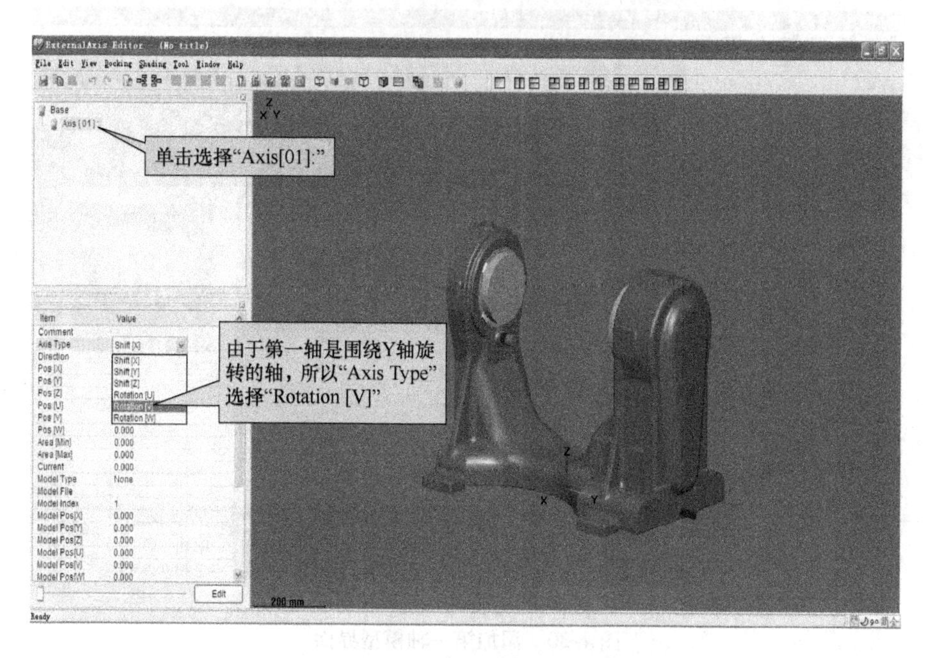

图 4-28　对第一轴的旋转方向进行设定

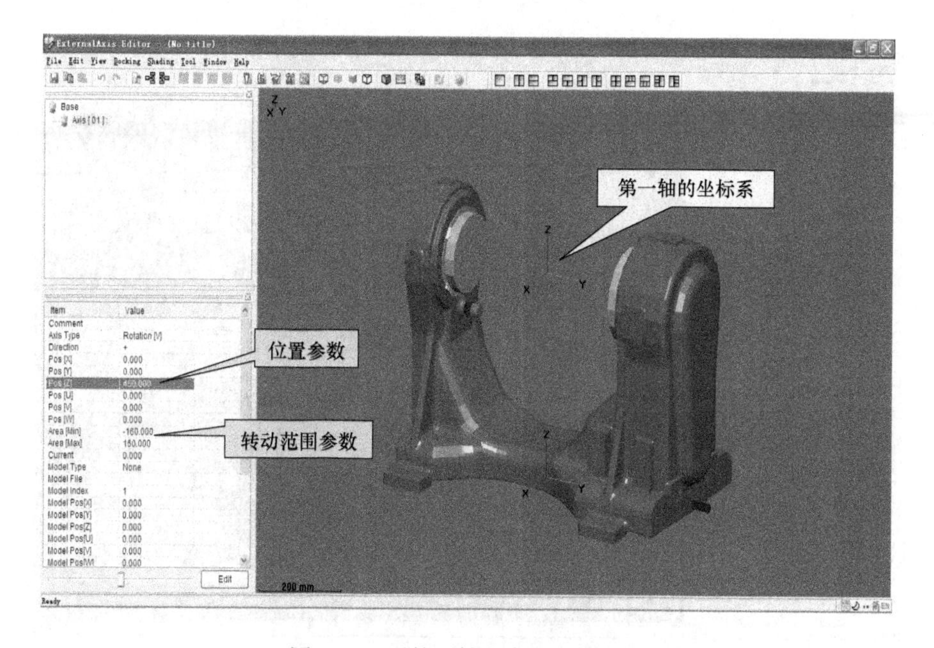

图 4-29　对第一轴的参数进行设定

8）添加模型。

①“Model Type”（模型类型）选择“Standard”（标准模型），双击“Model File”（模型文件），在弹出框中，从“Standard”中选择合适的第一轴模型，如图 4-30 所示。

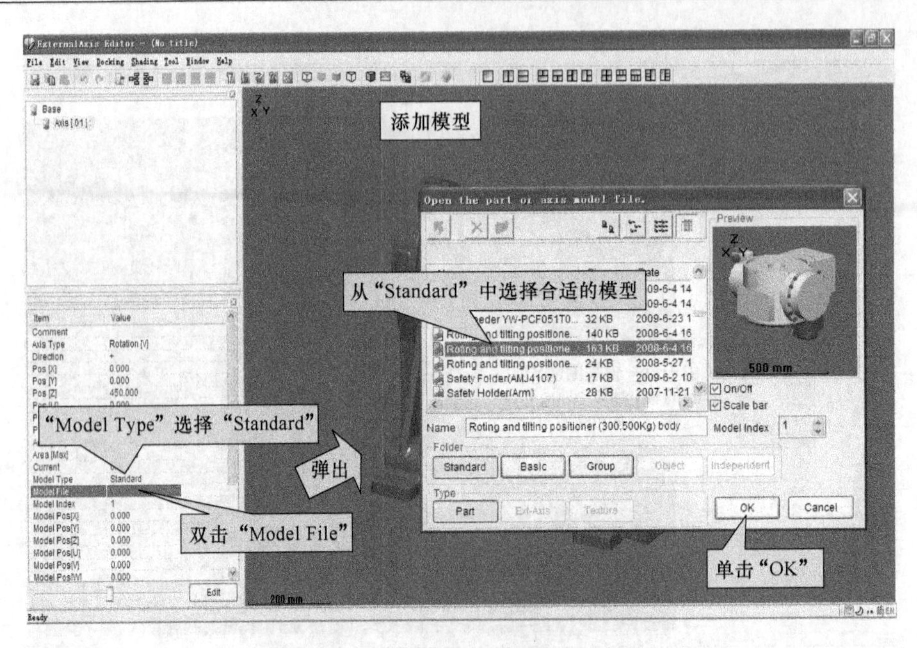

图 4-30　添加第一轴模型界面

② 添加第一轴模型到指定位置，并对第一轴进行设定，如图 4-31 所示。

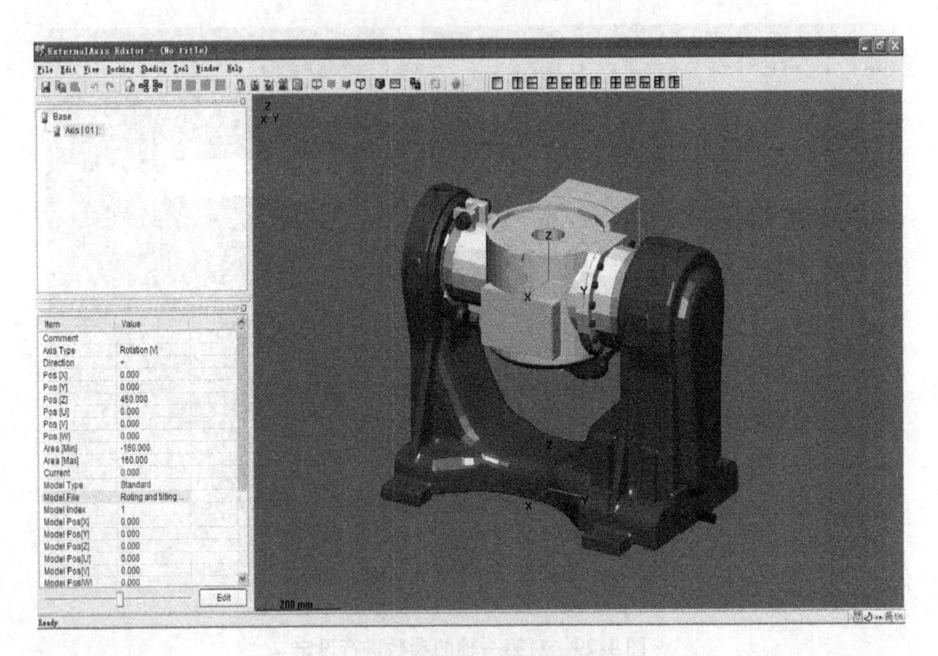

图 4-31　添加第一轴到指定位置

9）添加第二轴。

① 右键单击“Axis[01]:”，从弹出的菜单中选择“Add axis”（添加轴），如图 4-32 所示。

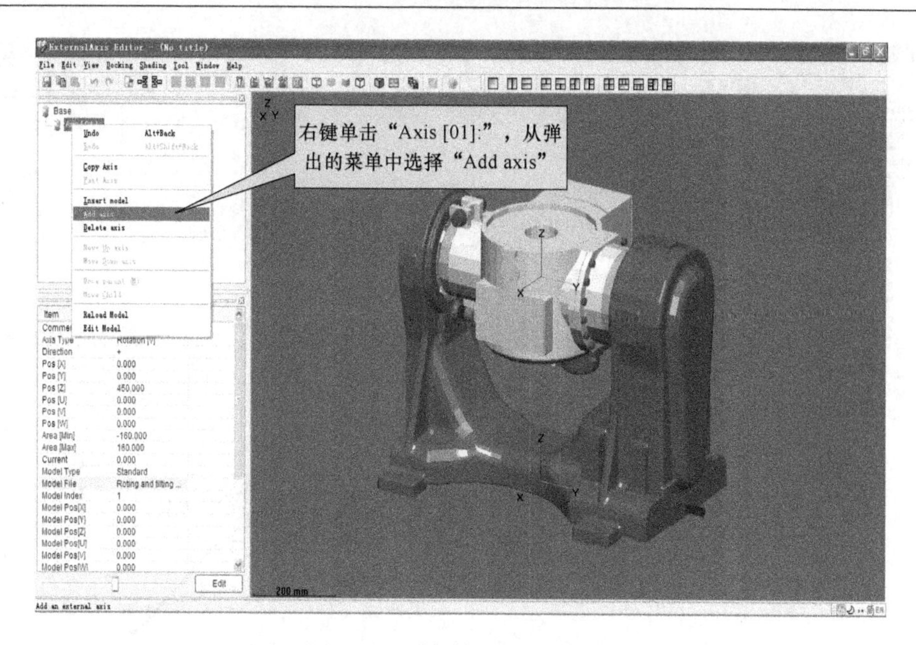

图 4-32　增加第二轴菜单界面

② 按照上述相同的步骤设定参数，并添加轴面模型，单击保存按钮，保存建立的外部轴模型文件，如图 4-33 所示。

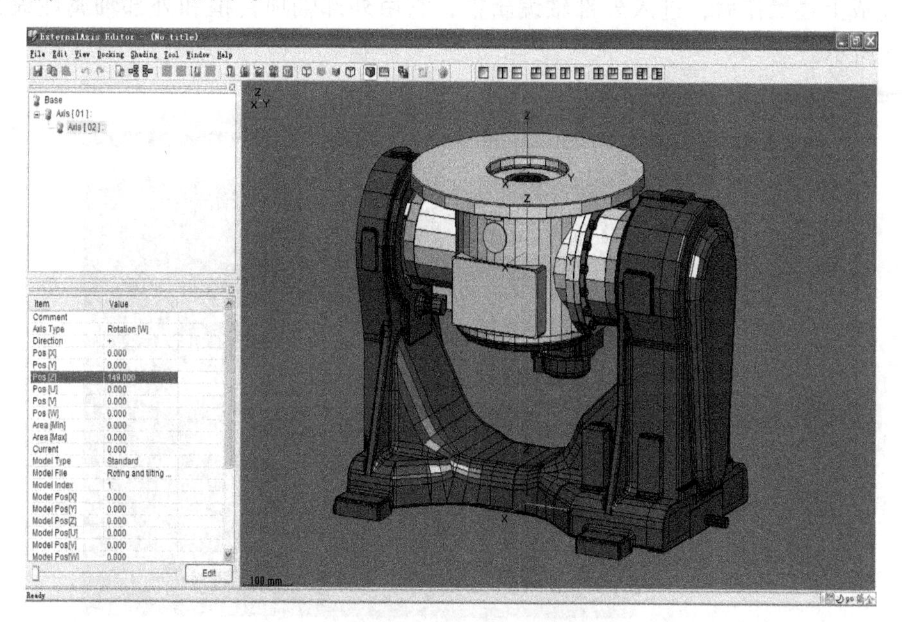

图 4-33　添加第二轴并保存

4.3.2　行走变位机的编辑

1）选择“Group”（群组）标签下的“External Axes”（外部轴），单击“New”（新建）按钮，如图 4-34 所示。

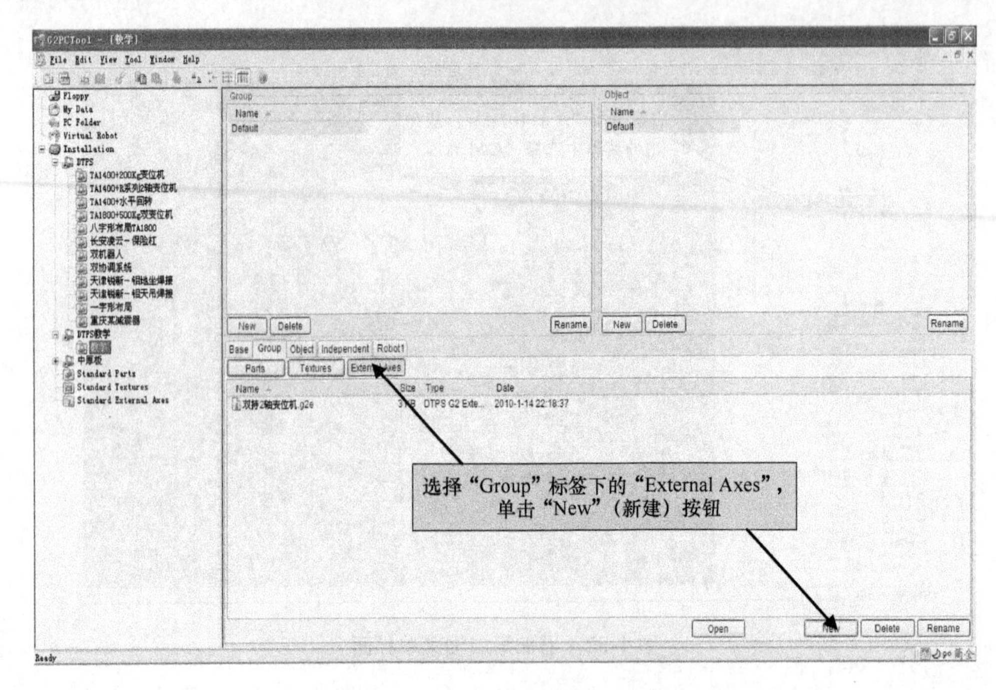

图 4-34　进入行走变位机的编辑

2）完成上述操作后，进入外部轴编辑框，它由外部轴项目框和外部轴属性编辑组成，如图 4-35 所示。

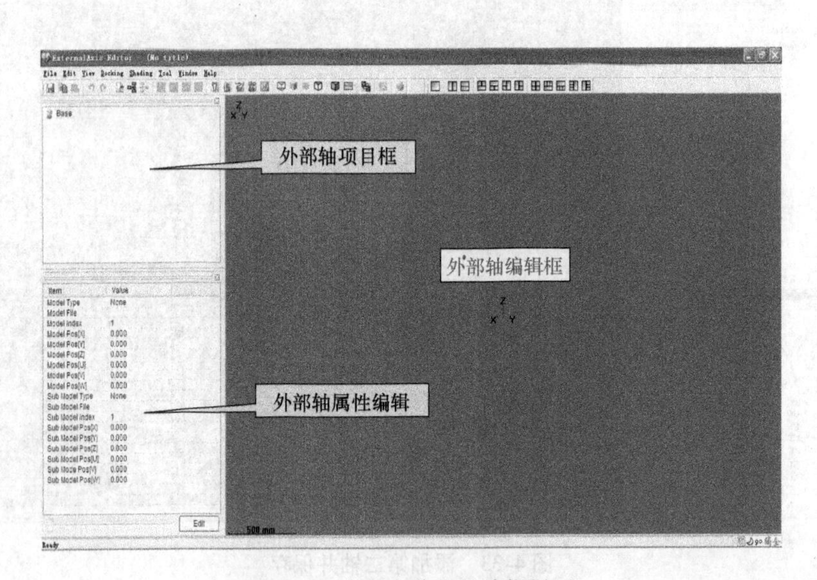

图 4-35　行走变位机的编辑界面

3）添加行走轨道模型。首先双击“Model File”（模型文件），弹出模型库对话框，从“Standard”中选择行走轨道模型（例如“Shifter Base”行走基座），如图 4-36 所示。

4）行走轨道模型被添加进来，如图 4-37 所示。

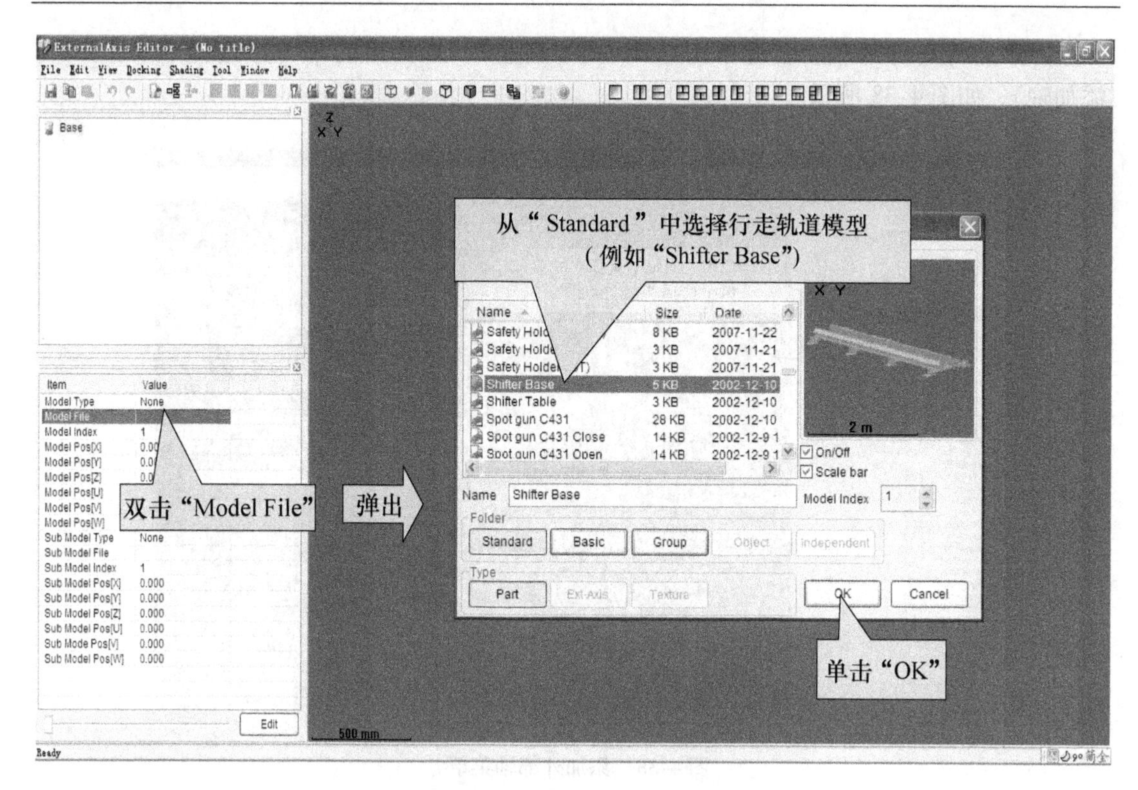

图4-36　选择行走轨道模型菜单

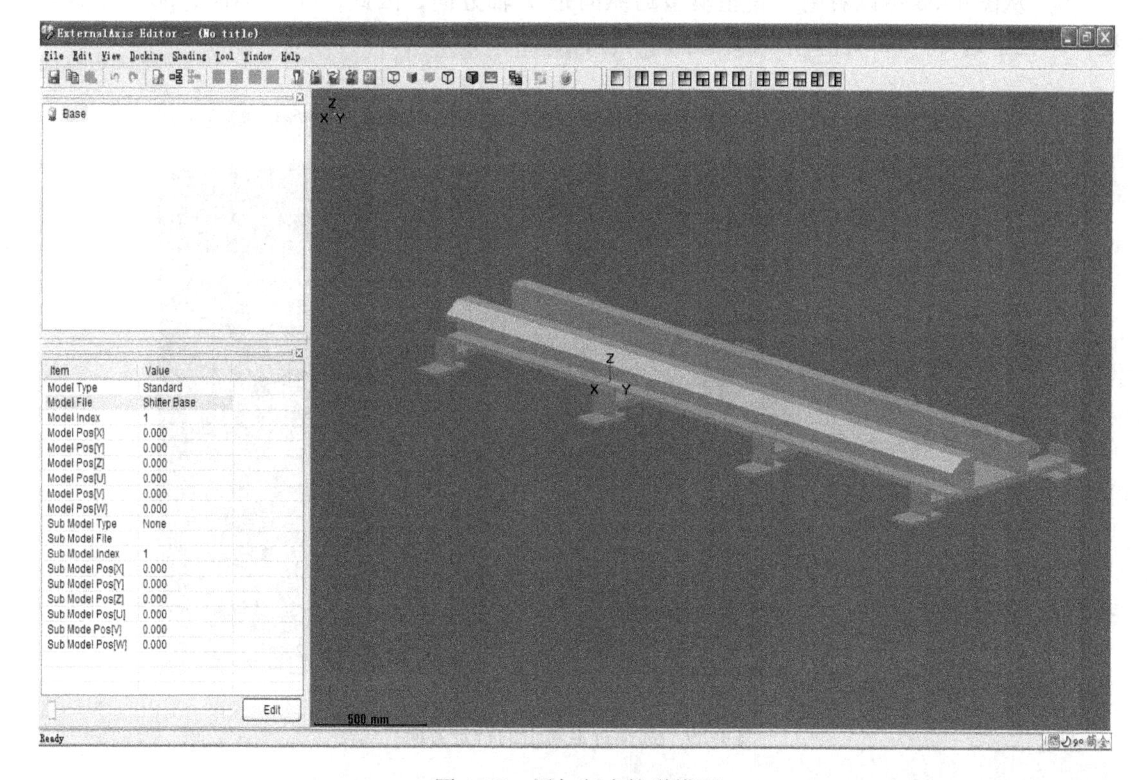

图4-37　添加行走轨道模型

5）添加行走外部轴。右键单击“Base”（基座），从弹出的菜单中选择“Add axis”（添加轴），如图 4-38 所示。

图 4-38　添加外部轴菜单

6）从图 4-38 可以看到，底座模型的纵向是 Y 轴方向，因此，在“Axis Type”（轴类型）一栏中选择“Shift ［Y］”（Y 方向平动），如图 4-39 所示。

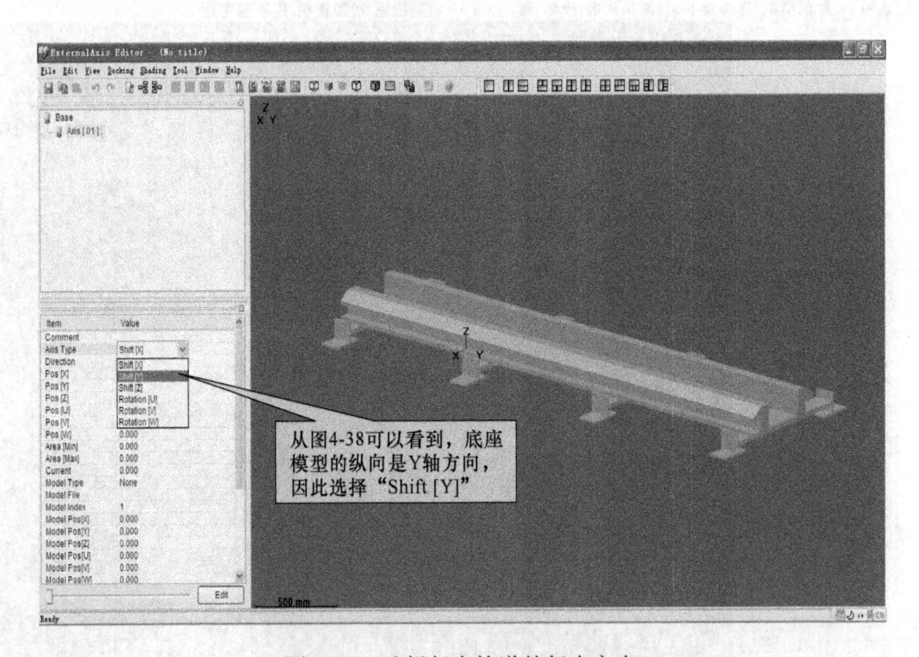

图 4-39　选择行走轨道的行走方向

7）根据测量的长度。设定外部轴的位置和行程，如图 4-40 所示。

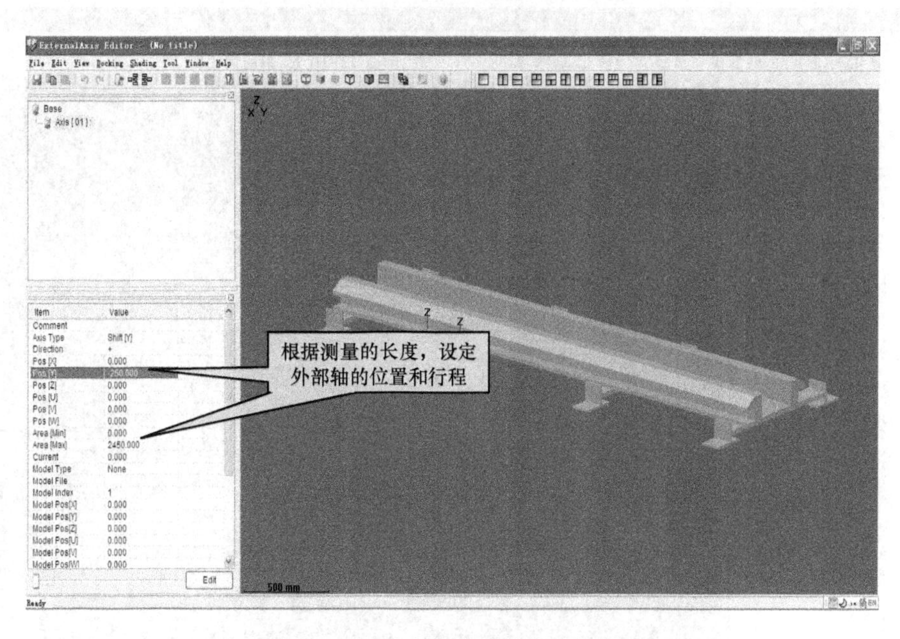

图4-40　确定行走轨道的位置和行程

8）双击“Model File”（模型文件），从“Standard”（标准库）中选择“Shifter Table”（移动台座），如图4-41所示。

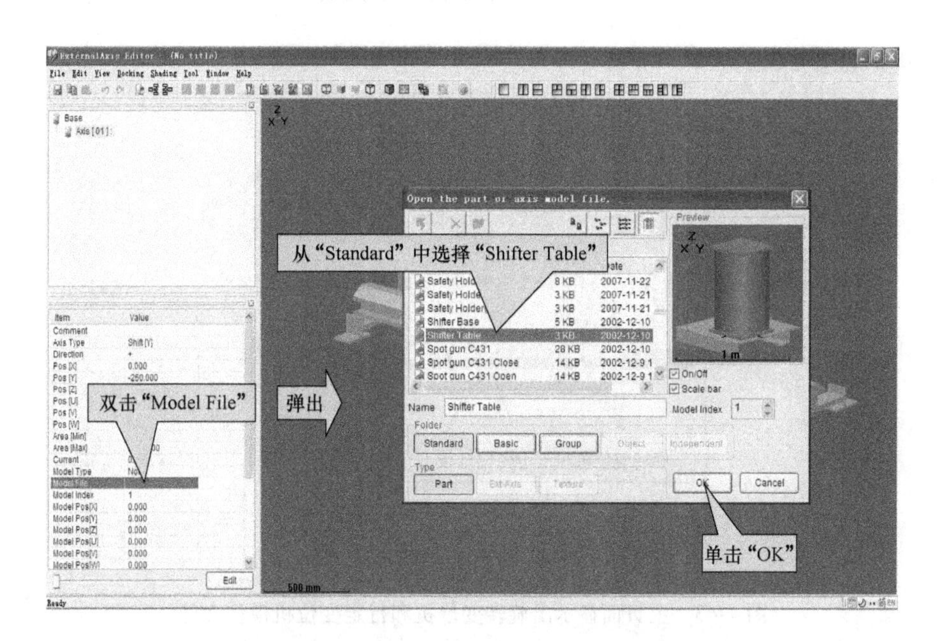

图4-41　添加行走轨道外部轴移动台座

9）行走外部轴编辑完毕，单击保存，给外部轴命名，如图4-42所示。

10）可以看到，导航页面显示旋转变位机和行走变位机模型都已建立，如图4-43所示。

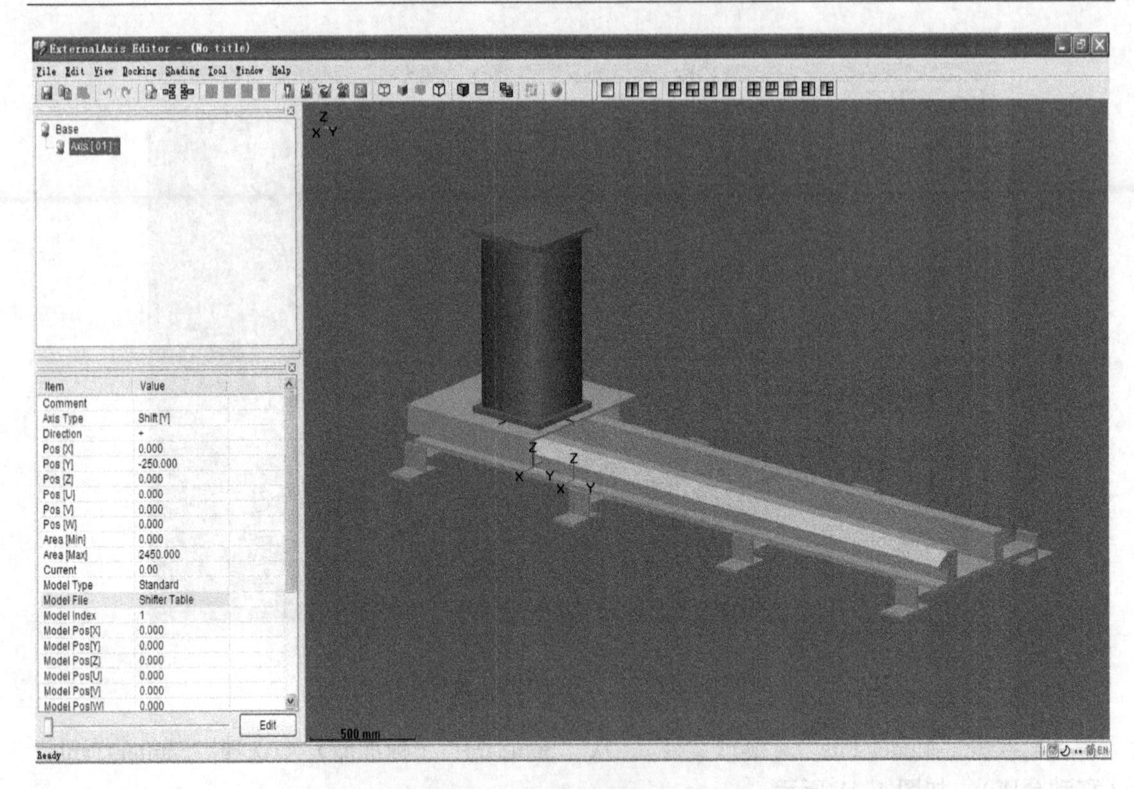

图 4-42　行走外部轴编辑完成

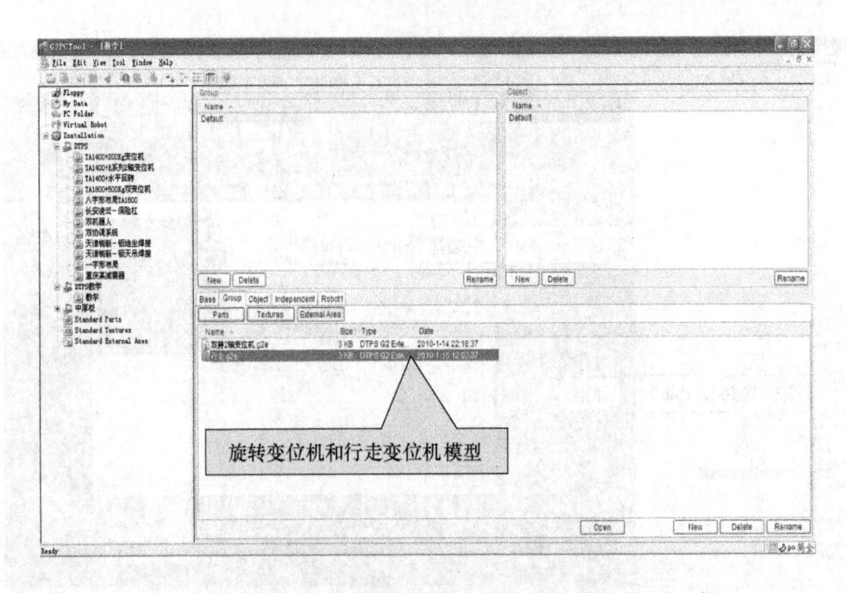

图 4-43　主页面显示出旋转变位机和行走变位机模型文件

4.3.3　在设备编辑器中添加变位机

1）按照步骤打开设备编辑窗口，如图 4-44 所示。

2）右键单击“External Axis”（外部轴）的空白处，选择“Add External Axis”（添加外

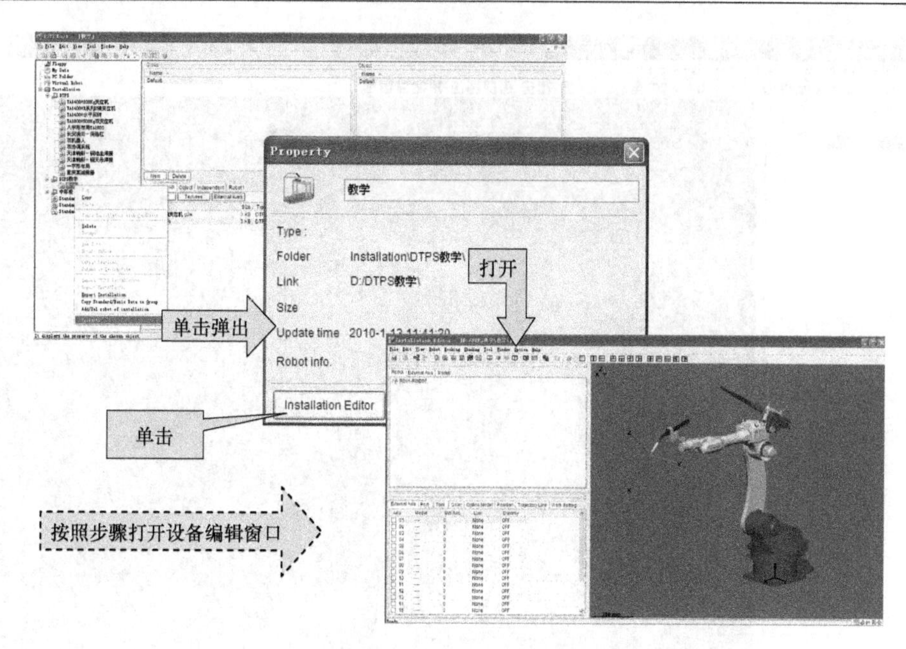

图 4-44　进入设备编辑窗口

部轴），在弹出的界面中单击“Group”（群组），选择建立的变位机，如图 4-45 所示。

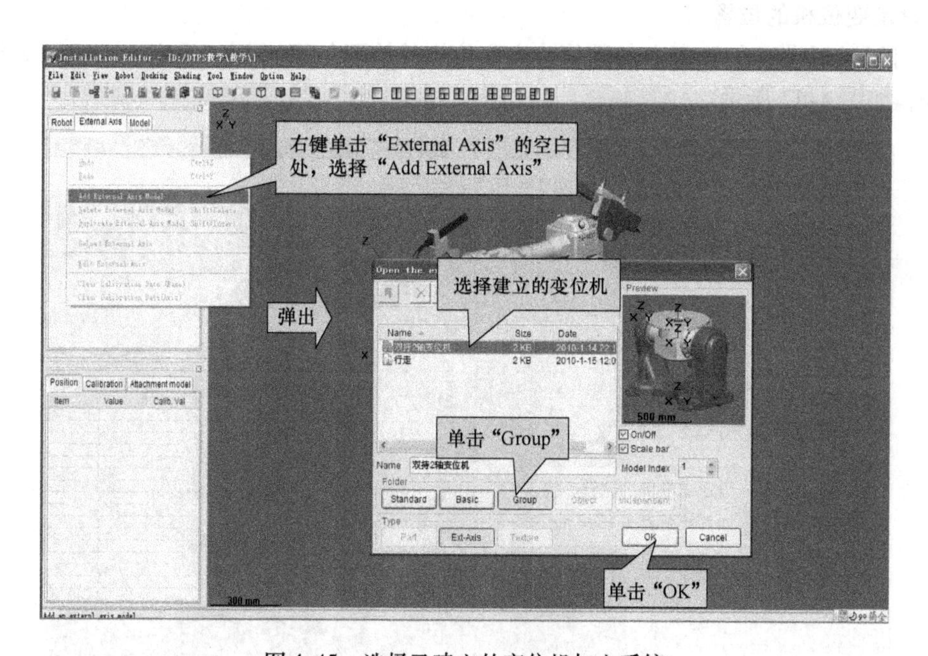

图 4-45　选择已建立的变位机加入系统

4.3.4　建立机器人和变位机的关联（设定外部轴）

1. 添加 2 轴回转变位机

进入编辑画面，如图 4-46 所示。

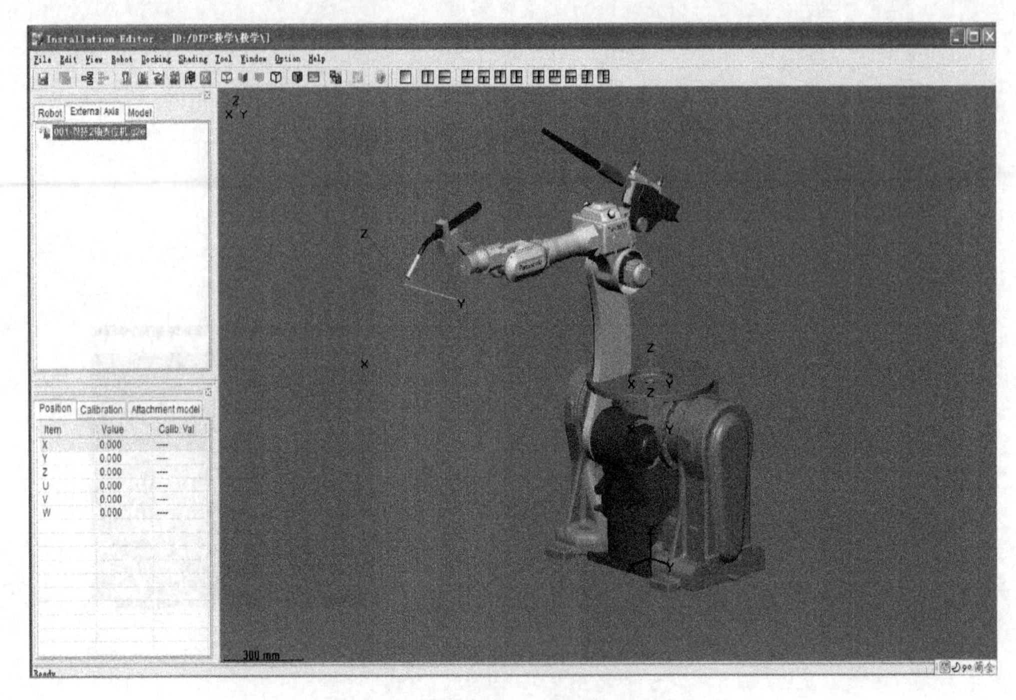

图 4-46　设定机器人与变位机的关联

2. 设定变位机的位置

1）可以通过设定在 X 方向的数值确定变位机的放置位置，例如设定变位机距离机器人 1500mm，如图 4-47 所示。

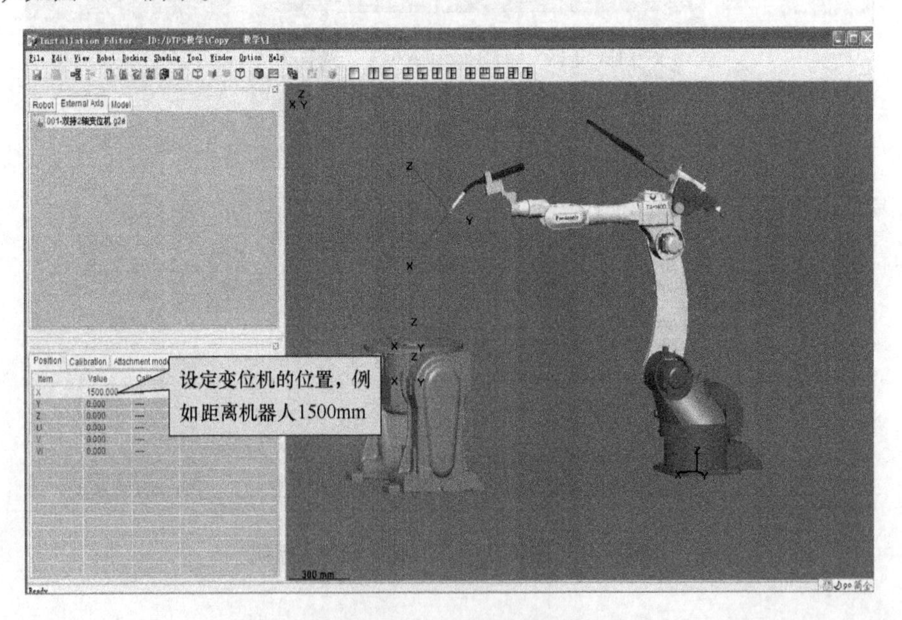

图 4-47　设定机器人与变位机的相对位置

2）右键单击“External Axis”（外部轴）的空白处，选择“Add External Axis”（添加外部轴），在弹出的对话框里单击“Group”（群组），选择建立的行走变位机，如图 4-48 所示。

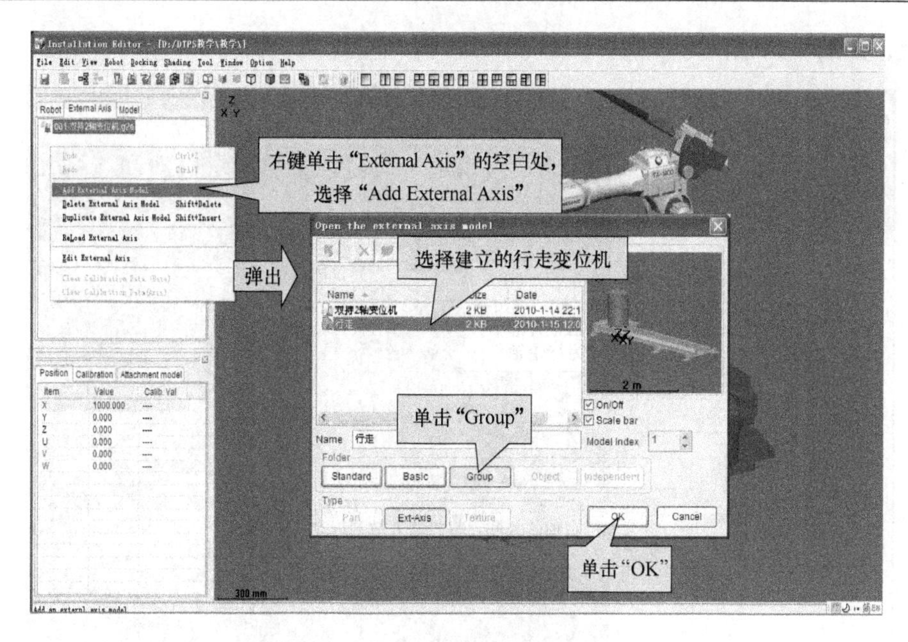

图4-48　进入添加设备界面单击“Group”

3. 添加行走变位机

1）进入机器人行走机构编辑画面，如图4-49所示。

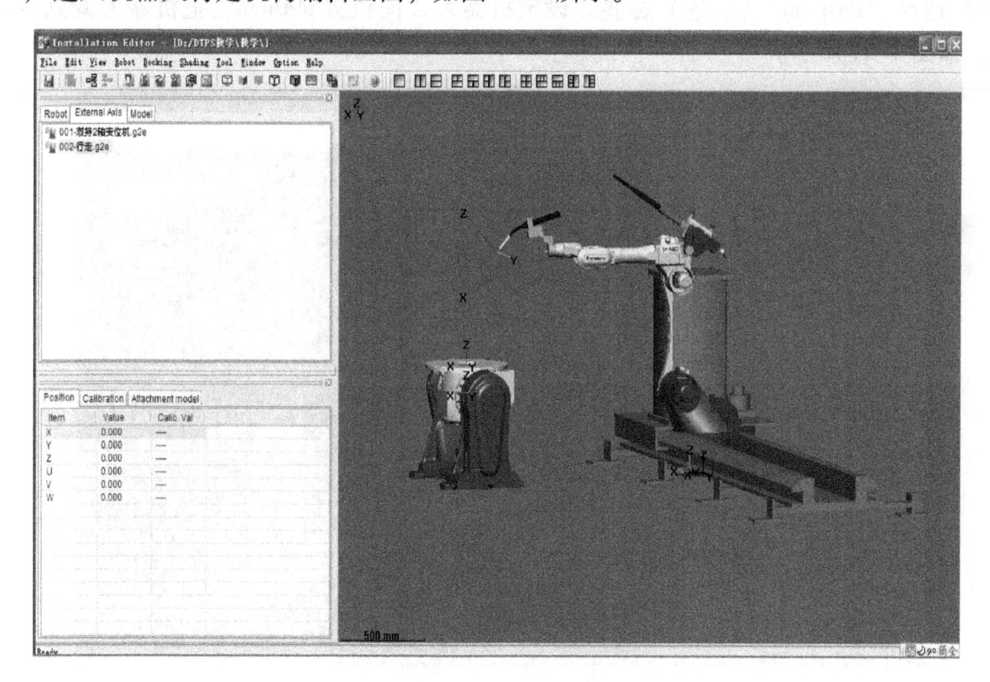

图4-49　添加行走变位机

2）选择“Robot”（机器人）标签，单击“External Axis”（外部轴）标签，按住键盘“Ctrl”键，单击各个轴，设定G1、G2、G3三个外部轴，G1和G2轴为回转轴，G3为行走轴。双击“Link”（链接）后，选择“Robot”，建立机器人和行走轴的关联，将机器人放到行走轴上，如图 4-50 所示。

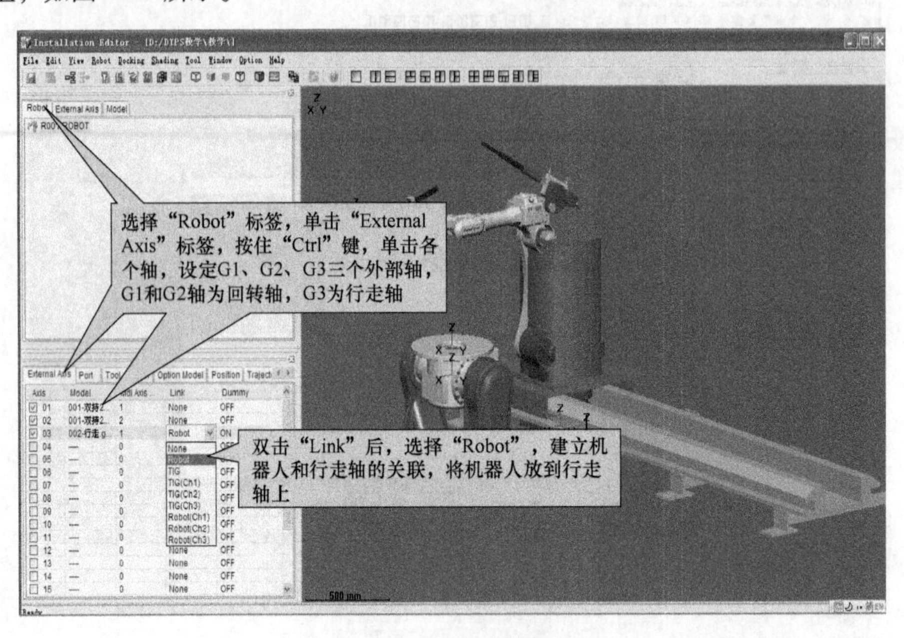

图 4-50　建立系统间的关联

3）选择“Position”（位置）标签，设定机器人 Z 向位置 990mm，把机器人调到合适位置上，如图 4-51 所示。

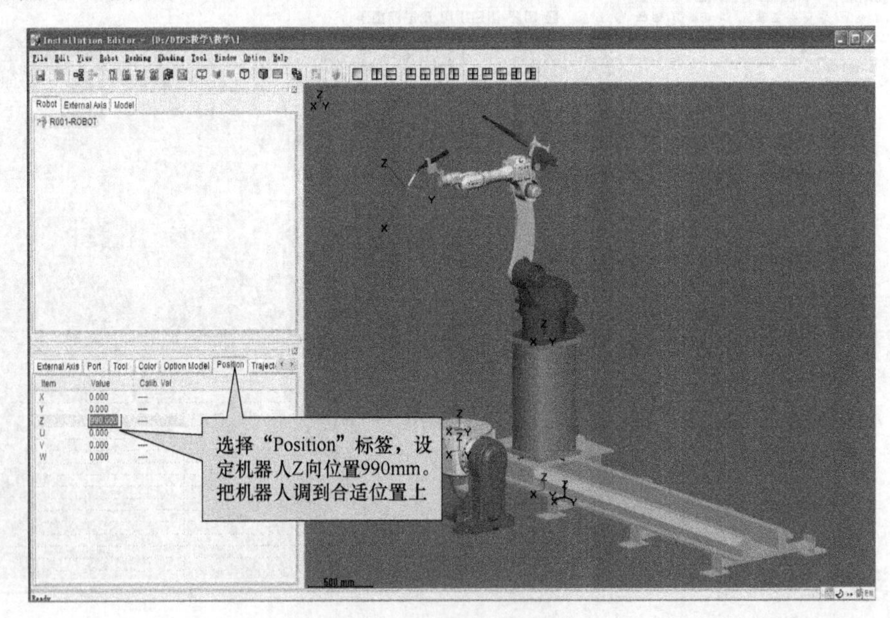

图 4-51　将机器人放置到底座的位置

4）双击“R001-ROBOT”，在弹出的对话框中选择“External Axis”（外部轴）标签，设定 G1、G2 轴为回转轴。“Type”（类型）选择“Rotation/Tilt”（旋转/倾斜），如图 4-52 所示。

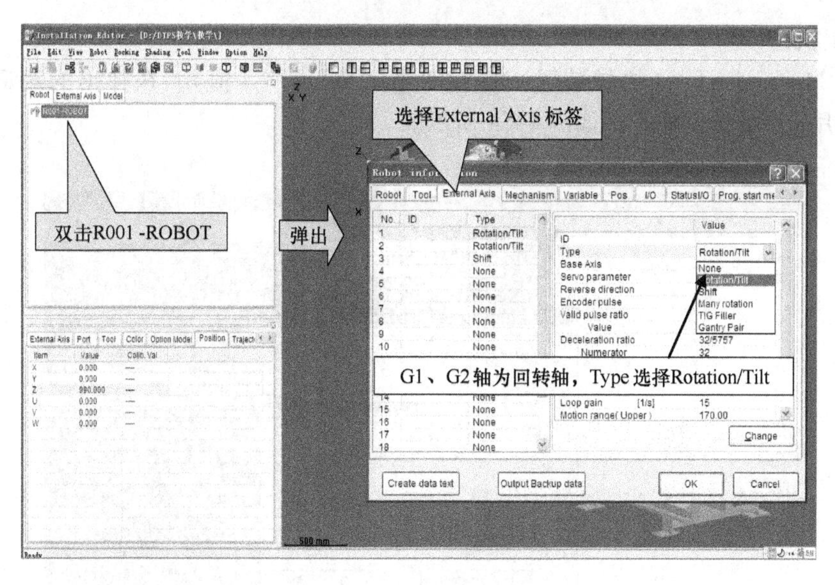

图 4-52　定义外部轴的类型

4. 设定外部轴参数

外部轴参数的内容包括：轴的类型（回转/行走）；该轴的基轴是哪个轴？（图例中 G2 轴的基轴是 G1 轴）；伺服电动机的功率电动机是否反转？编码器的脉冲数；减速比及其分子、分母；最大速度；最大加速度；正方向最大转动角度；反方向最大转动角度；环路增益，设定好所有参数后，单击“OK”，如图 4-53 所示。

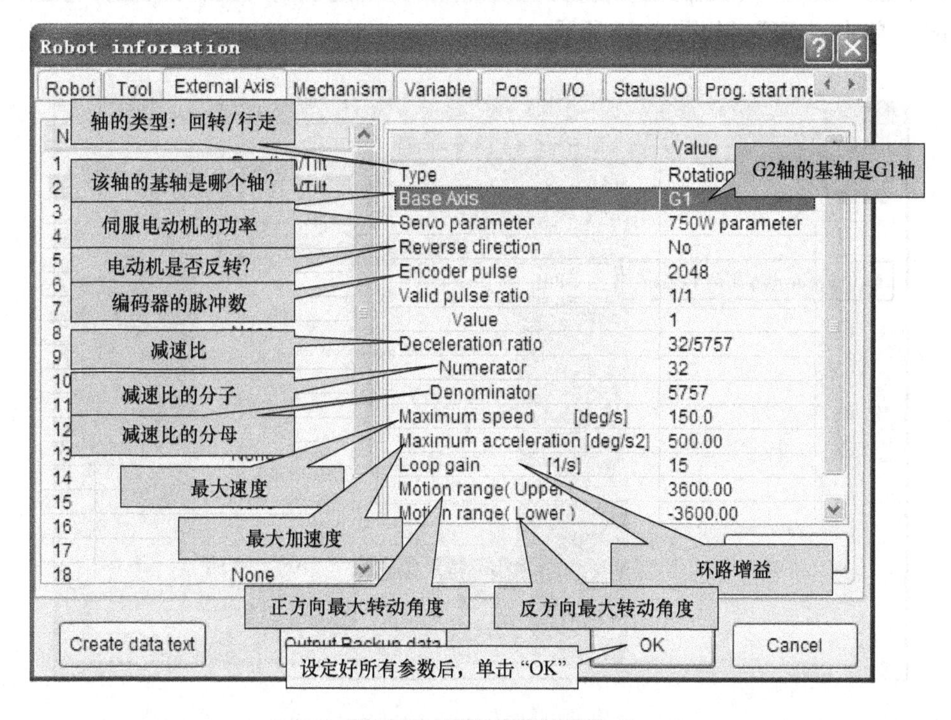

图 4-53　设定外部轴参数

5. 设定机构

选择“Mechanism”（机械装置）标签双击“Value”（值），在弹出的对话框中选中“Use”（应用），单击“OK”，如图4-54所示。

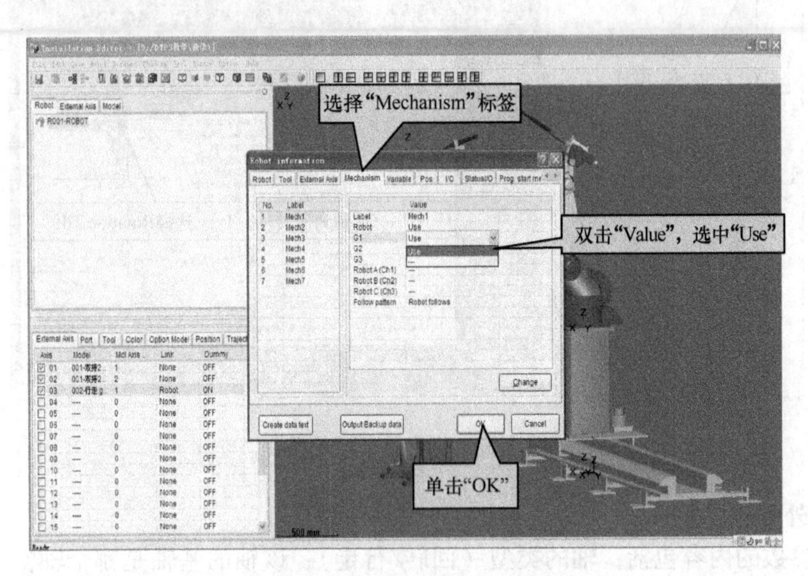

图4-54　设定外部轴的使用状态

6. 设定机器人与外部轴的协调

1）单击“Robot”（机器人）菜单下的“Option”（选项），弹出对话框，勾选“External Axis”，单击“OK”，如图4-55所示。

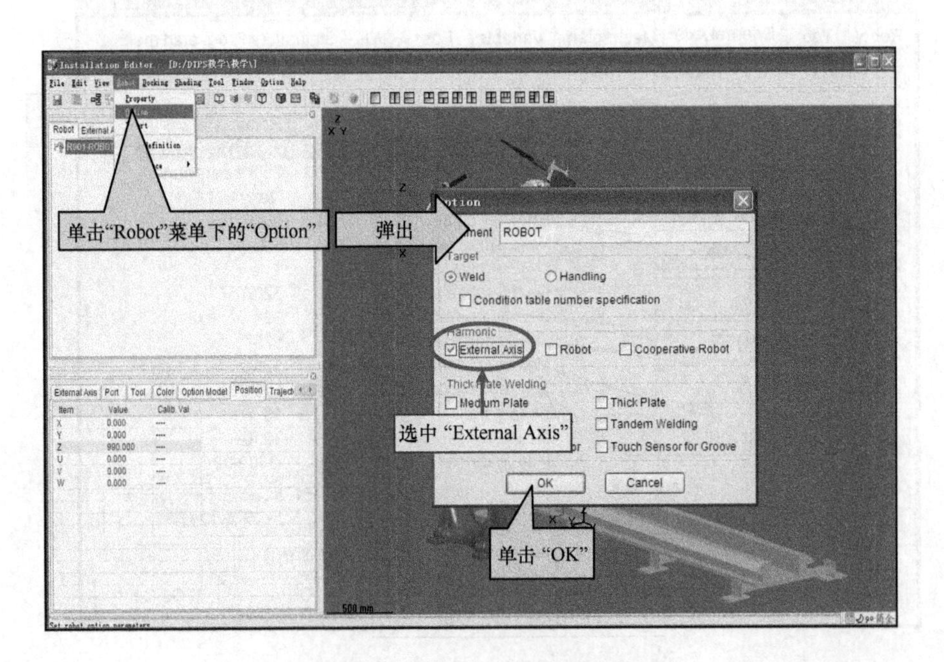

图4-55　设定机器人与外部轴的协调关系

2）外部轴设定完毕后，单击保存图标，如图 4-56 所示。

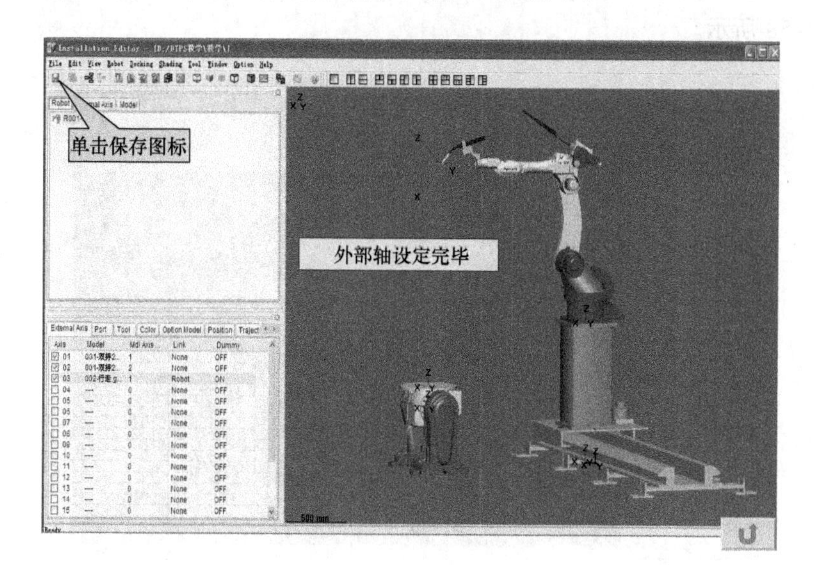

图 4-56　保存设定好的数据

4.4　编辑（导入）工件

1）DTPS 虽然具备简易的 CAD 编辑功能，编辑简单的工件，但不便于编辑较为复杂的工件，可以将其他三维软件编辑的工件导入到 DTPS 中。选择“Group”（群组）标签中的“Parts”（零件），单击“New”（新建），如图 4-57 所示（参见配套资料③-（1）三维 CAD 零件图素材）。

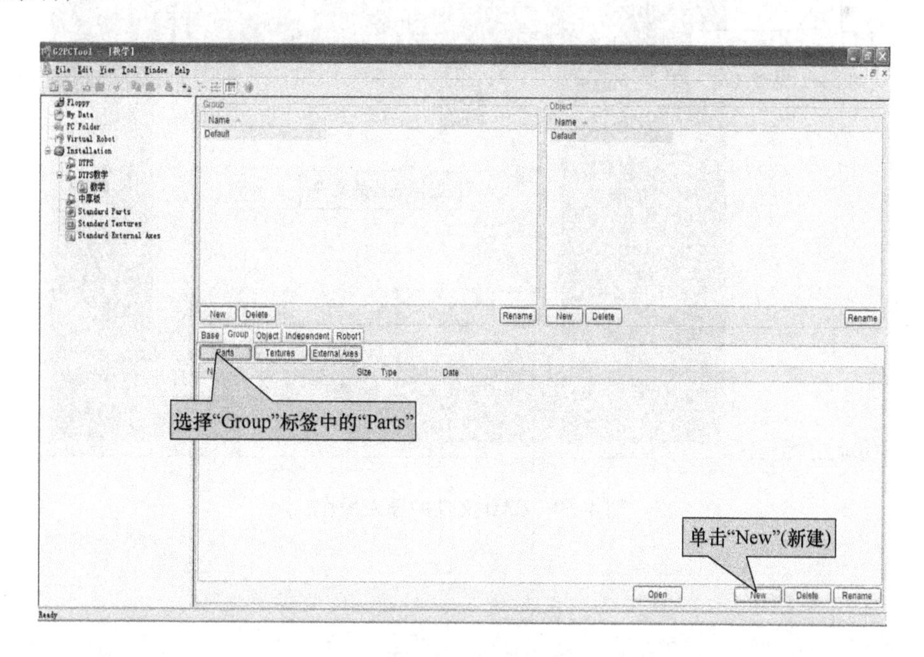

图 4-57　进入工件导入界面时的操作

2）DTPS 中可以导入“. igs/. dxf/. STL/. VRML”等格式的图样，导入前进入工件编辑界面，如图 4-58 所示。

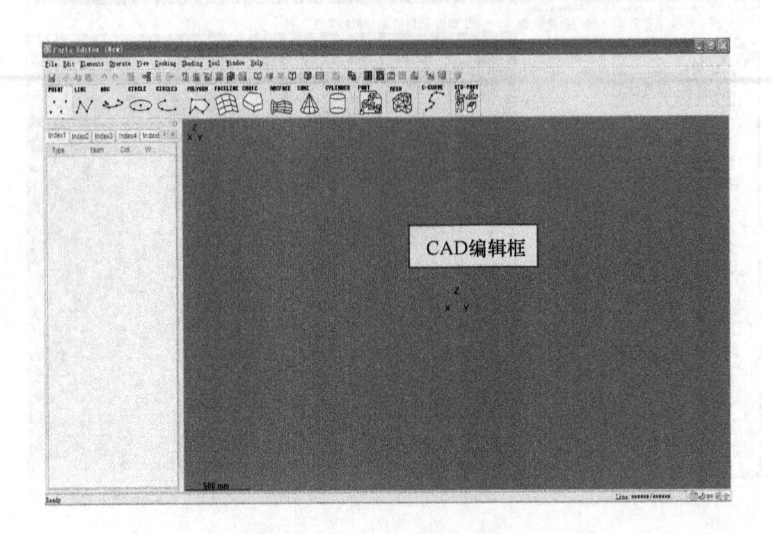

图 4-58　进入工件编辑界面

3）CAD 文件的导入。单击菜单栏“File”（文件）目录下的“Import CAD File”（导入 CAD 文件），选择支持的文件，如图 4-59 所示。

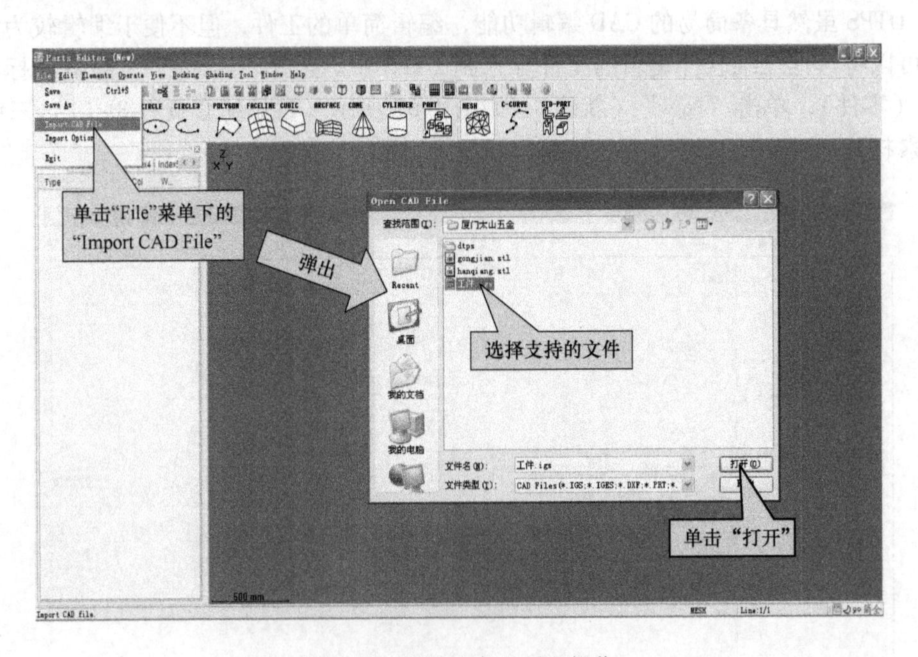

图 4-59　CAD 文件的导入操作

4）将 CAD 模型文件导入，如图4-60所示。

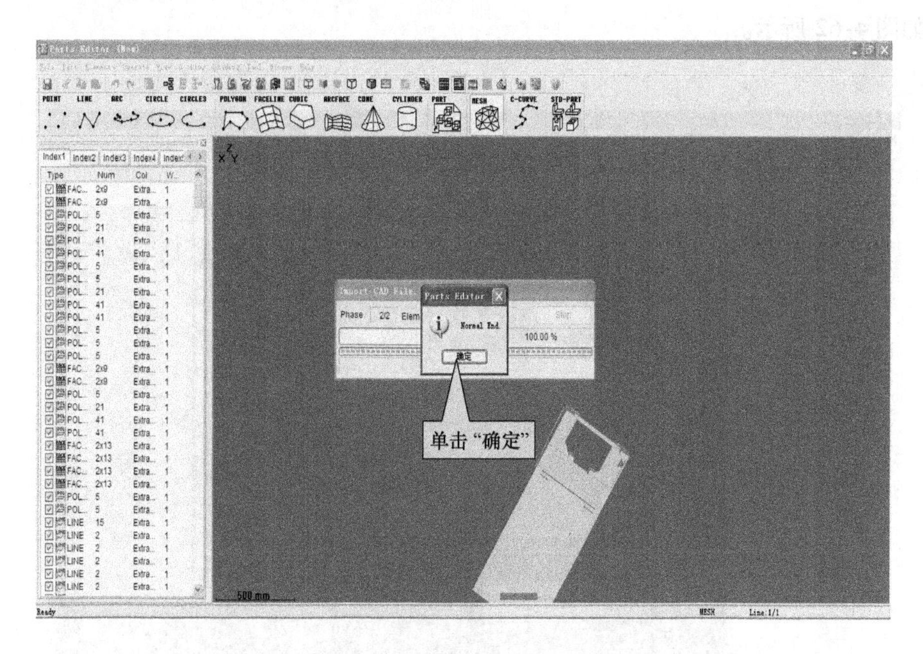

图4-60　将 CAD 模型文件导入

5）导入的工件除模型外，在编辑框的左侧形成 DTPS 图形存储格式，因此，可以在编辑框中进行编辑，如图4-61所示。

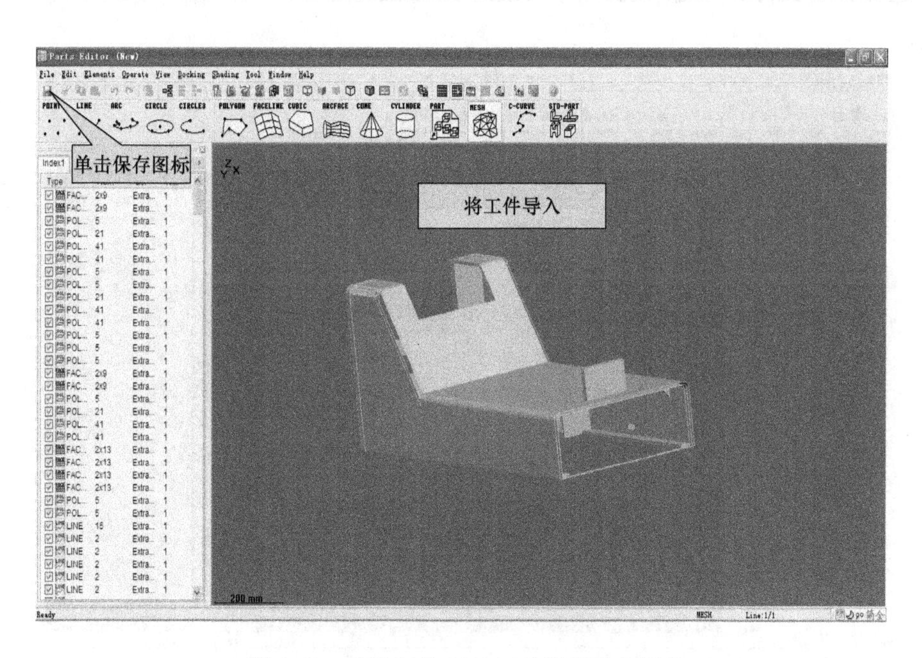

图4-61　将选定的 CAD 工件模型导入保存

6）STL 格式文件的导入。单击“Mesh”，在弹出的对话框中单击“Import STL”（导入STL），如图 4-62 所示。

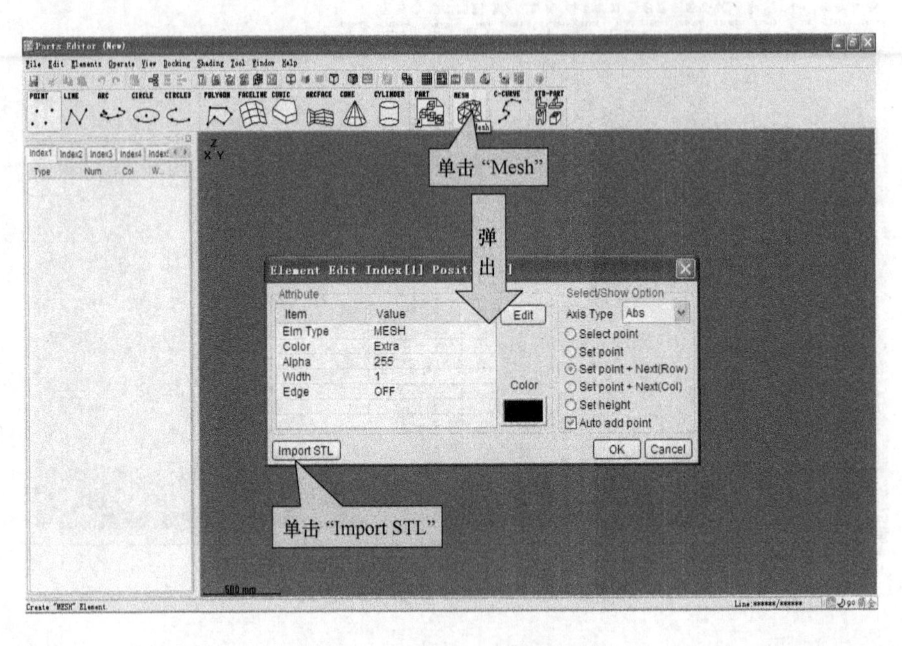

图 4-62　STL 格式文件的操作

7）选择 STL 文件，单击“打开”，如图 4-63 所示。

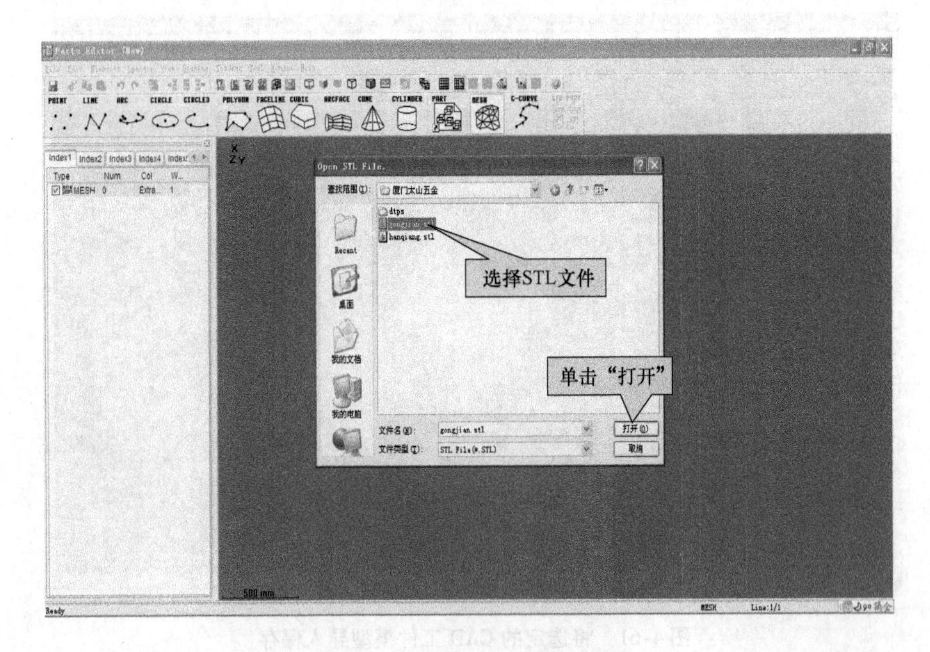

图 4-63　选择 STL 文件并打开

8）为便于看图，可以选择工件颜色，如图 4-64 所示。

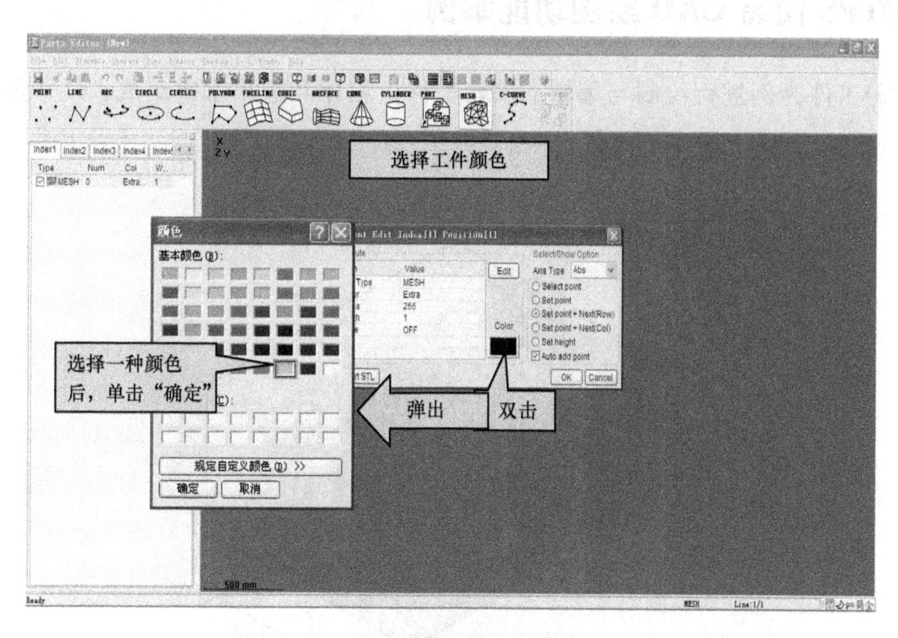

图 4-64　选择工件颜色的操作

9）将 STL 格式文件导入进来，如图 4-65 所示。

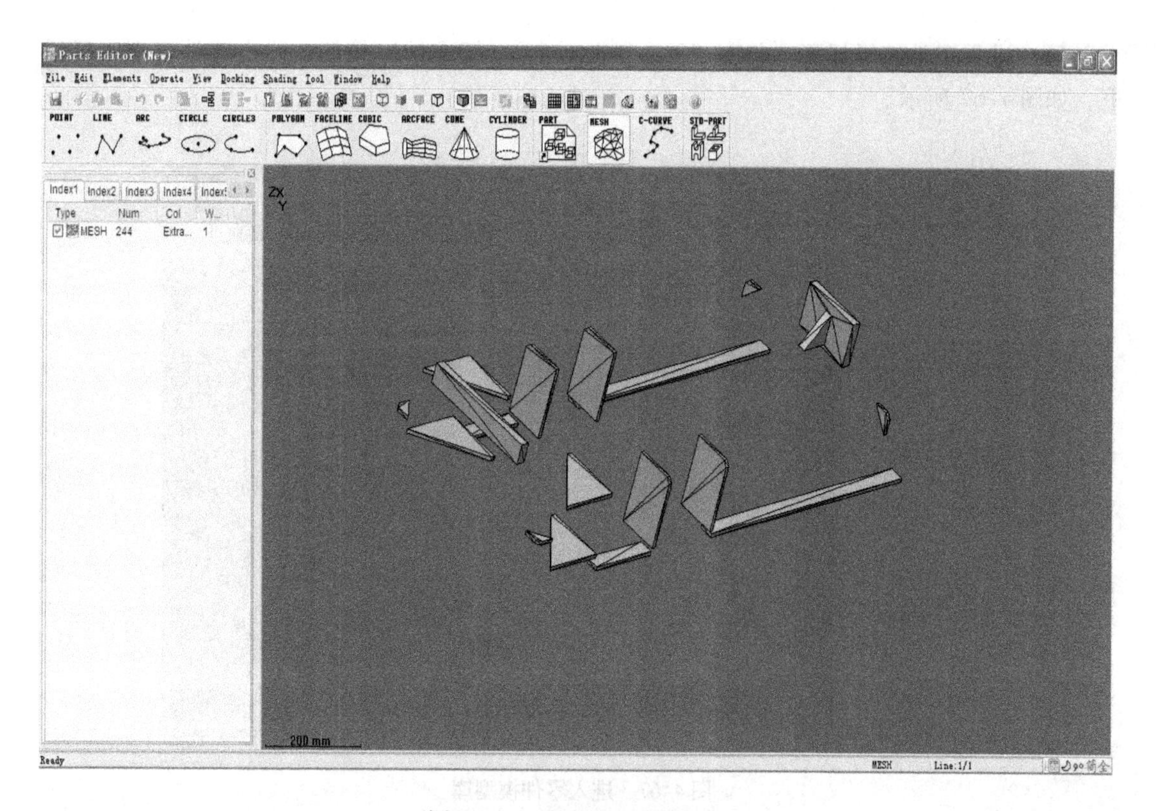

图 4-65　STL 格式文件被导入

4.5　DTPS 简易 CAD 绘图功能举例

以水箱工件为例进行绘制与编辑。水箱工件由箱体和进出水嘴组成，尺寸如图 4-66 所示。

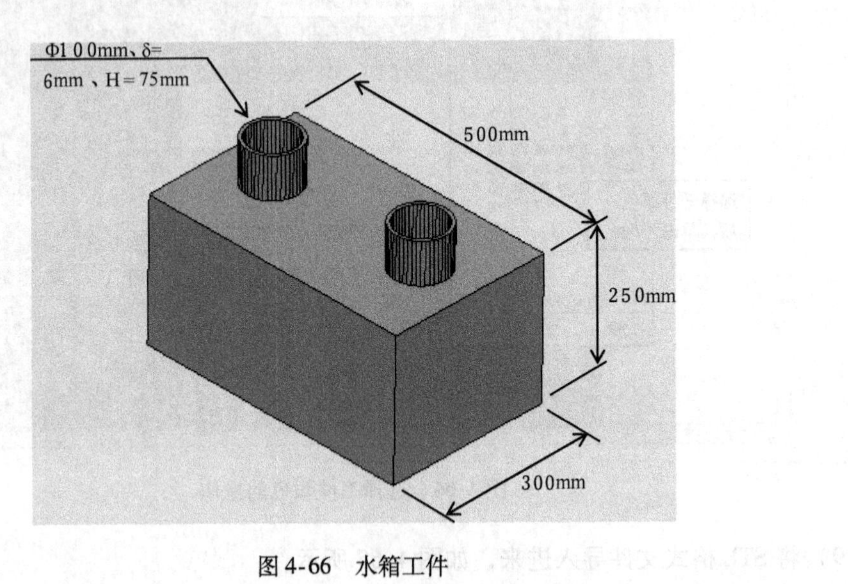

图 4-66　水箱工件

（1）进入工件编辑界面　单击“Standard parts”（标准件）按钮，弹出零件模型库显示框，如图 4-67 所示。

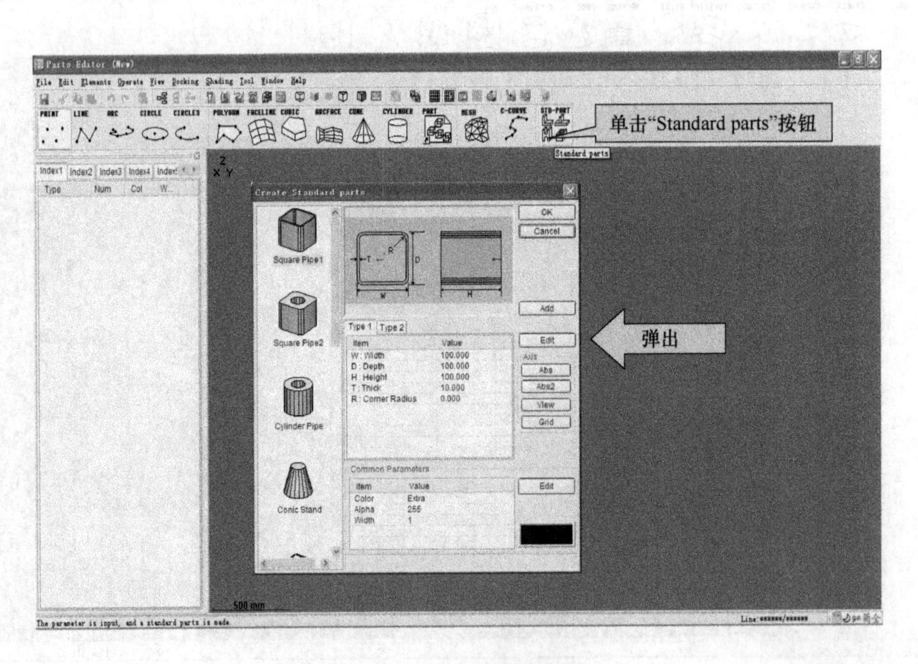

图 4-67　进入零件模型库

（2）选择相应的零件模型　在弹出的零件模型库显示框中，选择“Plate”（板材），设定水箱上下底板和箱体的尺寸参数后，双击更改颜色，最后单击“OK”，如图4-68所示。

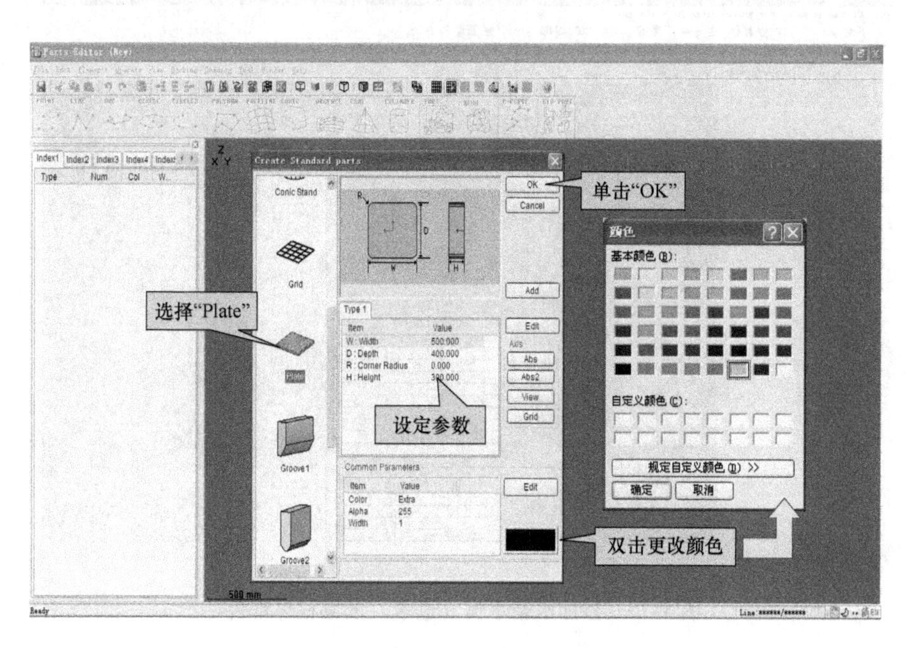

图4-68　选择工件类型并更改颜色

（3）设定零件尺寸参数　继续单击“STD-PART”，在弹出框中选择“Cylinder Pipe”（圆柱体），设定水箱水嘴的尺寸及颜色，如图4-69所示。

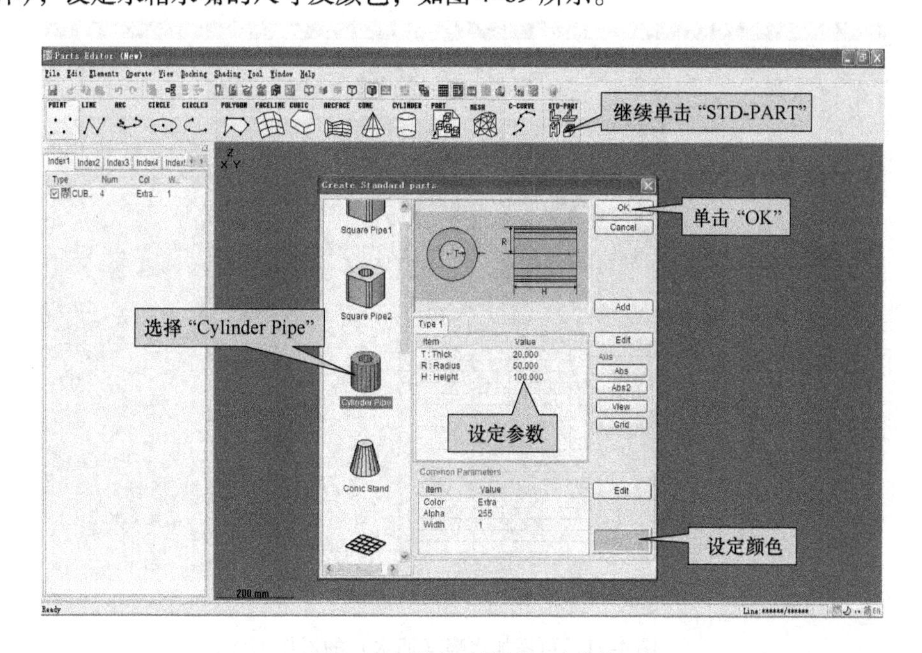

图4-69　设定工件的尺寸参数

（4）添加零件进入编辑框　添加水箱水嘴（进水）的圆柱体部件，如图4-70所示。

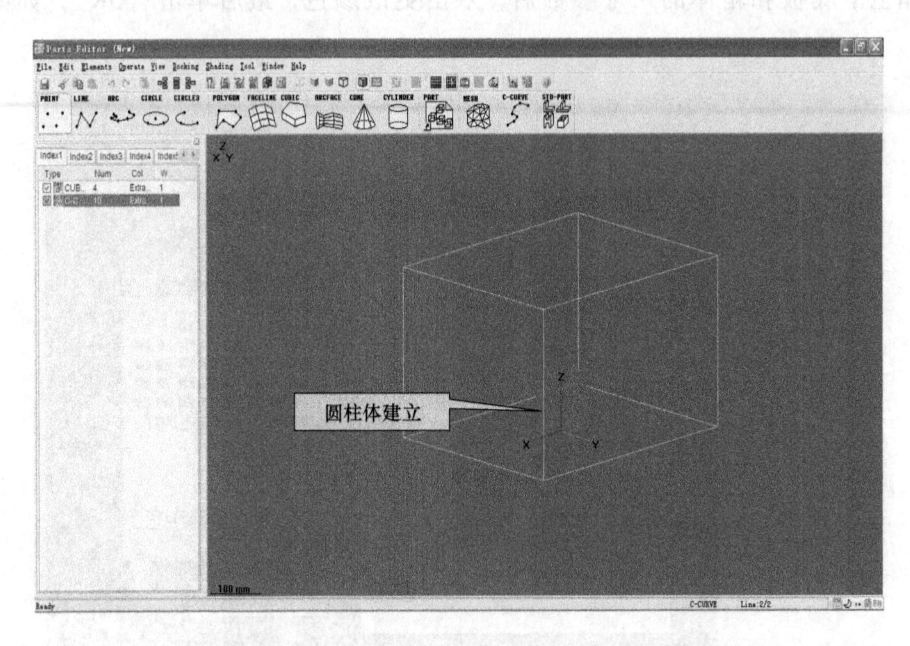

图4-70　添加水箱水嘴（进水）的圆柱体部件

（5）复制相同规格的零件　右键单击圆柱体模型文件，选择“Copy”（复制），再建另一个圆柱体，如图4-71所示。

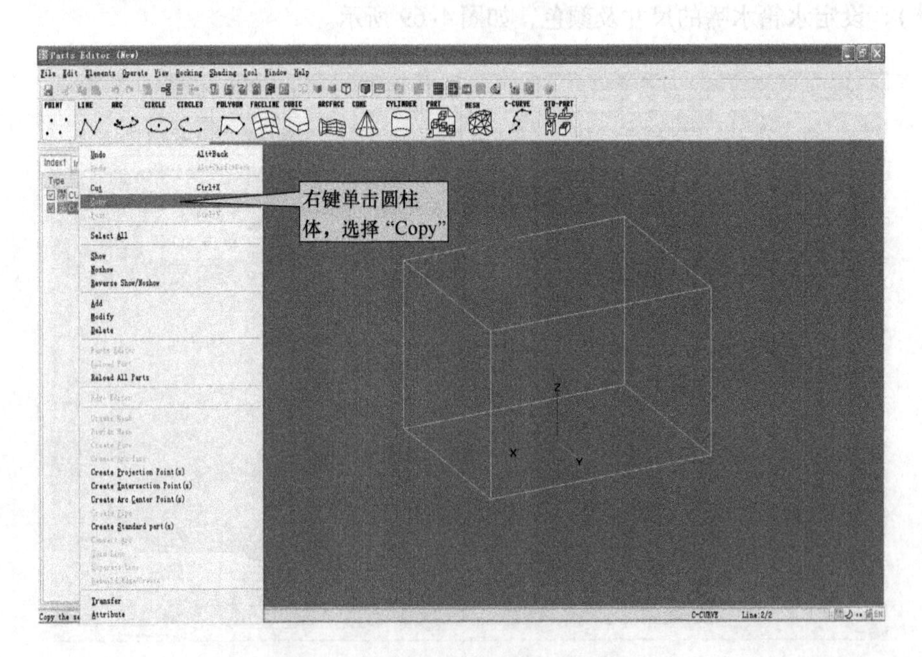

图4-71　再添加水嘴（回水）的操作

（6）通过镜像功能进行定位　右键单击粘贴的圆柱体模型文件，选择“Paste”（粘贴），在弹出框里选中“Mirror”（镜像），通过镜像功能进行复制和对称位置上定位部件，如图 4-72 所示。

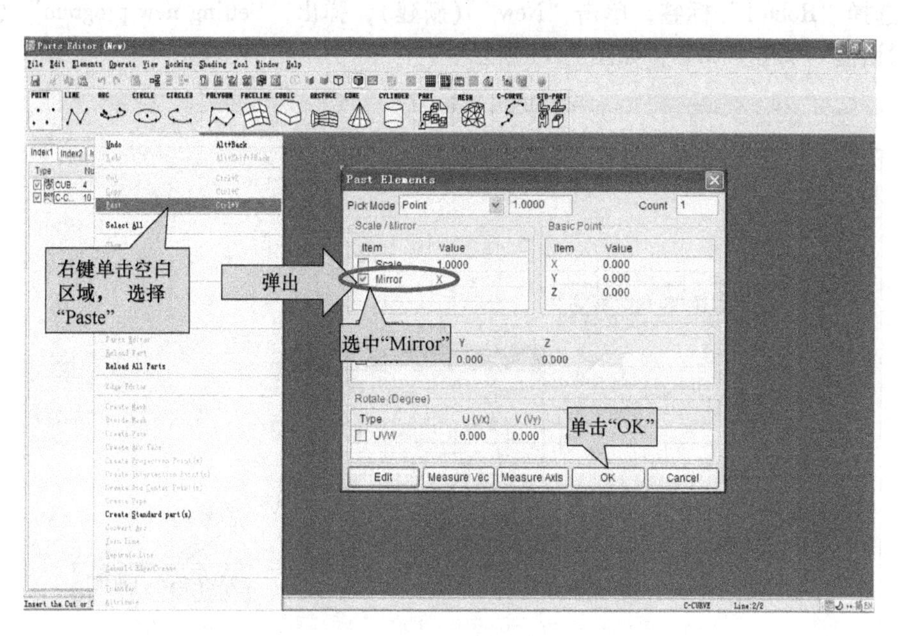

图 4-72　通过镜像选择复制和定位部件

（7）保存工件模型　简单的水箱工件模型已建立，单击保存按钮保存工件到“Group”（群组）中，如图 4-73 所示。

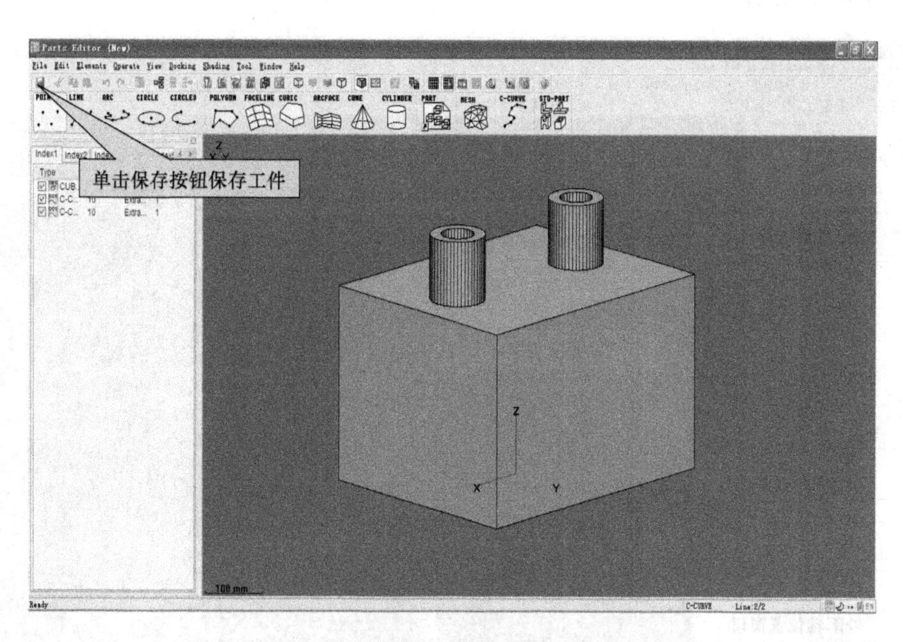

图 4-73　完成工件模型绘制并保存

4.6 模拟示教及编辑程序

1）选择“Robot1”标签，单击“New”（新建），弹出“Setting new program”（设置新程序）对话框，单击“OK”，如图4-74所示。

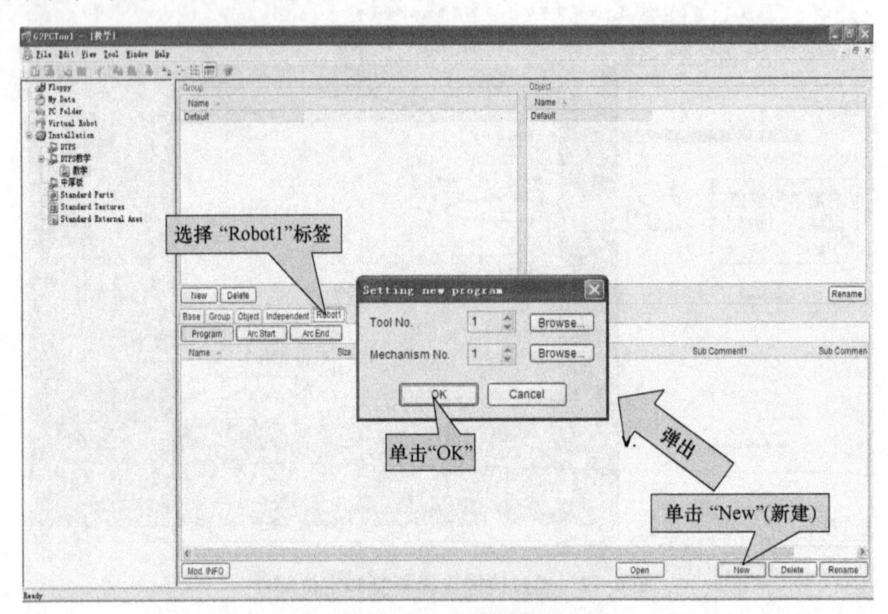

图4-74　进入模拟示教的操作

2）程序编辑窗口包括程序编辑主窗口、机器人位置窗口、外部轴位置窗口和动画演示窗口，如图4-75所示。

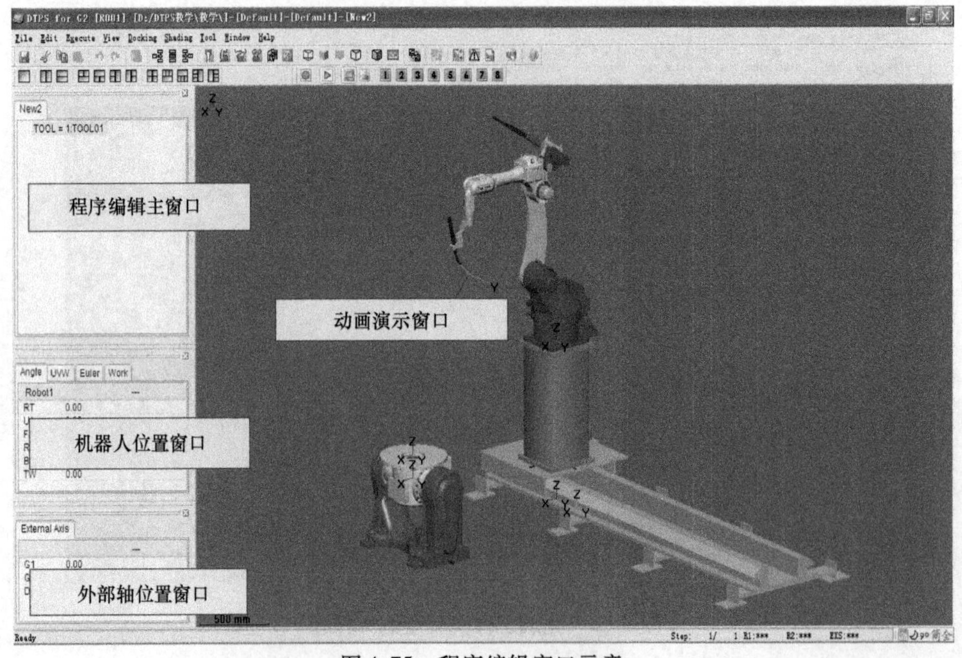

图4-75　程序编辑窗口示意

4.6.1 添加工件

1）右键双击该动画演示窗口任意位置，选择“Work”（工件），在弹出的对话框中双击“File”（文件），在弹出的设备（零件）模型库对话框中选择“Group”（群组）中的工件，如图 4-76 所示。

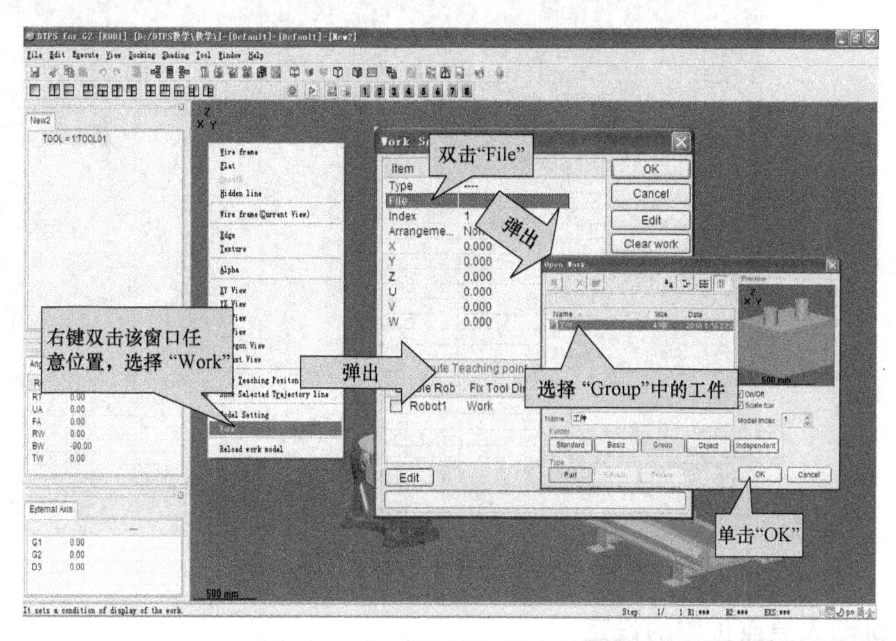

图 4-76 在系统中添加工件的操作

2）双击“Arrangement Object”（布置对象），由于工件在 G2 轴上，所以，选择 G2 编辑工件的位置，例如转 90°，如图 4-77 所示。

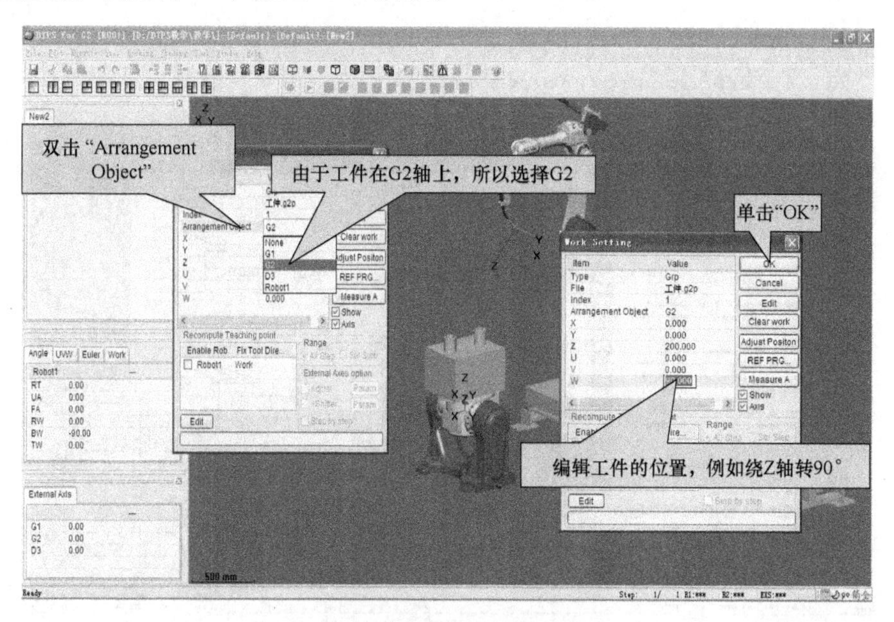

图 4-77 调整工件的位置和角度

3）工件装到了指定的设备位置上，如图4-78所示。

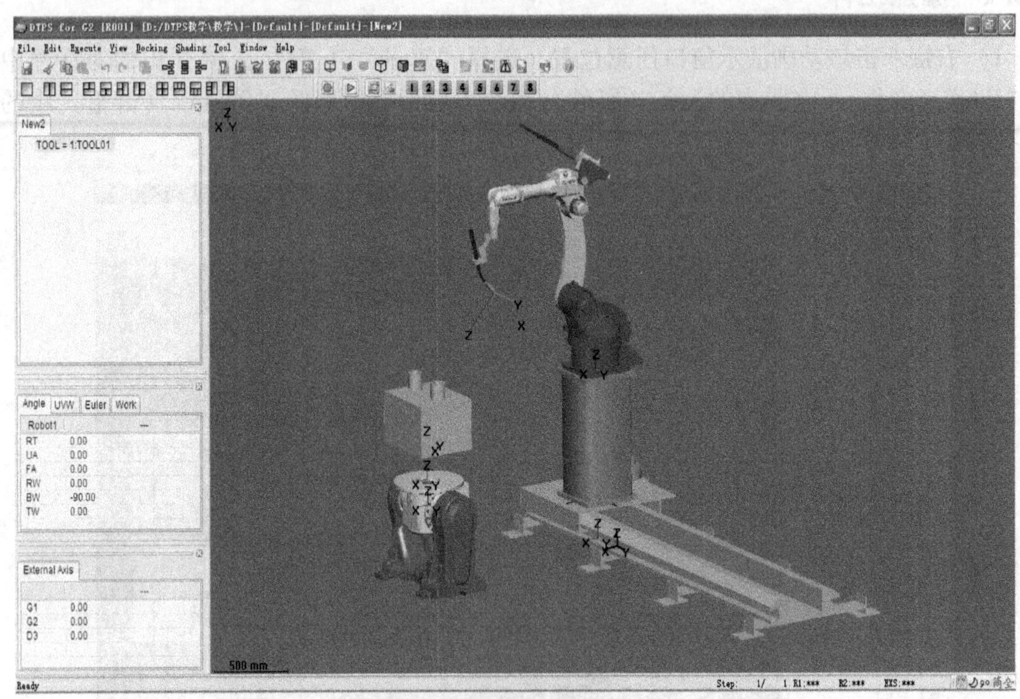

图4-78 将工件放到指定位置上

4.6.2 机器人原点位置的设定

右键单击编程主窗口的任意位置，从菜单中选择“Home position”（起始位置），给原点命名，单击“Rename”（重命名），再单击“New”（新建），最后单击“OK”，如图4-79所示。

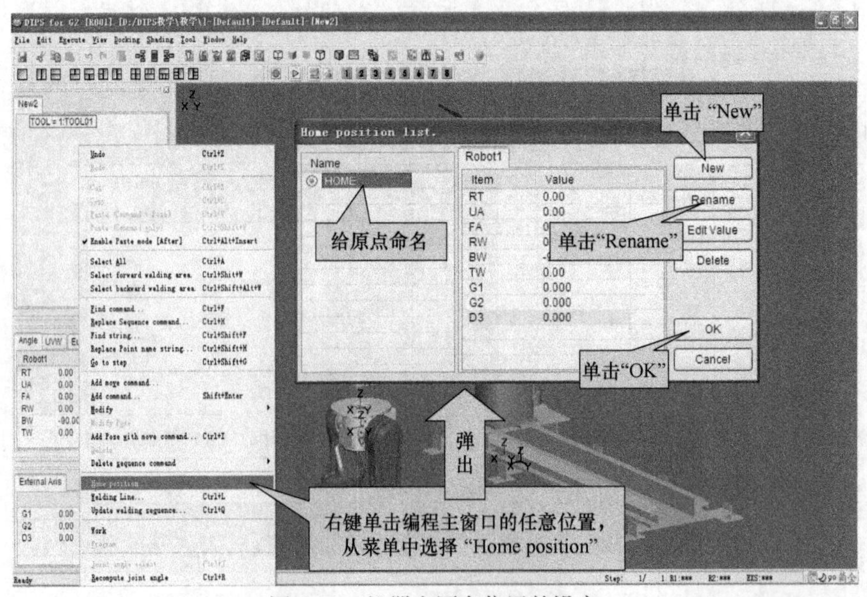

图4-79 机器人原点位置的设定

4.6.3 模拟示教编程

（1）进入示教的操作界面 右键单击编程主窗口的任意位置，从菜单中选择“Add Pose with move command”（添加带移动指令的示教点），弹出对话框后，右键单击“Home”，选择“New”（或重命名“HOME”），确定起始点位置，如图 4-80 所示（参见配套资料②-(9) 编程示范之一）。

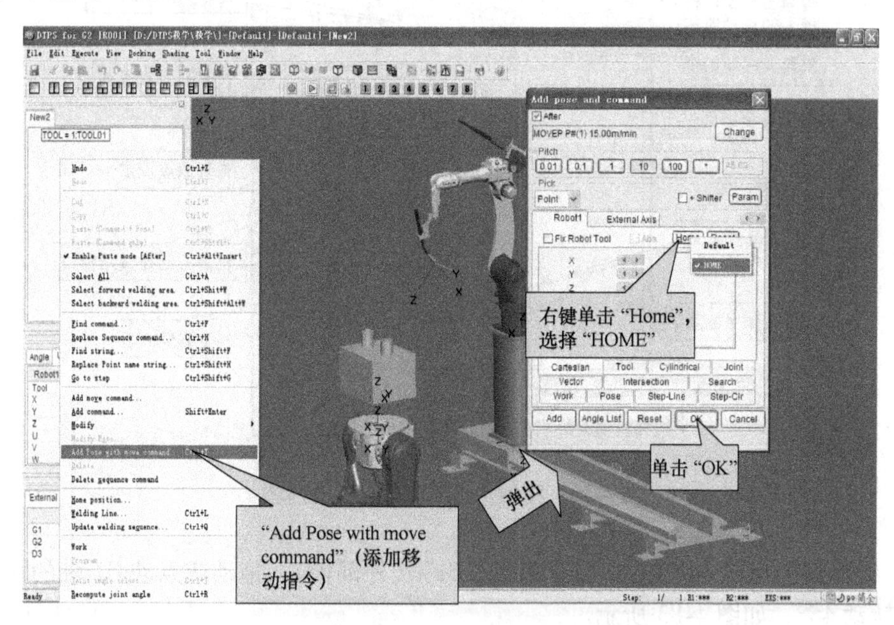

图 4-80 进入机器人模拟示教的操作

（2）进入示教菜单 右键单击编程主窗口的任意位置，从菜单中选择“Add Pose with move command”（添加移动指令），如图 4-81 所示（参见配套资料②-(10) 编程示范之二）。

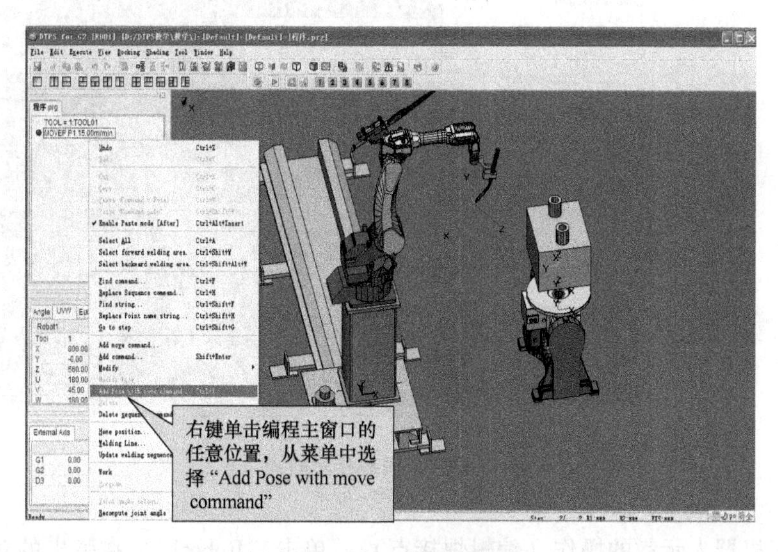

图 4-81 进入示教菜单路径

（3）模拟示教界面项目栏的内容　其内容如图 4-82 所示。

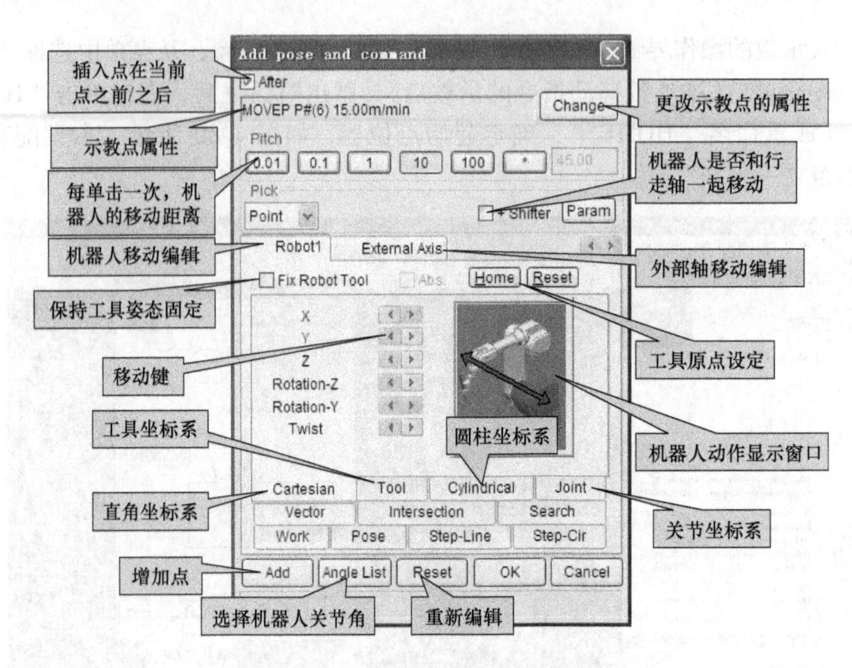

图 4-82　模拟示教界面项目栏的内容

（4）编辑焊接示教点　单击“External Axis”（外部轴），拖动或点动 G1 轴的移动标尺，将 G1 轴转动 45°，如图 4-83 所示。

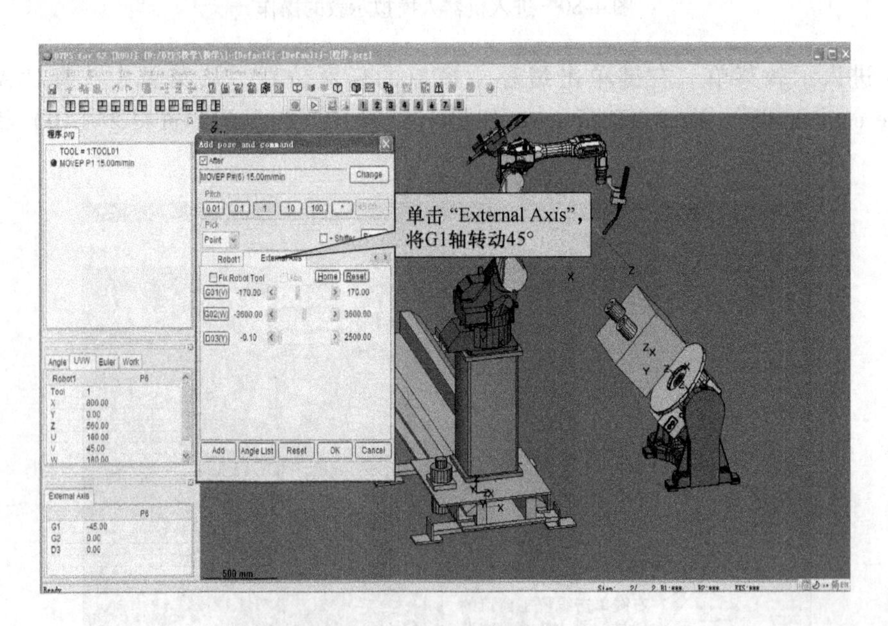

图 4-83　编辑焊接示教点

（5）模拟机器人示教的操作（编辑焊接点）　单击“Robot1”，在弹出的对话框中单击

“Change”（更改），选择插补方式（直线或圆弧）以及焊接点（或空走点），左手按住键盘“Ctrl”键，右手用鼠标左键单击第一点位置，焊枪会自动移至该点位置上，最后，单击“OK”确认，如图4-84所示。

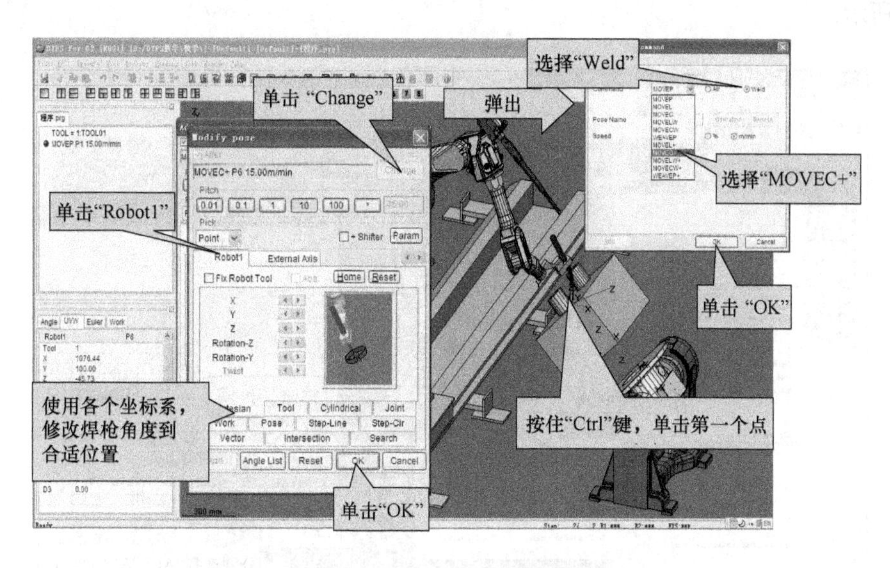

图4-84　模拟机器人示教的操作

（6）编辑接近点　选择工具坐标系，单击“Change”（修改），由于接近点是在焊接点的前一点，所以，这里不要选择“After”（之后），点动移动图标，使焊枪沿着X方向向后移动一小段距离，存储该点位作为接近点（该点的属性为：移动方式选择“MOVEL”直线、点的类型选择“Air”空走点），如图4-85所示。

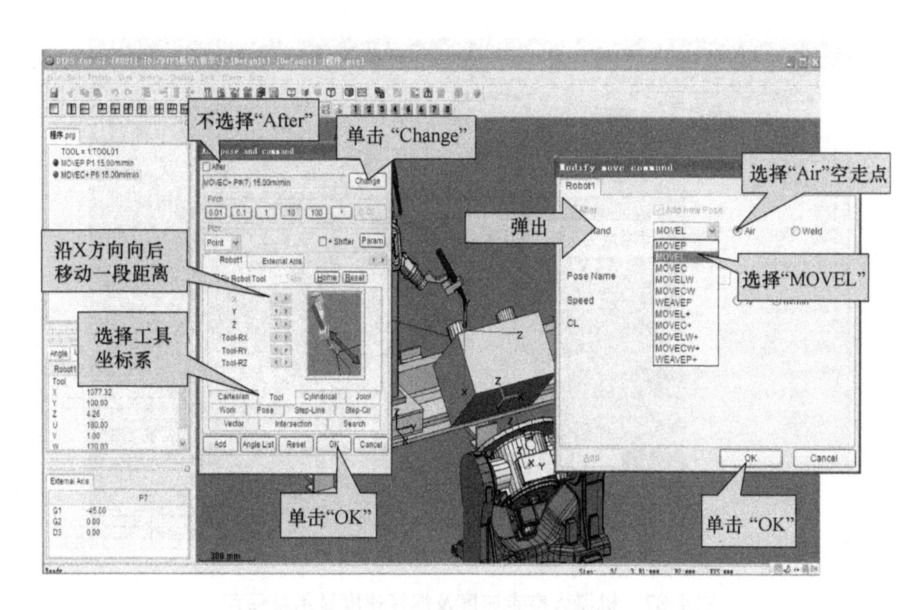

图4-85　模拟机器人示教编程

(7) 设定速度　批量编辑点的属性或选择若干个点，右键单击选定的点，单击"Modify"（修改）→"Action & Speed Modify"（修改动作及速度），选中"Speed"（速度），分别设定"ALL/WELD/AIR"（全部速度/焊接速度/空走速度），单击"OK"，如图 4-86 所示。

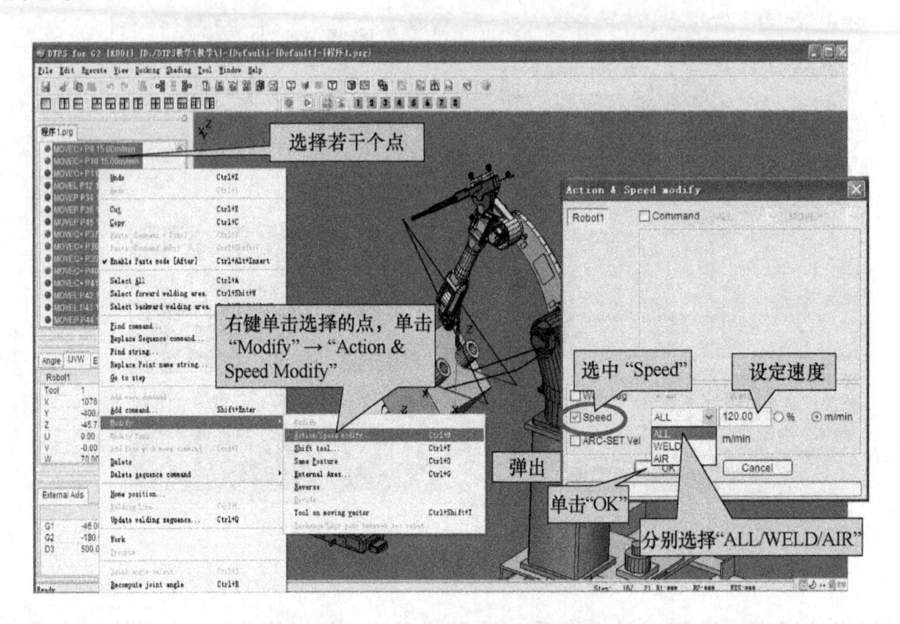

图 4-86　设定机器人移动速度

程序编辑完毕，图例中设定：AIR（空走速度）为 120m/min，WELD（焊接速度）为 0.8m/min，单击保存并给程序命名，如图 4-87 所示。

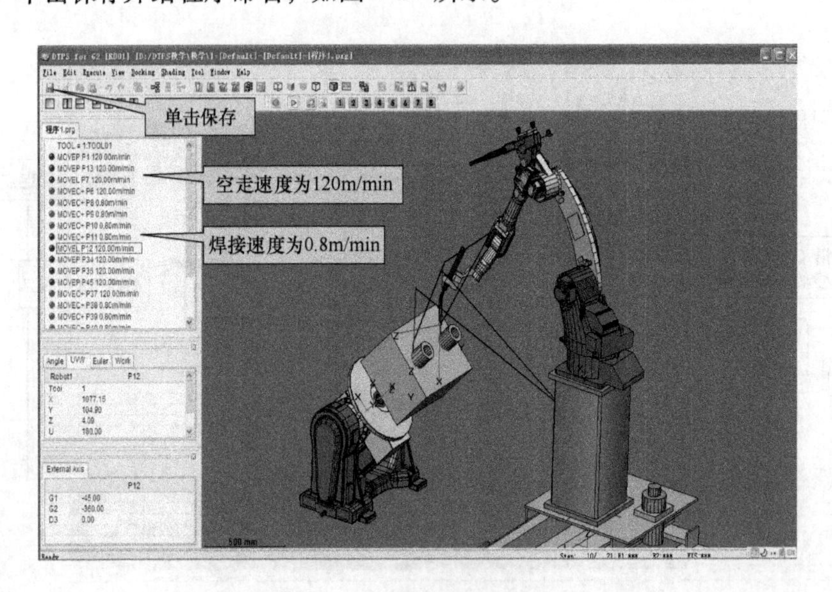

图 4-87　机器人空走速度及焊接速度显示及保存

4.7　双协调的设定

1）右键单击“DTPS教学”，在弹出的对话框中选择“Property”（属性），弹出“Add Installation”（添加设备）对话框，将“Name”（名字）设定为“教学2”，选中“New”（新设备），设定数量为2，选中弹出对话框下面的“Arc Start Program”（起弧程序），“Arc End Program”（收弧程序），最后，单击“OK”，如图4-88所示。

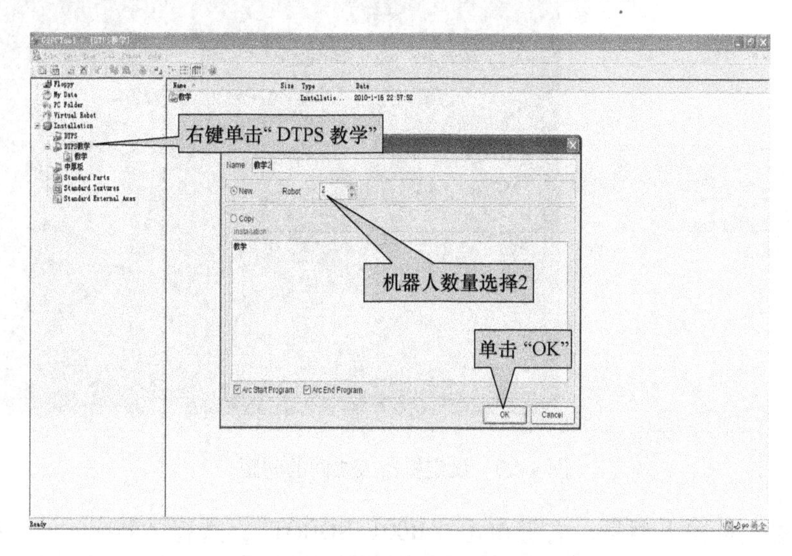

图4-88　双机器人设定

2）选中本例中“Installation”（设备）根目录下“DTPS教学”链接文件的“教学2”设备，单击右键，在弹出的项目栏里选择单击“Property”（属性），在弹出框里单击“Installation Editor”（设备编辑器），如图4-89所示。

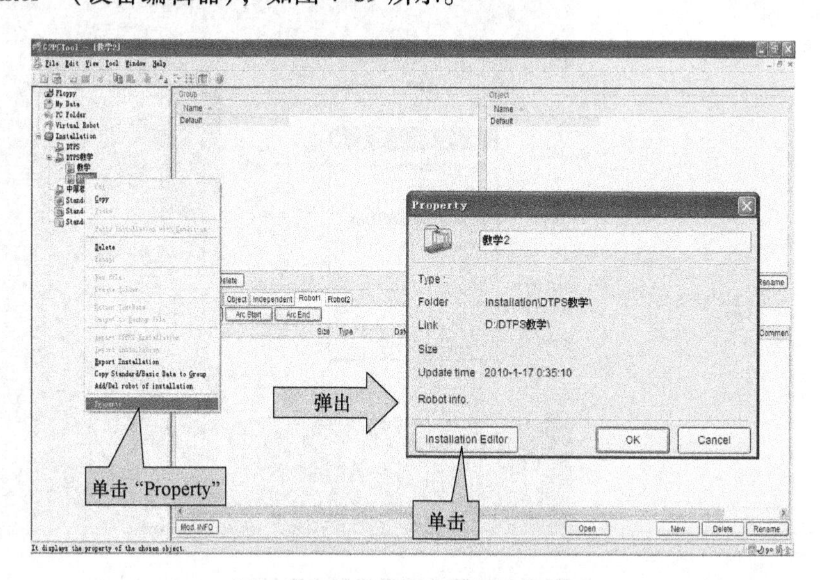

图4-89　进入机器人系统编辑菜单

3）将两个机器人的位置分开，进行位置设定，例如 Y 方向设机器人间距为 1500mm，如图 4-90 所示。

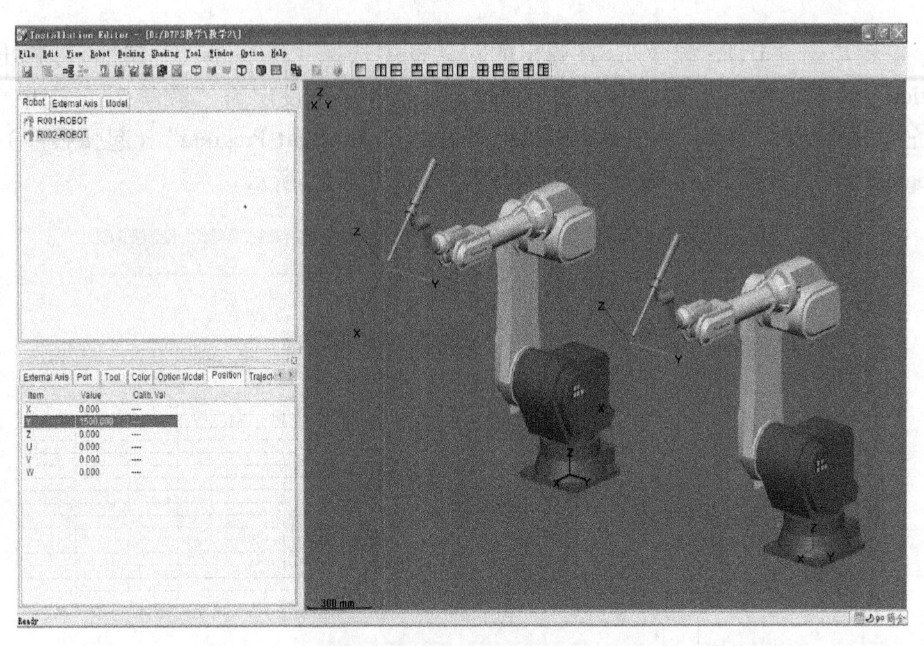

图 4-90　设定机器人之间的间距

4）如需更改机器人型号，右键单击“R001-ROBOT”，选择“Property”（属性），在“Robot information”（机器人属性）对话框里选择“Change manipulator”（变更机器人），如图 4-91 所示。

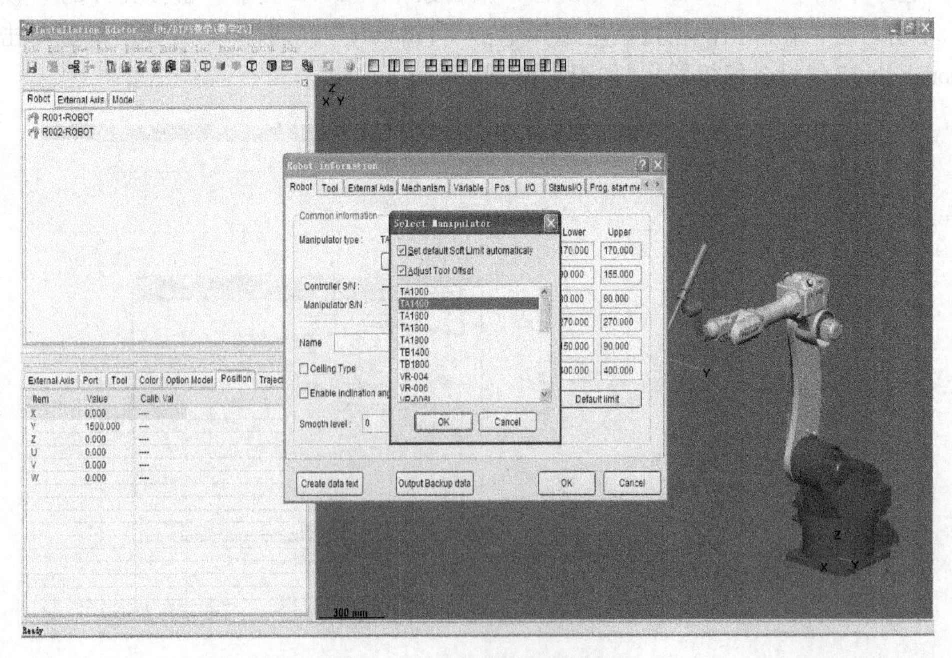

图 4-91　更改选择机器人型号

5）单击菜单栏里的“Robot”（机器人）→“Option”（选项），在弹出框中的“Target”（作业目标）项目下选中“Weld”（焊接功能），在“Harmonic”（协调）项目下，选中“Extemal Axis/Robot”（外部轴/机器人），单击“OK”，如图 4-92 所示。

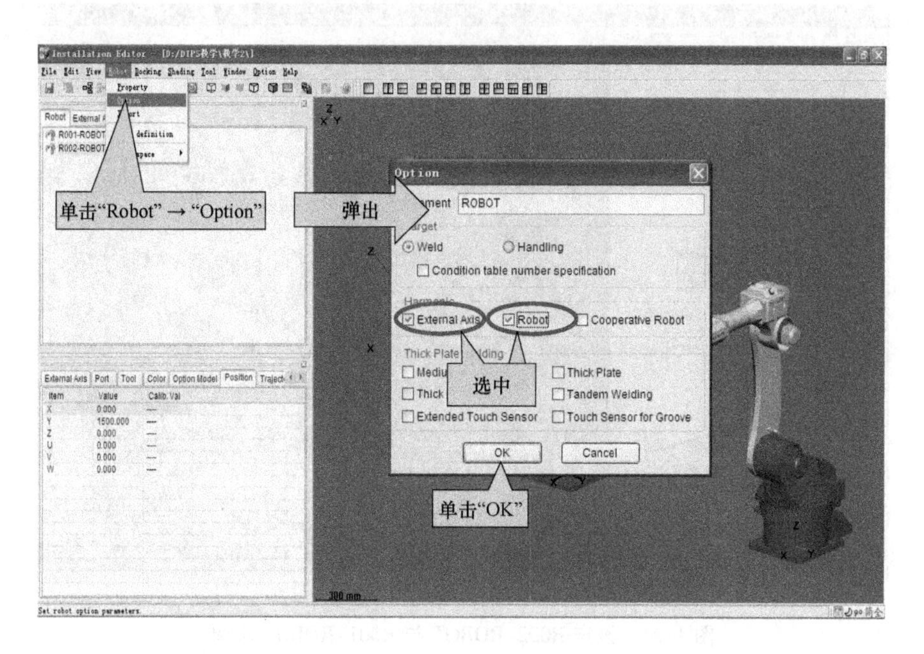

图 4-92　机器人协调功能的设定

6）选择“R001-ROBOT”，单击“Port”（端口）标签，选中“R002-ROBOT”，如图 4-93所示。

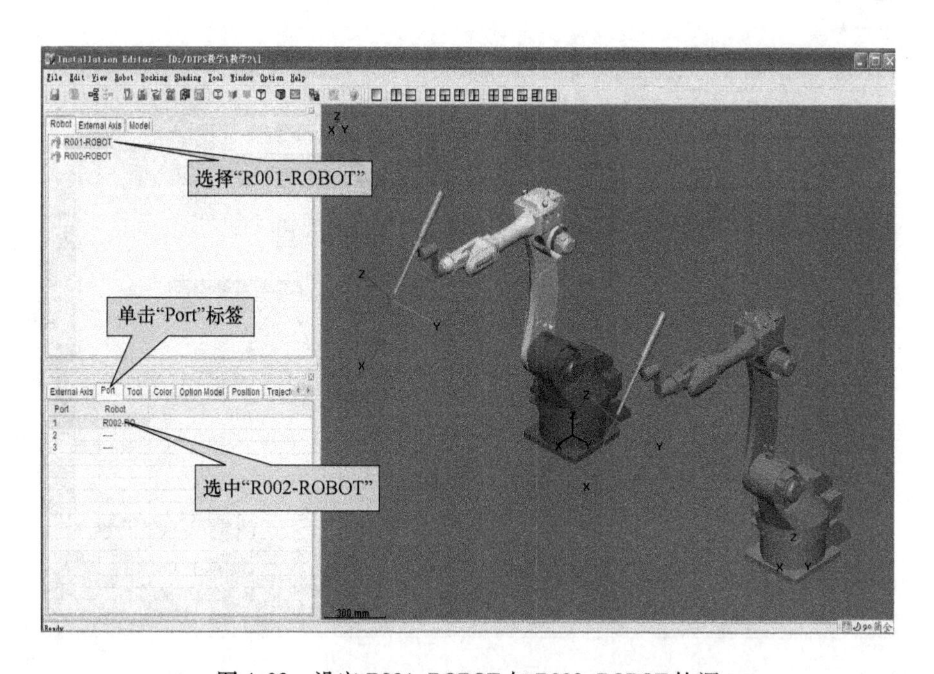

图 4-93　设定 R001-ROBOT 与 R002-ROBOT 协调

7）再选择“R002-ROBOT”，单击“Port”（端口）标签，选中“R001-ROBOT”，如图4-94所示。

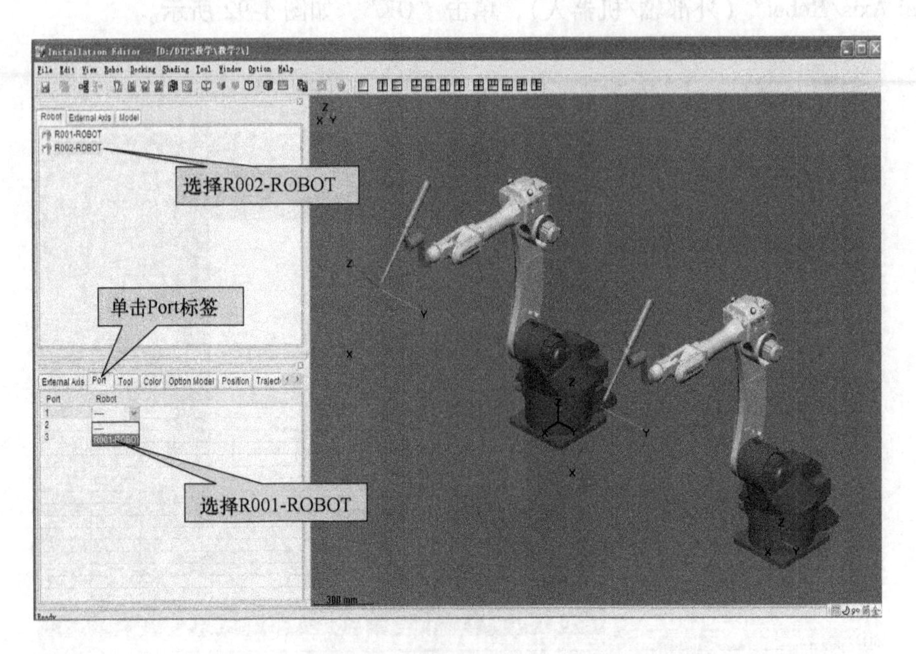

图4-94　设定R002-ROBOT与R001-ROBOT协调

8）假设“R001-ROBOT”为主机器人，“R002-ROBOT”为辅机器人，双击“R001-ROBOT”，在弹出的对话框里选择“Mechanism”（机械装置）标签，双击“Robot A（Ch1）”，选中“Use”，单击“OK”，如图4-95所示。

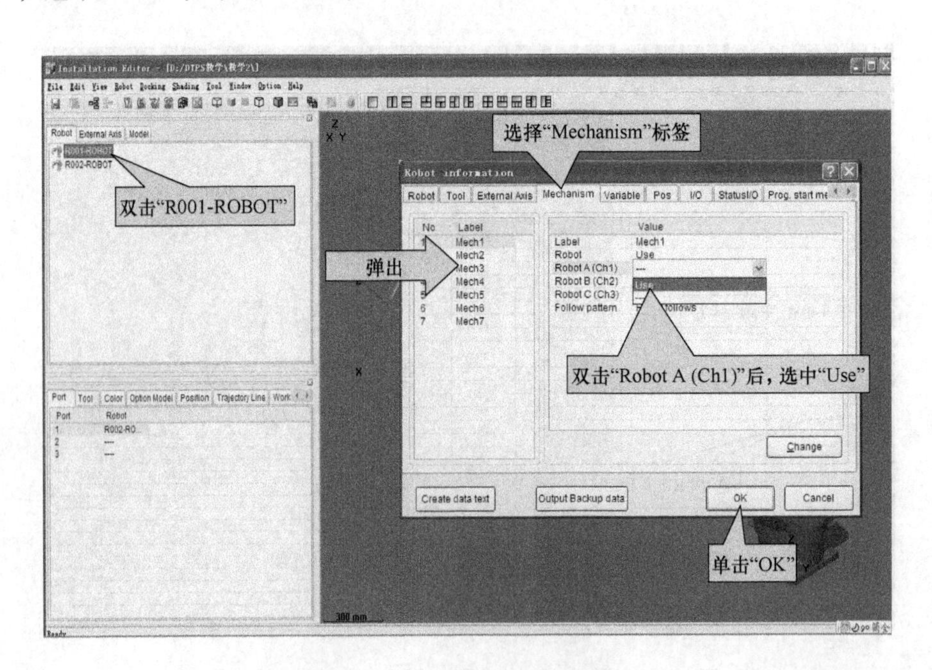

图4-95　设定机器人为使用状态

9）按照前述相同的步骤添加外部轴（参照4.3.1回转变位机的编辑一节），例如添加双持单轴变位机，添加完成后，单击保存按钮，保存设定，如图4-96所示。

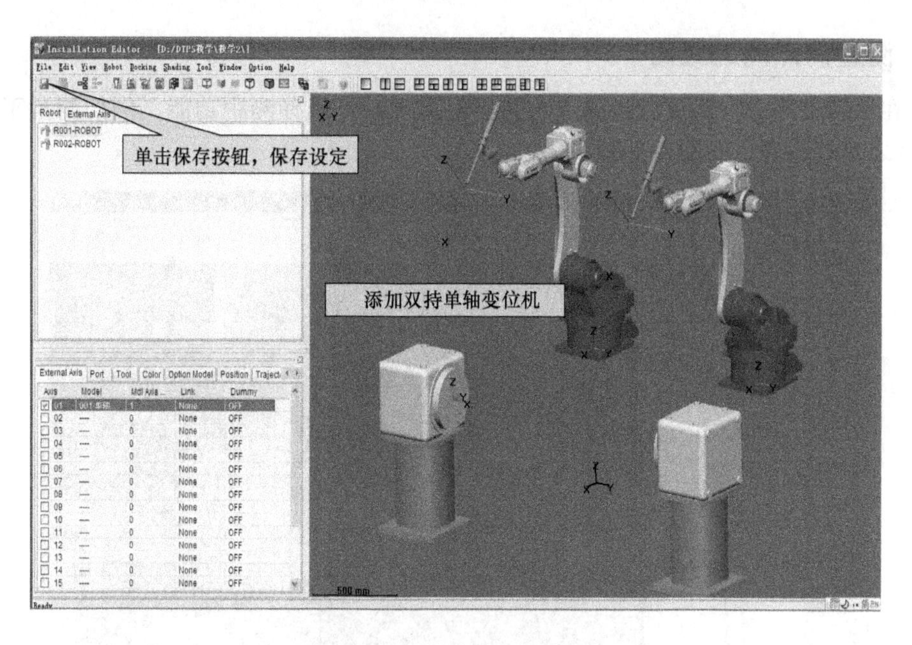

图4-96　添加双持单轴变位机

10）示教协调时的注意事项：选择差补方式（移动指令）时，协调的点要选择带“+”号的移动指令，例如协调位置上圆弧示教点的移动指令为“MOVEC+”，如图4-97所示（参见配套资料⑩协调焊接离线仿真视频）。

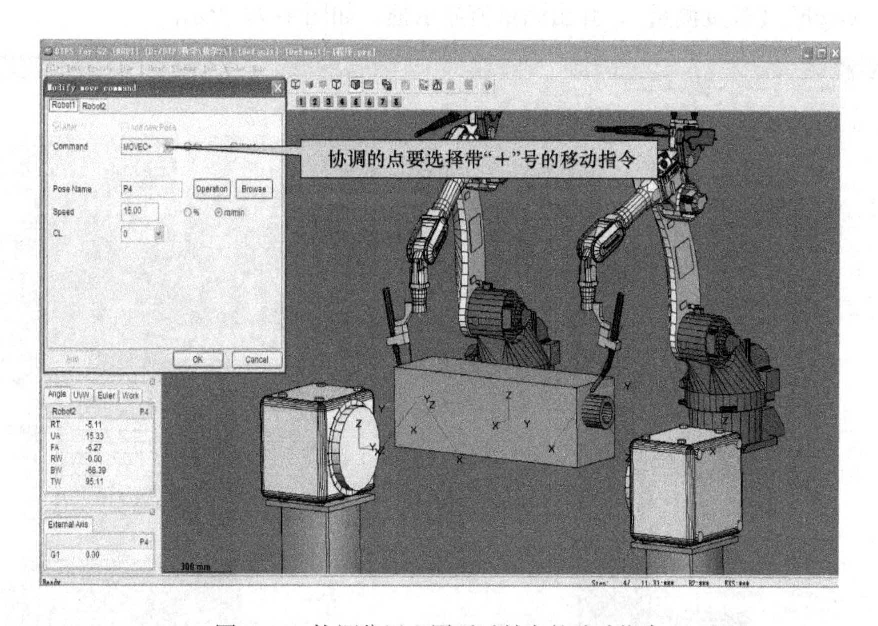

图4-97　协调位置上圆弧示教点的移动指令

4.8　其他常用操作的若干说明

4.8.1　测量两点间的距离

1）在示教过程中，需要测量两点之间的距离时，可选择测距功能，例如测量工件上点A到点B之间的距离，如图4-98所示。

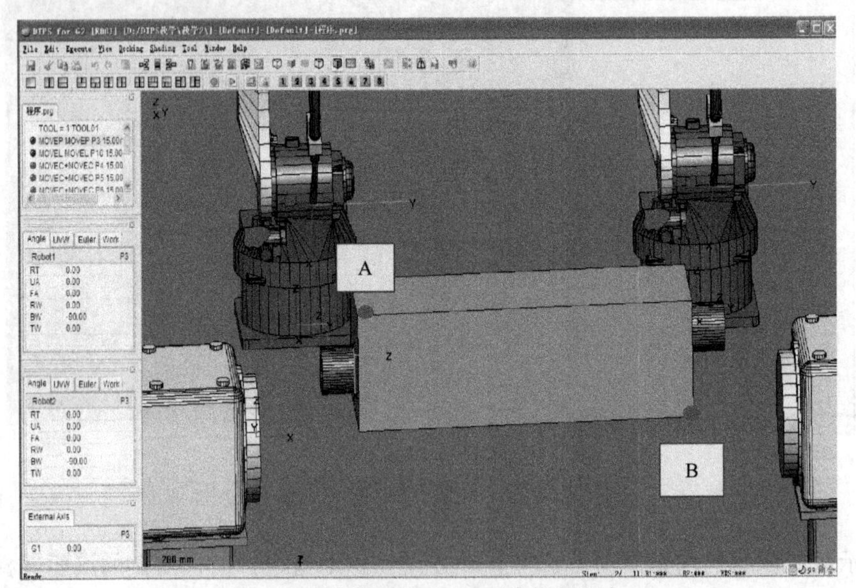

图4-98　准备测量A、B两点间的距离

2）测量工具。从菜单项目栏“Tool”（工具）中选择“Measurement”（测量）→“Measure Length”（长度测量），弹出测量值显示框，如图4-99所示。

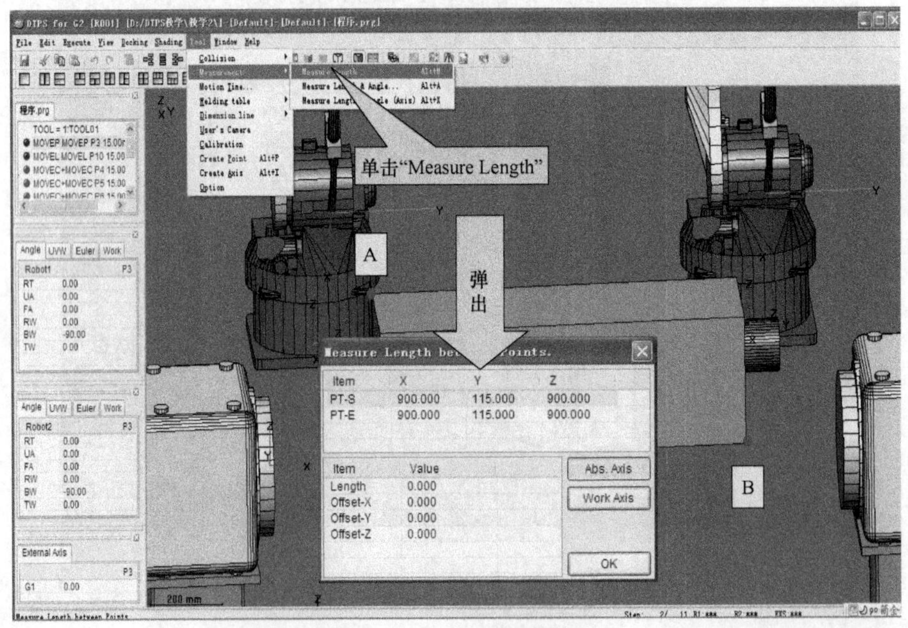

图4-99　进入测距菜单

3）测量起始点坐标。在弹出框中选择“PT-S”（测量的起始点），以左手按住键盘“Ctrl”键，同时用右手的鼠标左键单击点A点位置，此时，弹出框里“PT-S”显示A点的坐标值，如图4-100所示。

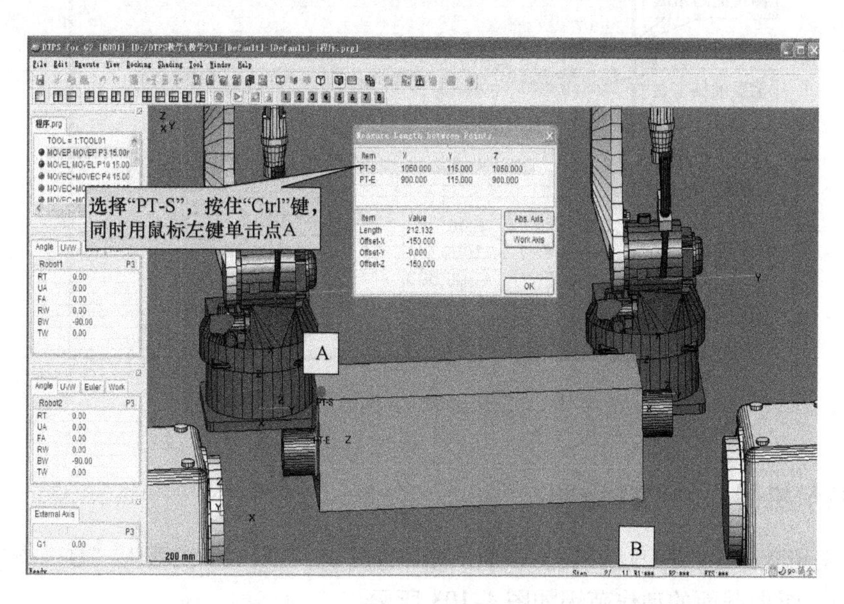

图4-100　显示“PT-S”（测量的起始点）坐标值

4）测量结束点坐标。在弹出框中选择“PT-E”（测量的结束点），左手再次按住键盘“Ctrl”键，右手同样用鼠标左键单击点B点位置，弹出框里“PT-E”显示B点的坐标值，如图4-101所示。

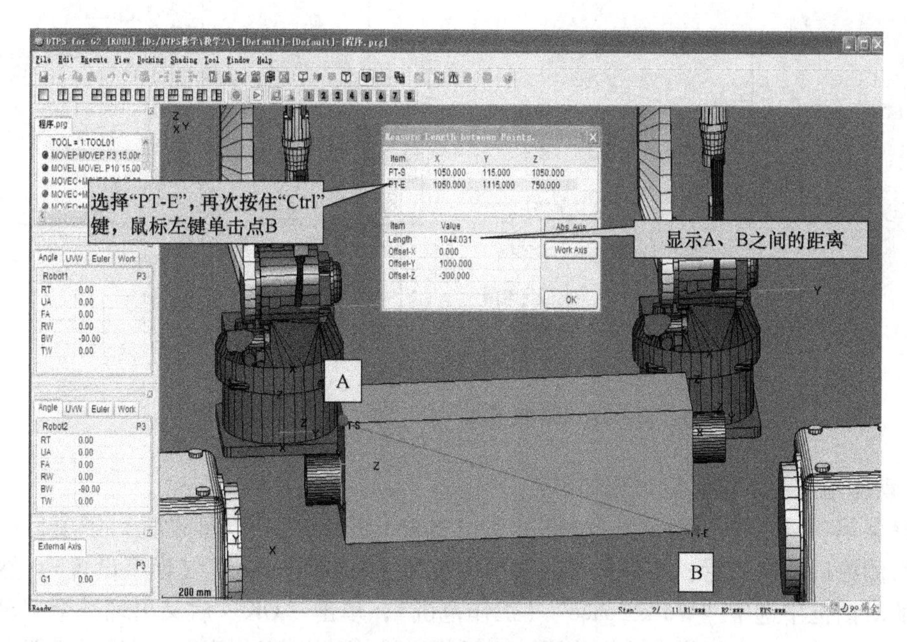

图4-101　显示“PT-E”（测量的结束点）坐标值

5）此时，弹出的对话框显示出 A、B 两点之间的直线距离，如图 4-102 所示。

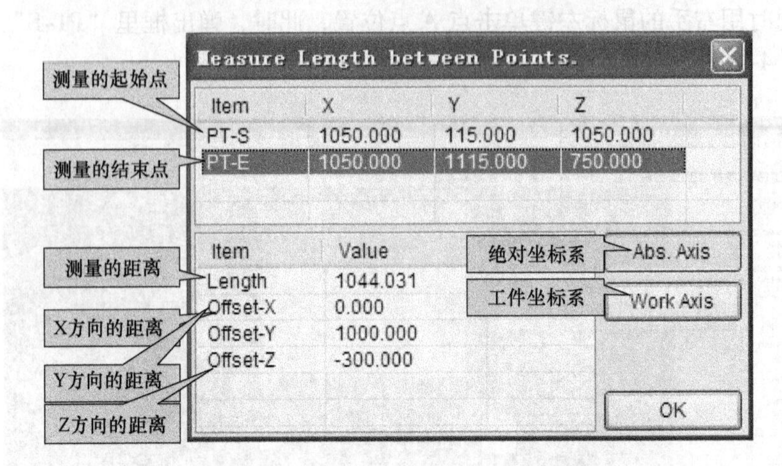

Item	X	Y	Z
PT-S	1050.000	115.000	1050.000
PT-E	1050.000	1115.000	750.000

Item	Value
Length	1044.031
Offset-X	0.000
Offset-Y	1000.000
Offset-Z	-300.000

图 4-102　显示出 A、B 两点之间的距离

4.8.2　显示机器人的动作范围

1）在编辑程序窗口中显示机器人动作范围的设定。TA1400 机器人“O”点和“P”点在横向截面及纵向截面的动作范围如图 4-103 所示。

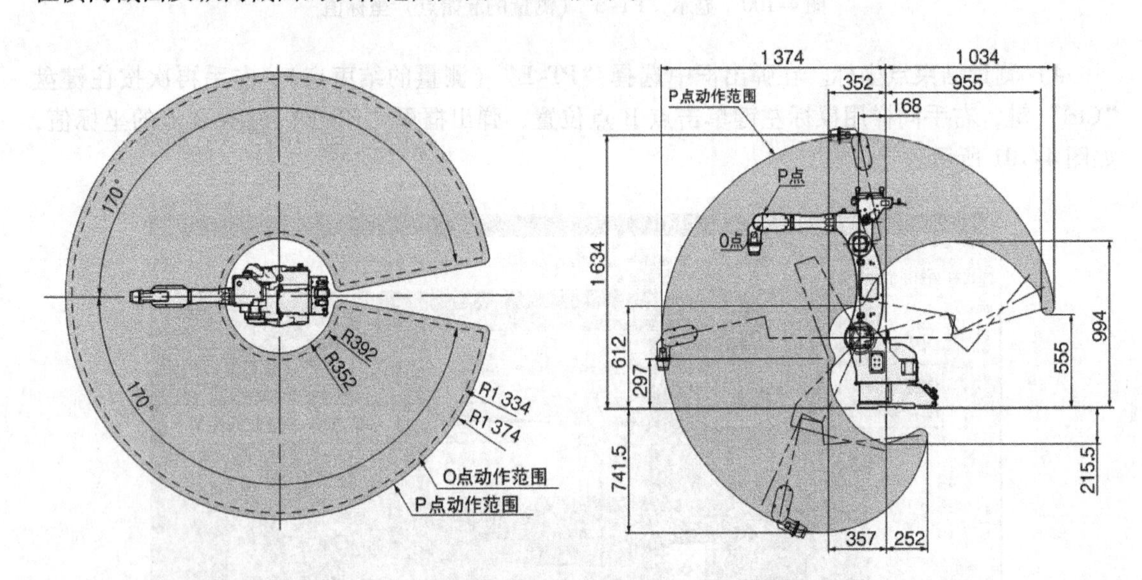

图 4-103　TA1400 机器人“O”和“P”点动作范围

2）动作范围显示的设定过程如下：

选择菜单项目栏中“View”（视图）的“Model Setting”（模型设置）子项目；或者右键双击右侧窗口任意位置，从弹出框的菜单中选择“Model Setting”（模型设置），然后，再从弹出的对话框中选中“Work Space”（工作范围），单击“OK”后又出现一个“Show Robot Work Space”（显示机器人动作范围）对话框，选中这些复选框后，可显示机器人腕关节“O”点或“P”点的平面或球形动作范围，单击“OK”，如图 4-104 所示。

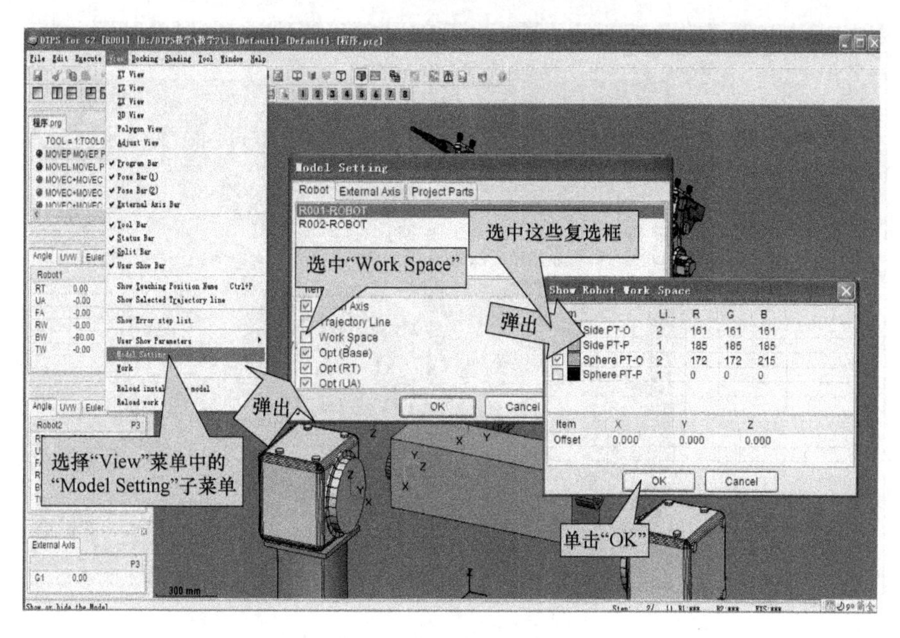

图 4-104　在编辑程序窗口中设定机器人动作范围

3）根据"Show Robot Work Space"（显示机器人动作范围）中复选框的选择，编辑画面相应显示出机器人腕关节"O"点或"P"点的动作范围，如图 4-105 所示。

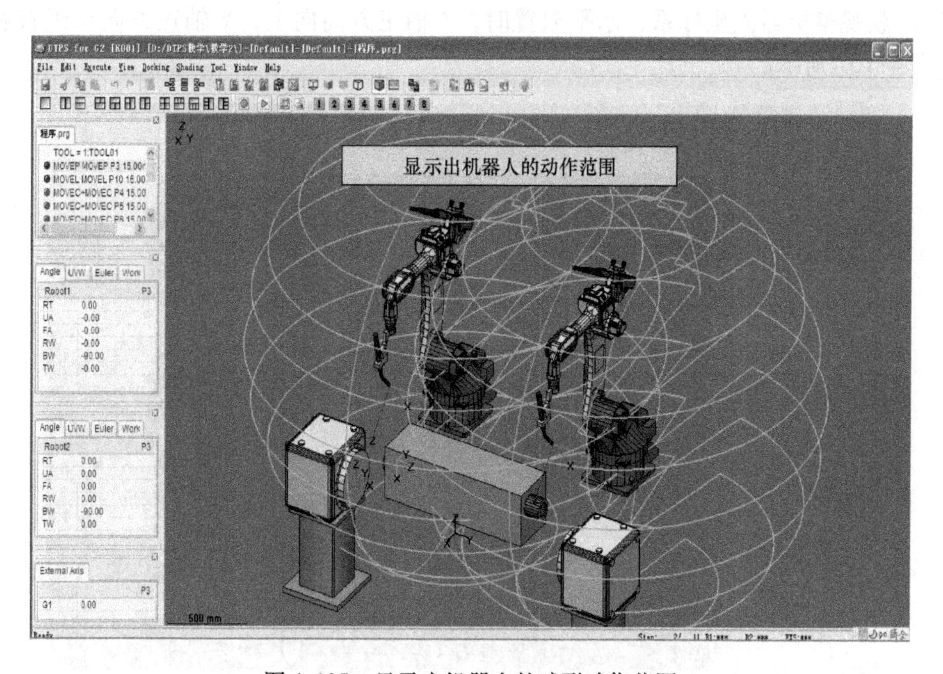

图 4-105　显示出机器人的球形动作范围

4）在编辑机器人属性窗口中显示机器人动作范围。在菜单项目栏中选择"Robot"目录下的"Work Space"（工作范围）→"Side PT-O"子目录，即可显示出机器人腕关节"O"点的球形动作范围，如图 4-106 所示。

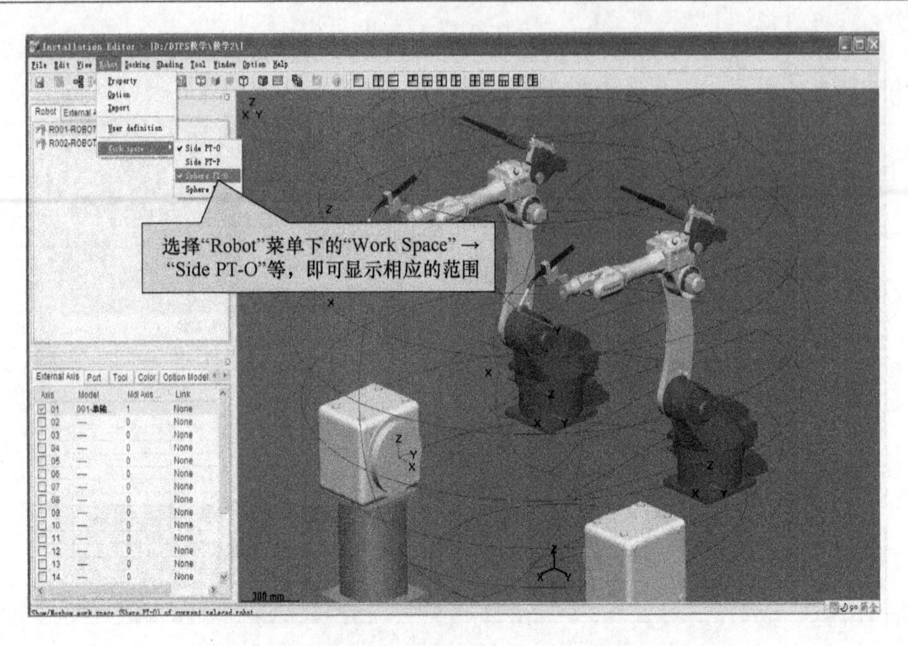

图 4-106 编辑机器人属性窗口中显示机器人动作范围

4.8.3 天吊机器人的设定

1）注意观察机器人坐标系，水平放置时，Z 轴正方向向上，Y 轴正方向从纸背朝向纸面，如图 4-107 所示。

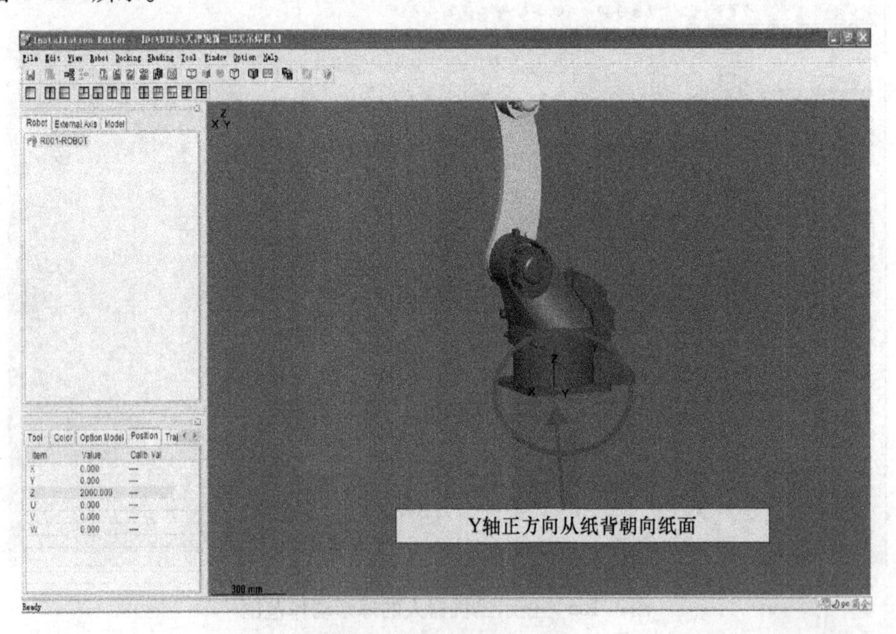

图 4-107 天吊机器人设定

2）双击“R001-ROBOT”，出现机器人及外部轴参数设定窗口，复选框选中“Ceiling Type”（天吊类型）前后，各关节的动作范围发生变化，如图 4-108 所示。

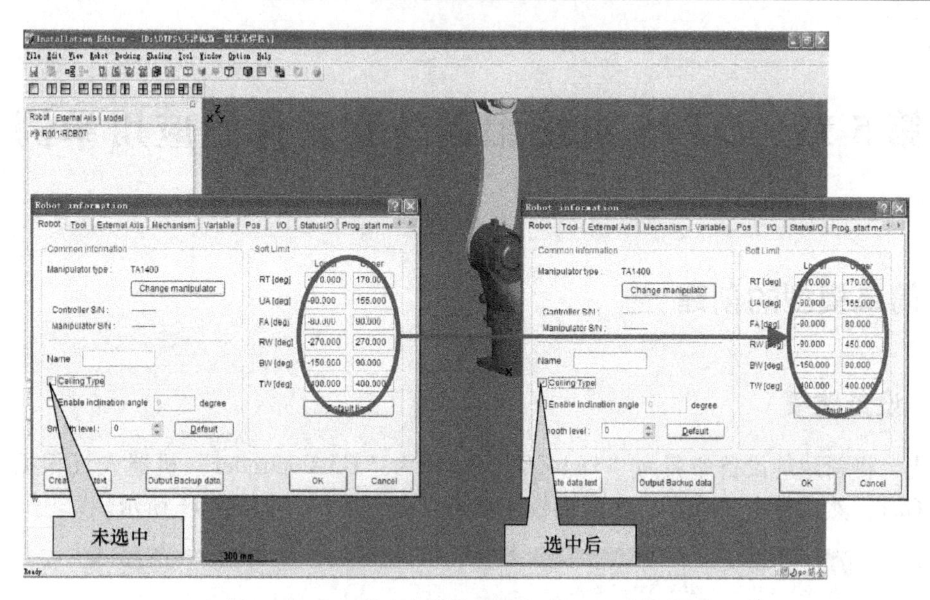

图 4-108　机器人安装位置选择前后的动作范围

3）机器人设定成为天吊机器人，再次观察机器人坐标系，Z 轴正方向向下，Y 轴正方向从纸面朝向纸背，如图 4-109 所示。

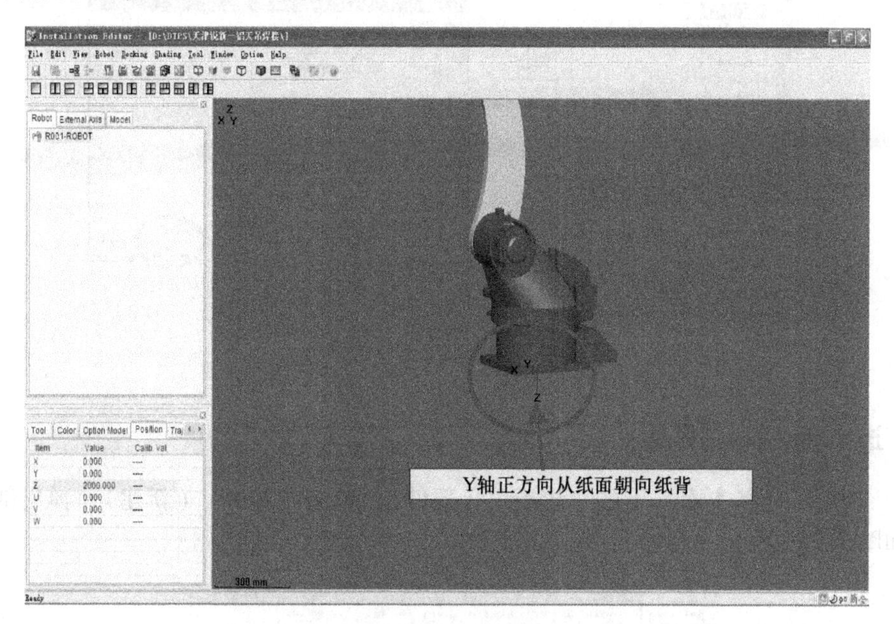

图 4-109　机器人设定成为天吊机器人

思考题

1. 如何使用测距功能？
2. 简述两轴外部轴协调的设定步骤。
3. 简述模拟示教编程的方法与步骤。

第 5 章　DTPS 离线编程仿真软件的应用举例

5.1　简单模型的创建

5.1.1　设备建模

首先，将新建的设备命名为“TA1400”，选择为“G3 Controller”机器人（根据需要也可选择 G2），然后单击“OK”。在弹出框中单击“是（Y）”，如图 5-1 所示。

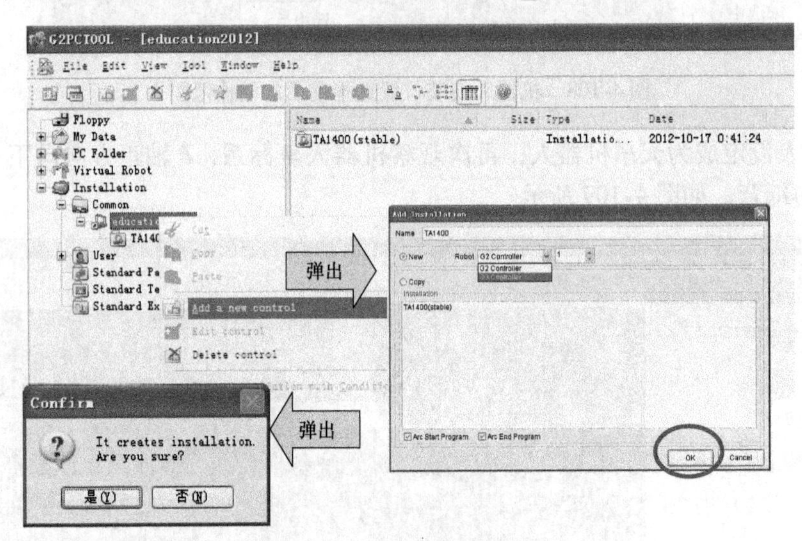

图 5-1　进入设备建模的菜单

5.1.2　进入部件编辑界面

单击“Base”（基本库）下的“Parts”（部件），单击“New”（新建），弹出部件编辑窗口，如图 5-2 所示。

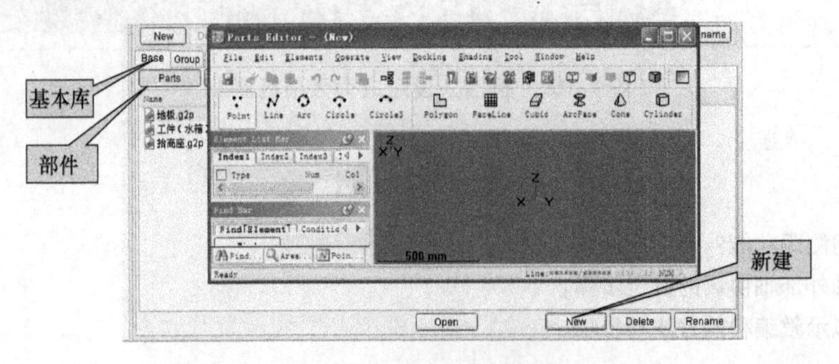

图 5-2　进入部件编辑窗口

5.1.3 选择工件类别

制作工作台面的步骤如下：

1）单击“Standard parts”（标准件），之后选择“Plate”（板类），按步骤2）编辑尺寸，如图5-3所示。

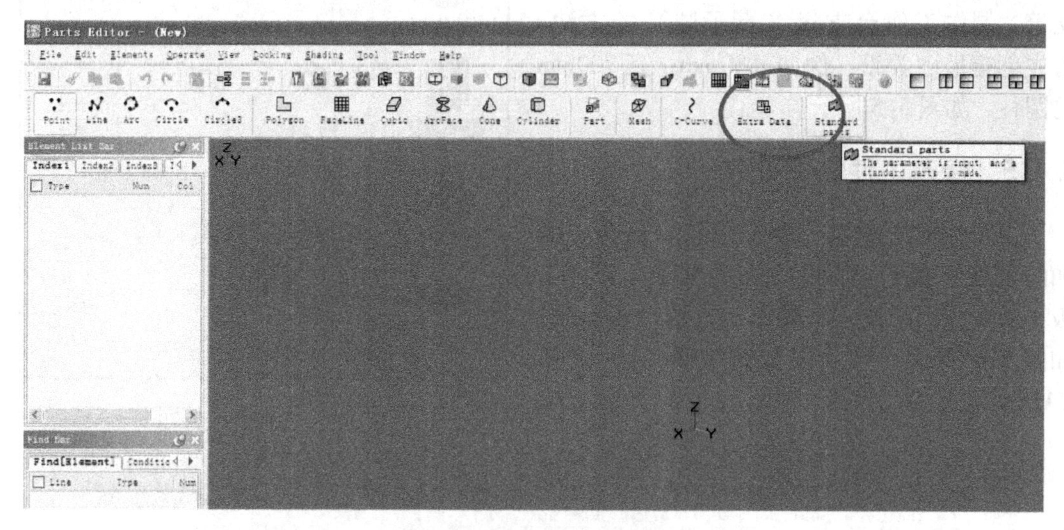

图5-3 选择标准件菜单图标

2）设定工件的尺寸后，在弹出框的右下角选择颜色，单击“OK”确认，如图5-4所示。

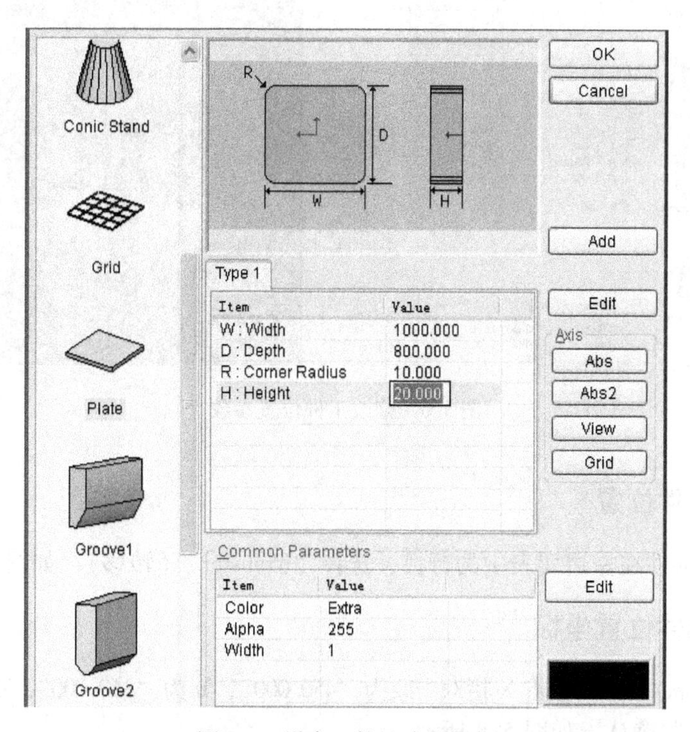

图5-4 设定工件尺寸及颜色

5.1.4 创建工件模型

依据部品、工件编辑可进行加工对象工件形状的定义，包括焊枪、机器人的定义以及对外部轴、控制器等的设备图形形状的定义等，制作工作台支撑（桌子腿）的方法，首先创建尺寸关系，例如 Φ80mm，高 700mm 的圆柱，如图 5-5 所示。

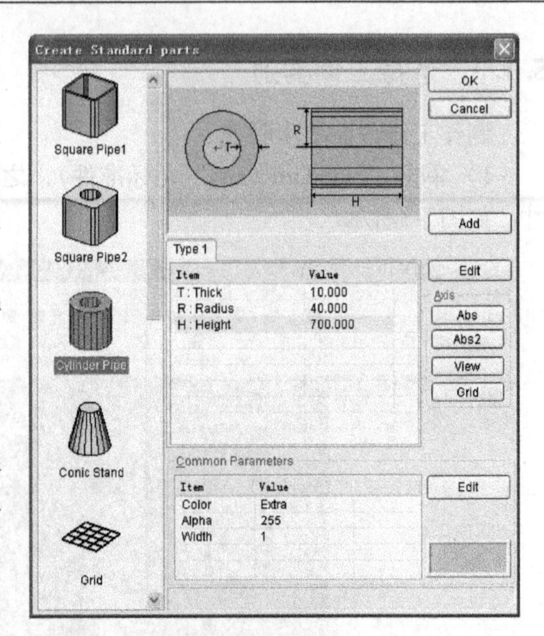

图 5-5 选择工件的尺寸

5.1.5 修改工件位置参数

由于坐标系原点为中央位置，视图中添加的圆柱（桌子腿）会叠在板材上，并位于板材的中央。因此，需要修改它的位置参数，如图 5-6 所示（参见配套资料②-(7) 简易 CAD 功能）。

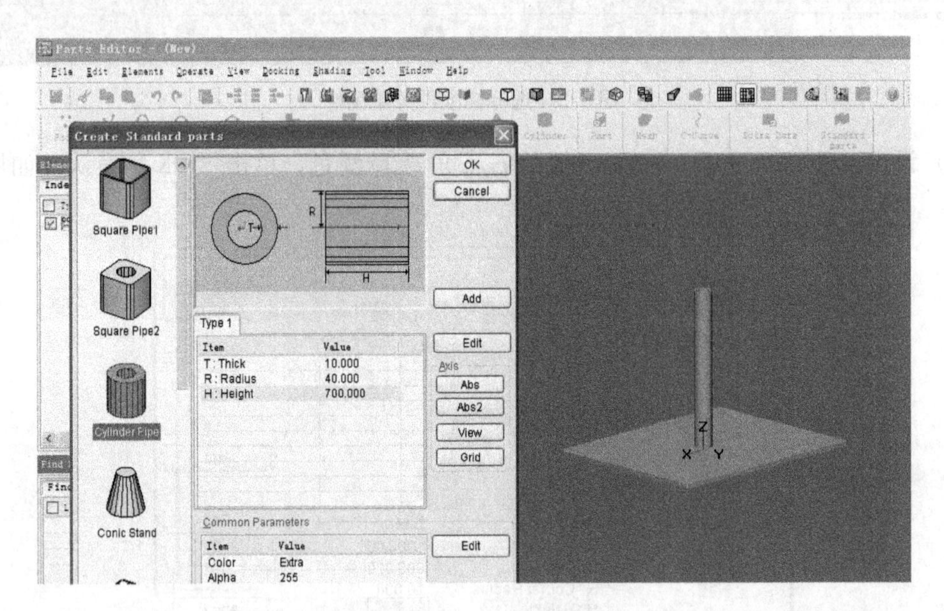

图 5-6 修改工件位置参数

5.1.6 移动部件位置

右键单击该部件在左边列表中的行目，选择“Transfer”（转移），如图 5-7 所示。

5.1.7 修改部件位置坐标

在“Shift (mm)”项目中将 X 栏双击改为“450.000”，Y 为“350.000”，Z 为“-700.000”，设定后单击“OK”确认，如图 5-8 所示。

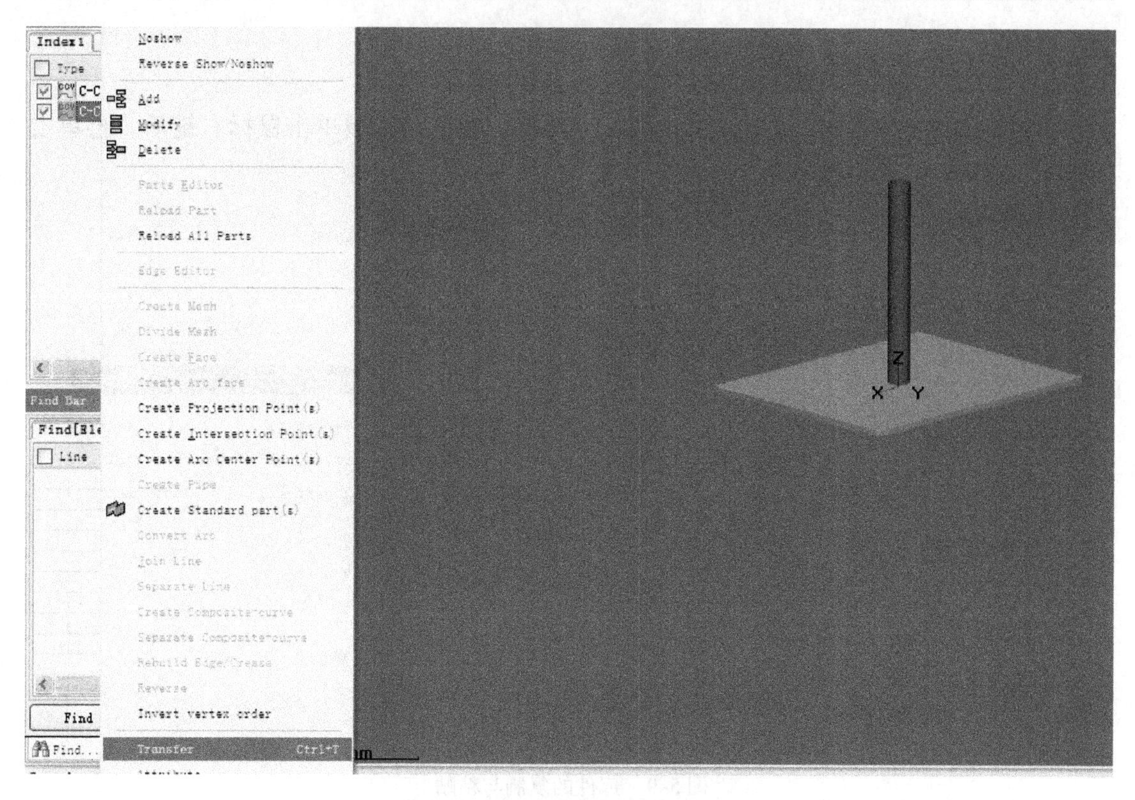

图 5-7　移动部件位置

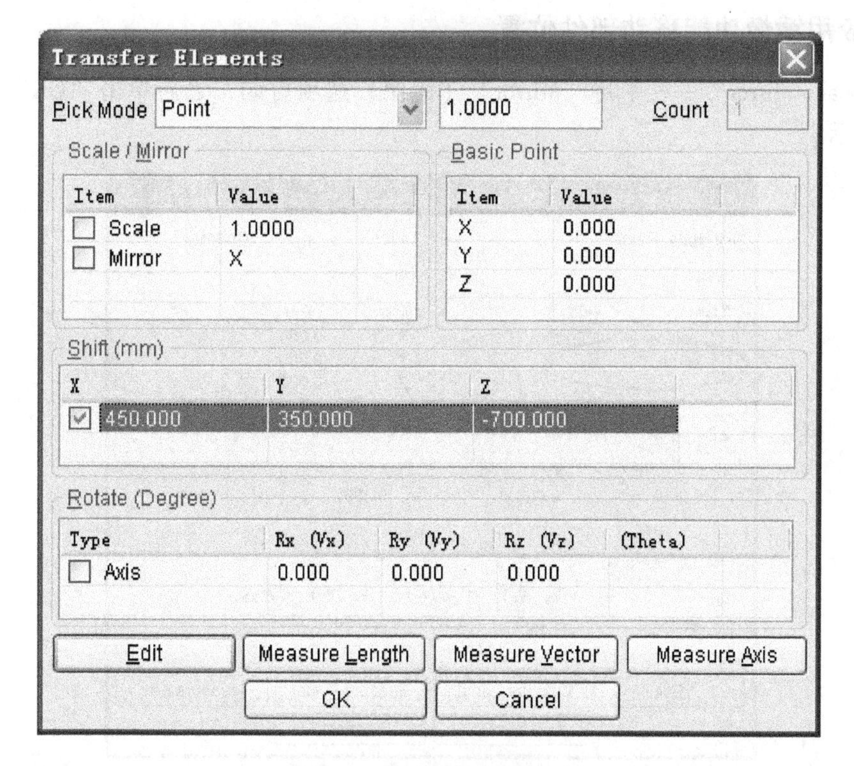

图 5-8　修改部件位置坐标

5.1.8　部件的复制与粘贴

再次右键单击该行目，单击“Copy”（复制），在空白区域单击鼠标右键后，再单击“Paste”（粘贴），如图 5-9 所示。

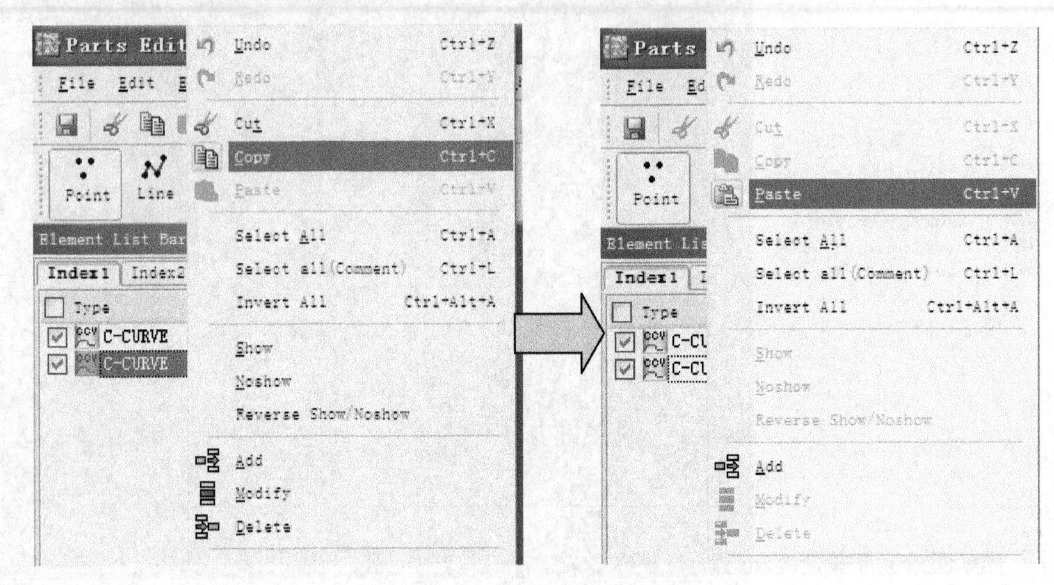

图 5-9　部件的复制与粘贴

5.1.9　应用镜像功能移动部件位置

在“Scale/Mirror”一栏中将“Mirror”（镜像）选项打勾，之后单击“OK”确认，如图 5-10 所示。

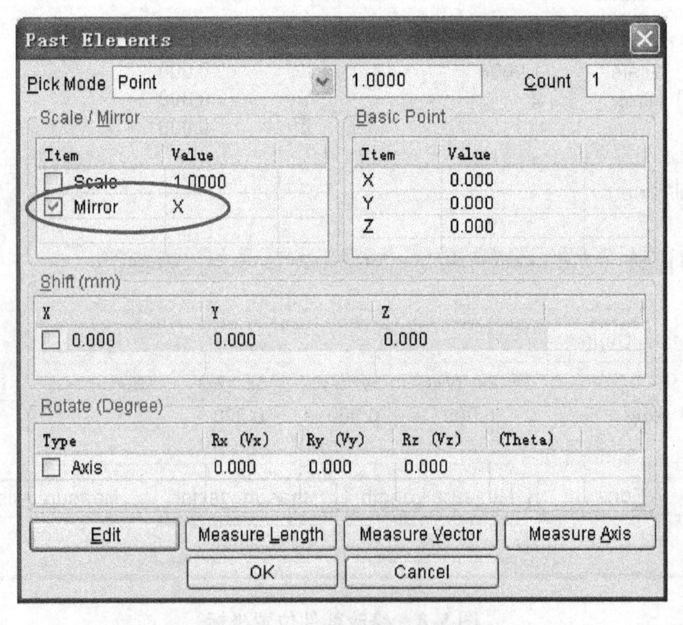

图 5-10　应用镜像功能图示

5.1.10　改变镜像值

同理，再粘贴一根 Y 方向上镜像的圆柱。双击“Value”（值）将 X 改为 Y，如图5-11 所示。

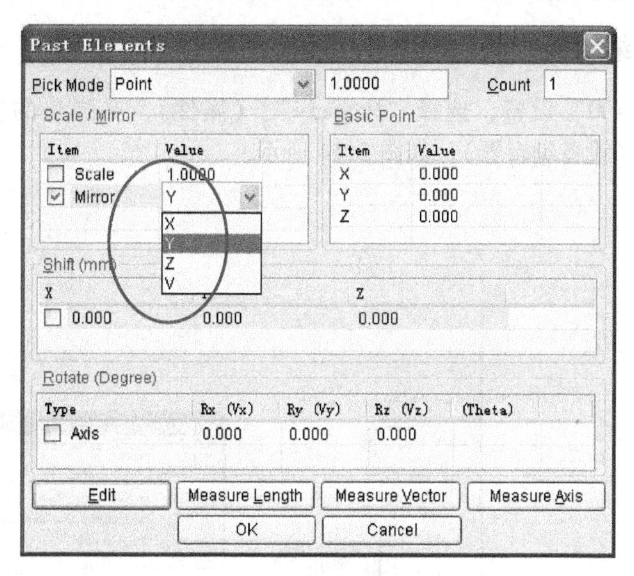

图 5-11　改变镜像值

5.1.11　重复使用镜像

再复制粘贴一次这根新加的圆柱，将它在 X 方向上镜像，制作工作台的四条支撑腿，如图 5-12 所示。

5.1.12　保存及命名

单击保存图标，命名为“Works Table”，单击“OK”确认，如图 5-13 所示。

图 5-12　重复使用镜像功能

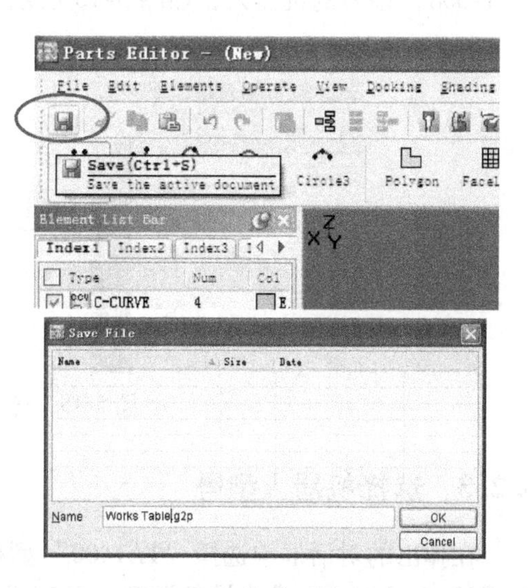

图 5-13　保存及命名

5.2 设备的初始化设置

5.2.1 进入设备编辑器

右键单击“TA1400”设备，选择“Property”（属性），在弹出的属性对话框中单击“Installation Editor”（设备编辑器），如图 5-14 所示。

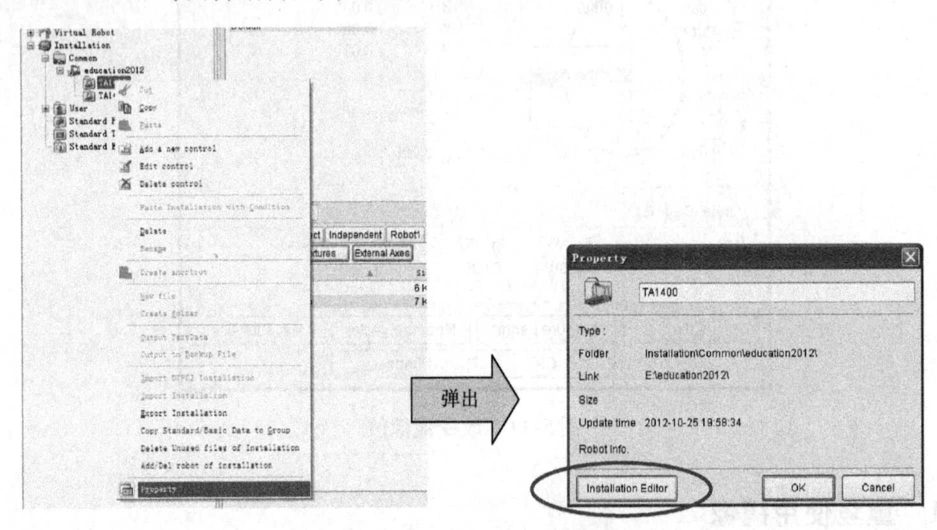

图 5-14　进入设备编辑器

5.2.2 进入机器人信息对话框

右键单击机器人的条目，选择“Property”（属性），进入到机器人信息对话框。单击“Change manipulator”（更改机器人），可以对机器人的型号进行选择，系统设置为默认“VR-008”型号的机器人，如图 5-15 所示。

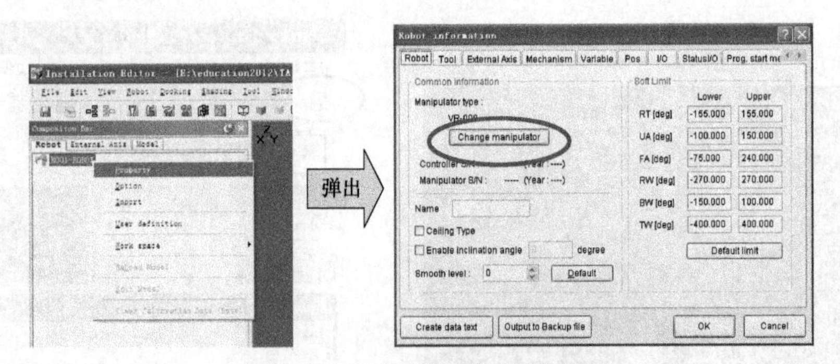

图 5-15　进入机器人信息对话框

5.2.3 选择机器人型号

在弹出的对话框中选择“TA1400”型机器人，单击“OK”确认，机器人信息对话框中的“Manipulator type”（设备类型）已变成“TA1400”，如图 5-16 所示。

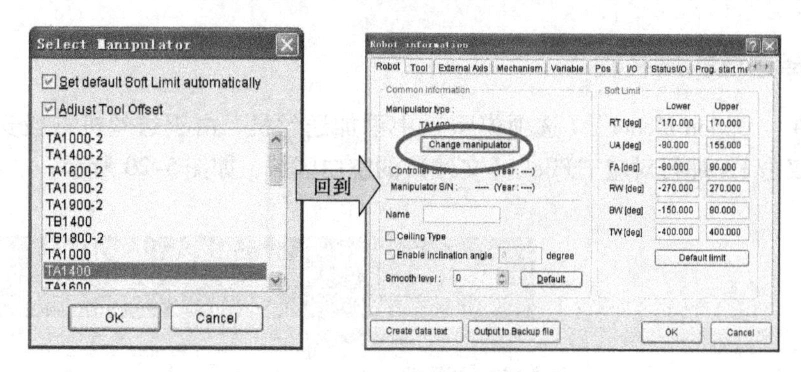

图5-16 选择机器人型号

5.2.4 设置焊枪型号

单击下方属性列表中的“Tool”（工具），双击“File”（文件）下方的空白区域，如图5-17所示。

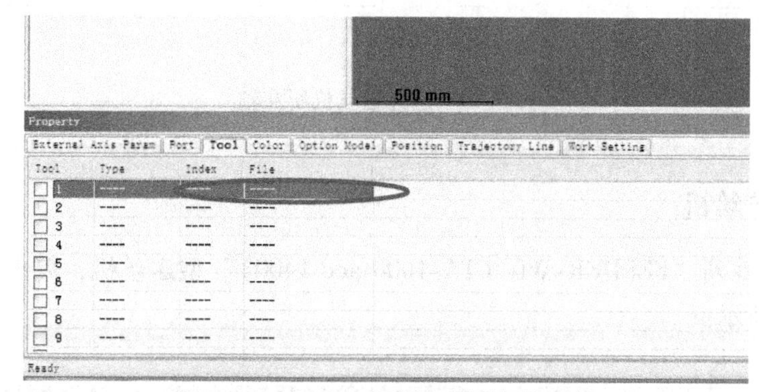

图5-17 在“File”添加所需焊枪型号

5.2.5 添加焊枪

1）在标准件中找到“Torch 350A Standard”焊枪，单击“OK”进行添加，如图5-18所示。

2）添加焊枪后，弹出图5-19所示对话框，单击“是（Y）”，如图5-19所示。

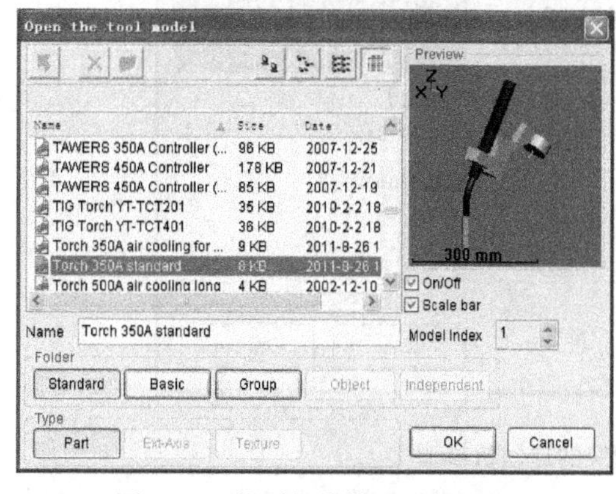

图5-18 找到焊枪模型进行添加

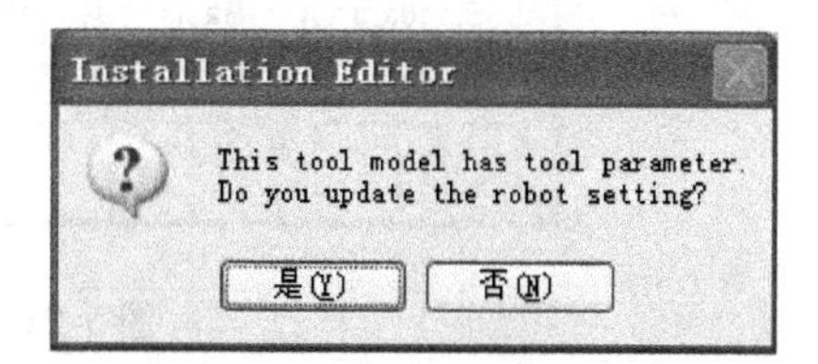

图5-19 选择焊枪型号并确定

5.2.6 选择送丝机所在轴

同理，在“Option Model”（选项模型）中添加送丝机，由于送丝机一般安装于 FA 轴上，因此，双击 FA 那行对应“File”（文件）的空白区域，如图 5-20 所示。

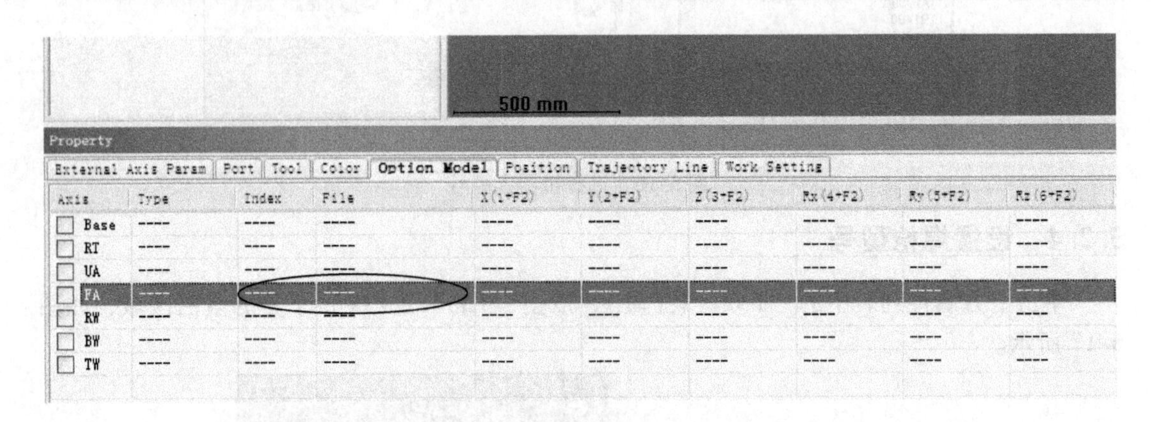

图 5-20 选择送丝机所在轴

5.2.7 添加送丝机

在标准件中找到“FEEDER-WG（TA-1000 and 1400）”型送丝机，单击“OK”确认添加，如图 5-21 所示。

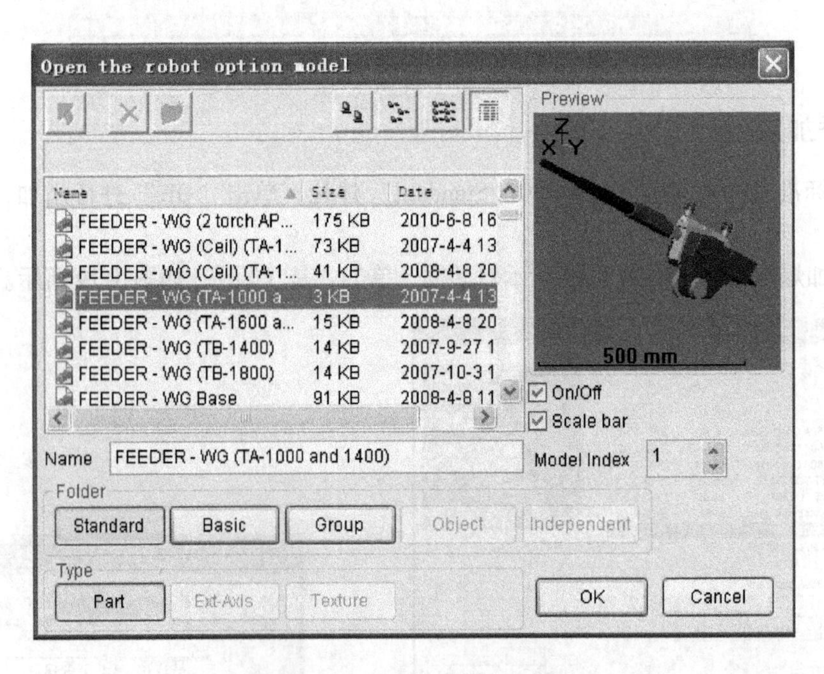

图 5-21 选择相应的送丝机模型

5.3　各模型单元的导入

5.3.1　添加模型

在“Model”（模型）选项卡空白区域右键单击，在弹出的快捷菜单中，选择“Add Model”（添加模型），如图 5-22 所示（参见配套资料②-(8) 系统集成及部件导入）。

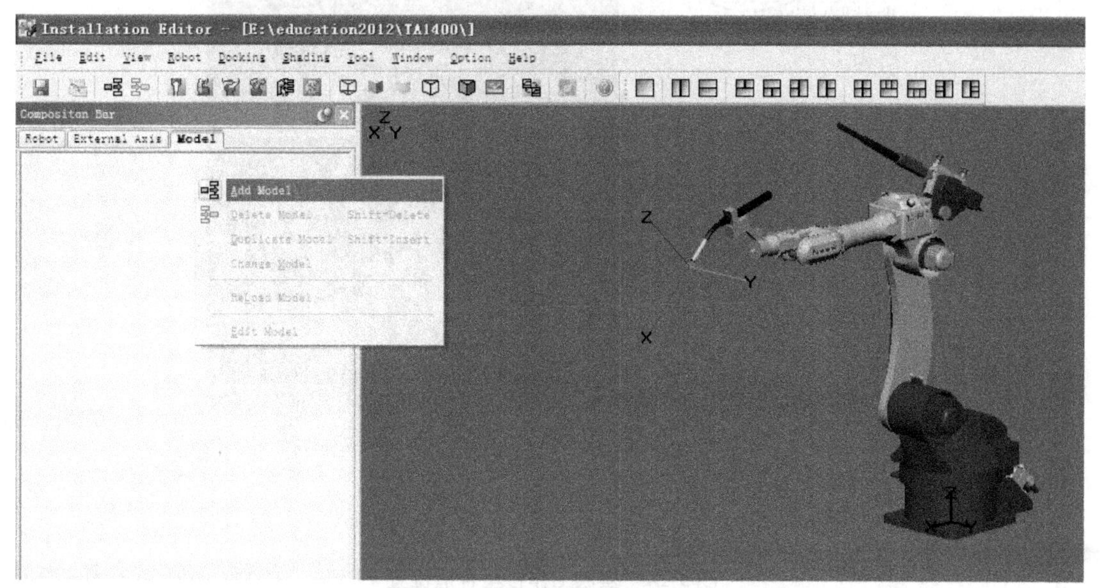

图 5-22　在编辑框中添加模型

5.3.2　添加已绘制好的工件

将“Group”（群组）中已经绘制的抬高座及工件台添加进来，如图 5-23 所示。

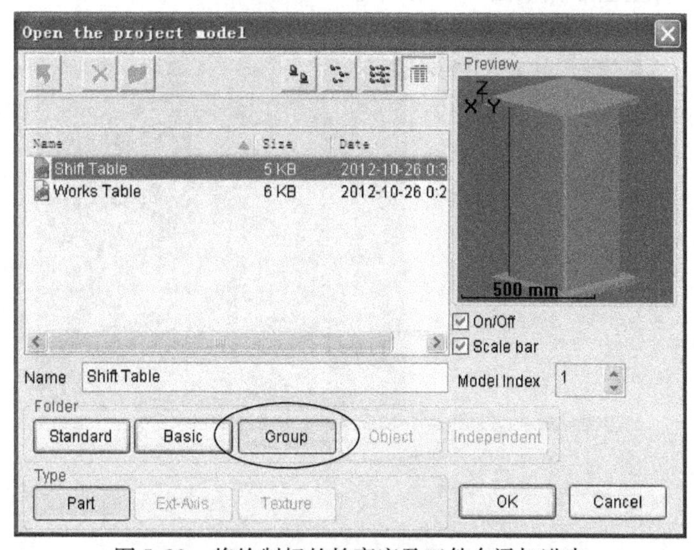

图 5-23　将绘制好的抬高座及工件台添加进来

5.3.3 摆放工作台位置

选择工件台条目“Model”，在下方的“Position”（位置）中可以修改其参数，将它放置在机器人前方0.8m处，并绕Z轴旋转90°，将工作台在Z坐标方向提升700mm，如图5-24所示。

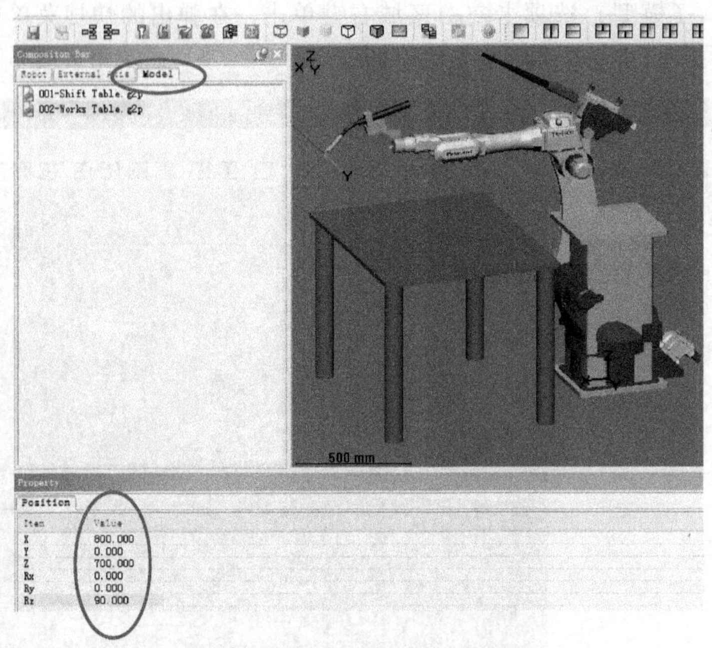

图5-24 摆放工作台至合适位置

5.3.4 放置机器人

返回“Robot”选项卡，单击机器人条目，将下方的“Position”参数中Z改为700mm，使机器人放置在抬高座上方，如图5-25所示。

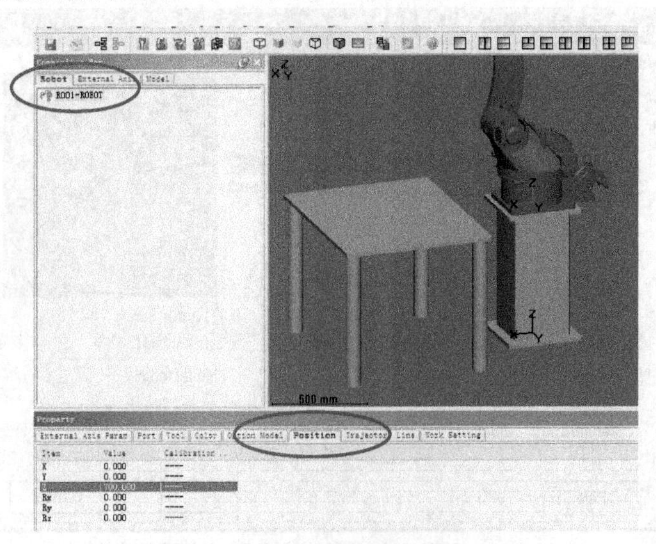

图5-25 将机器人放置在底座上

5.3.5　添加系统中其他模型

1）在系统模型库中查找“Controller”（控制箱）、“Man”（人）、“TPG3（示教器）”、“Wire Pack（焊丝盘）”等标准件模型，如图 5-26 所示。

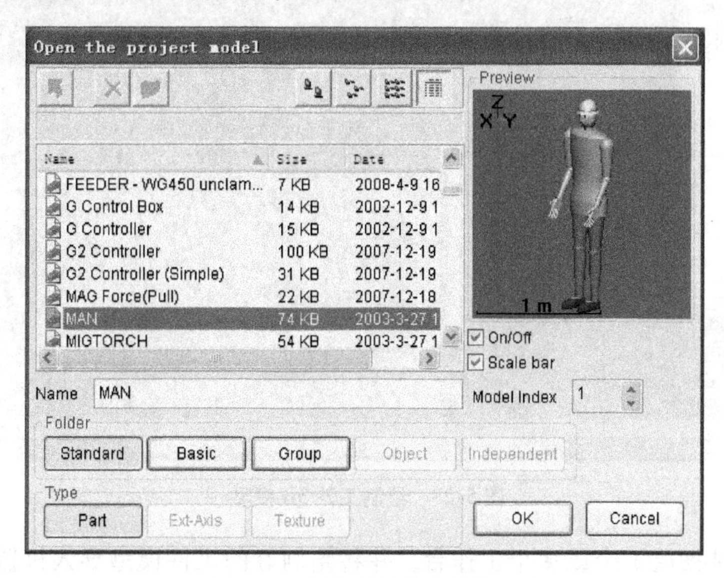

图 5-26　添加系统标准件模型

2）按工件尺寸要求绘制模型。本例中的工件三视图及尺寸标注如图 5-27 所示。

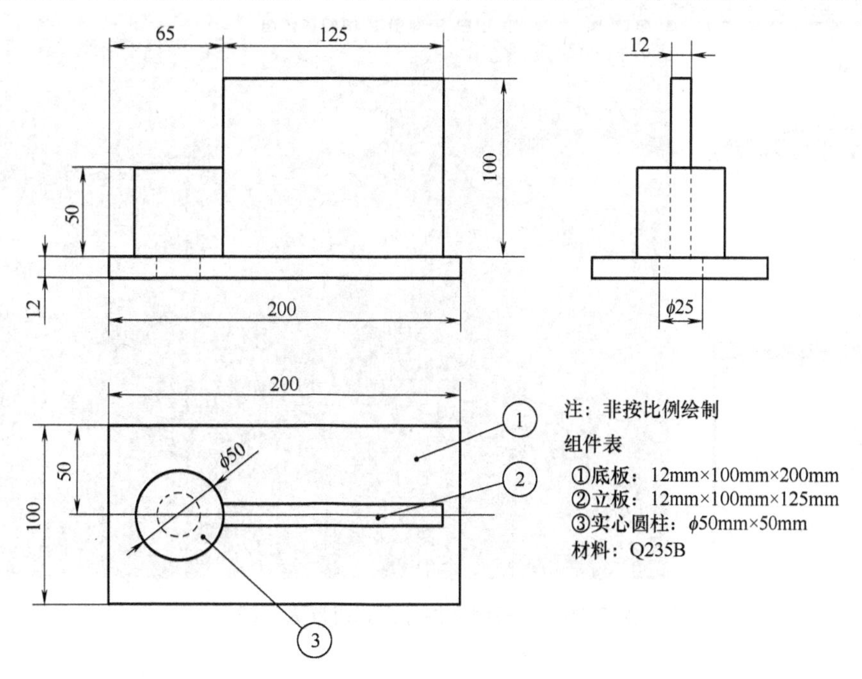

图 5-27　工件及尺寸标注实例

3）在简易 CAD 功能窗口，按工件尺寸绘制 3D 模型，如图 5-28 所示。

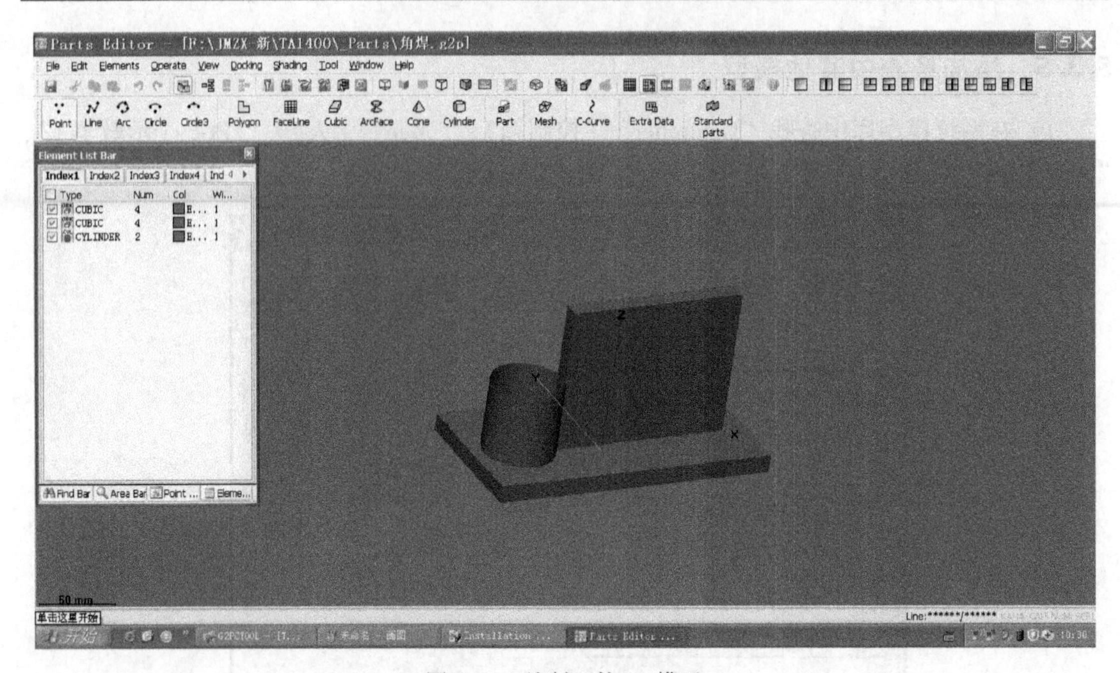

图 5-28　绘制工件 3D 模型

4）根据需要摆放 1 个或多个工作台，并将绘制好的工件模型导入机器人系统，如图 5-29所示。

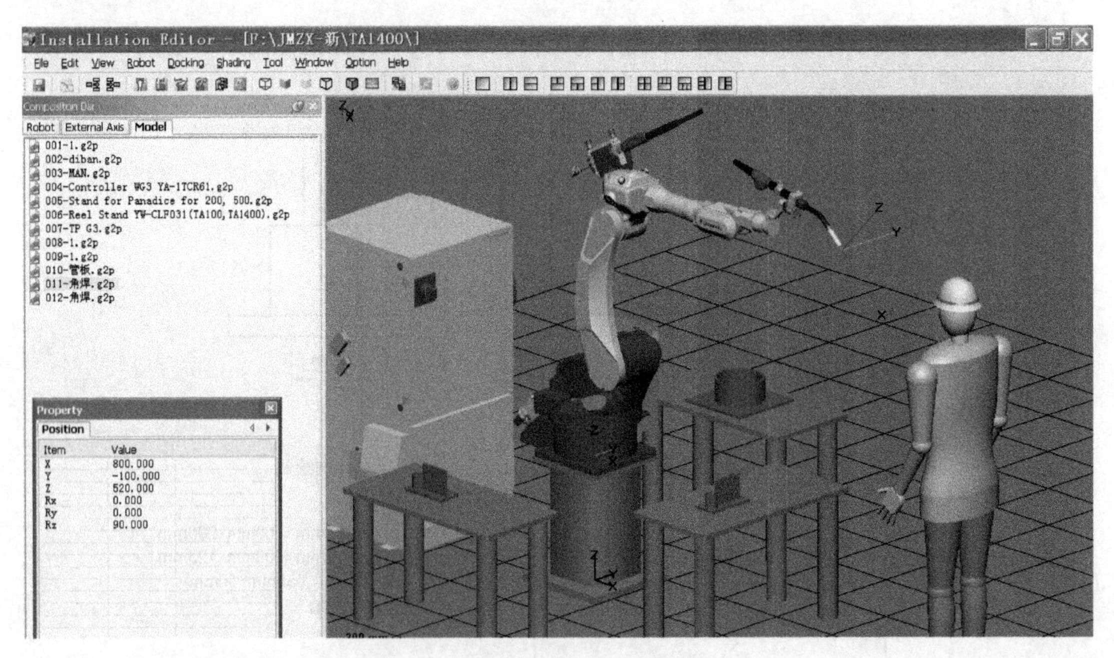

图 5-29　将模型文件导入到机器人系统

5.3.6　离线示教及参数设定

1）机器人系统模型建成后，进入“DTPS 离线示教案例”链接文件的设备库，本例为

“TA1400”，在导航界面，单击“Robot”，显示已经建好的模型文件，单击“OPEN”打开离线编程的模型文件（本例为 G_{III} 机器人编程示例），如果单击“New”为新建程序文件，如图 5-30 所示。

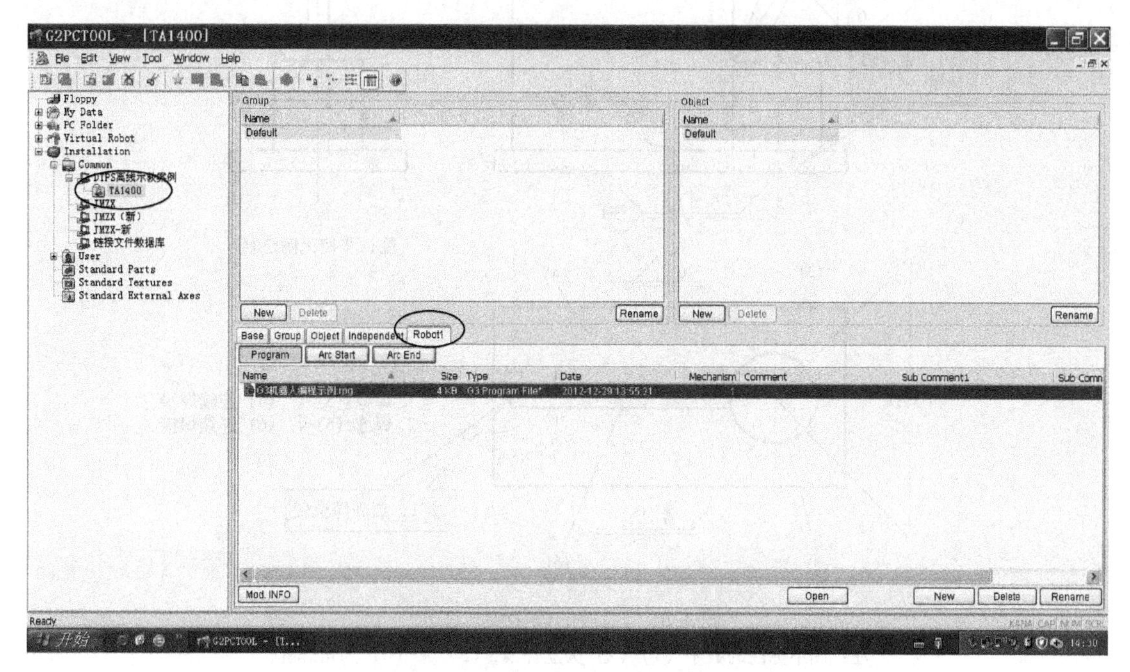

图 5-30　选择要进行离线编程的模型文件

2）对工件进行离线示教前，应先熟悉工件的形状和焊接位置，确定起弧点和收弧点，规划好焊枪运行轨迹，并了解工件的焊接要求，如图 5-31 所示。

3）焊接工艺及参数。根据被焊工件的工艺要求，制订焊接工艺及焊接参数，焊接工艺及参数（参考）见表 5-1。

表 5-1　焊接工艺及参数（参考）

焊接参数	立焊缝（1）（2）	角焊缝（3）～（6）
焊接电流/A	200～210	280～290
电弧电压/V	21～22	28～29
焊接速度/（cm/min）	40	40
焊枪行走角度①（°）	80	80
焊枪工作角度②（°）	90	45
焊丝伸出长度/mm	18	20
焊丝类型③	碳钢	碳钢
气体流量④/（L/min）	18～20	18～20

① 焊枪行走角度：焊枪与焊缝之间形成的空间夹角。

② 焊枪工作角度：焊枪与工件两侧形成的空间夹角。

③ 焊丝型号：ER50-6（AWS ER70-6）Φ1.2。

④ 气体：80% Ar + 20% CO_2（体积分数）。

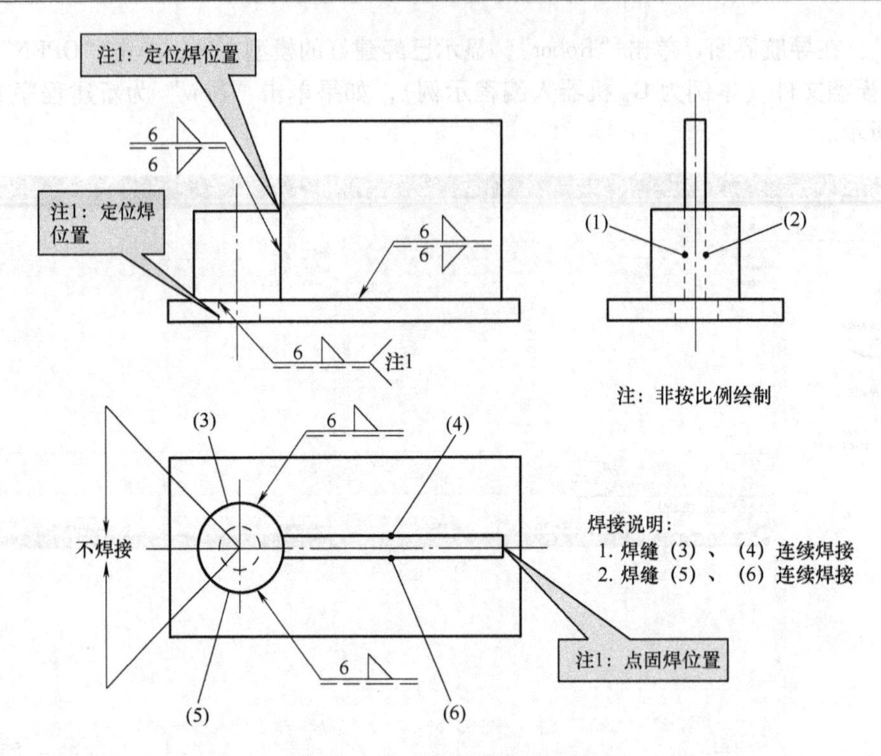

图 5-31　工件的焊接要求图示

注：图中标注的数字（1）（2）为立焊缝，（3）～（6）为角焊缝。

4）在离线程序中设定焊接参数。在程序窗口，单击鼠标右键，选择“Add command”（添加指令），如图 5-32 所示。

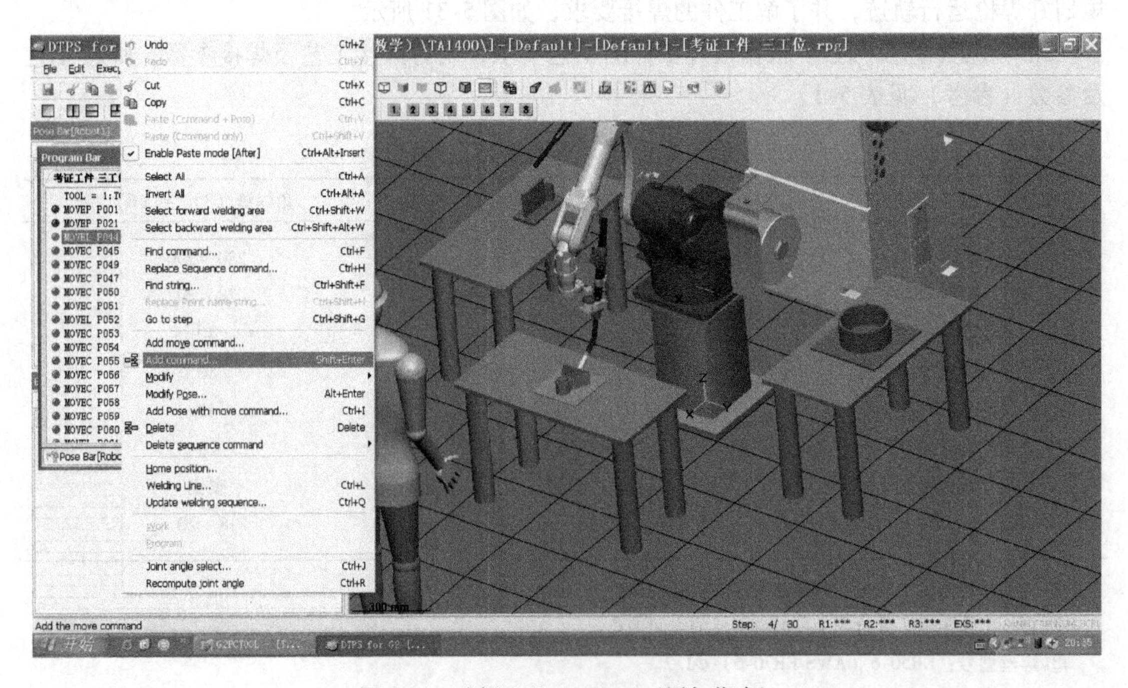

图 5-32　选择 Add command（添加指令）

5）进入焊接指令库窗口，选择“ARC-SET”（焊接条件指令），如图5-33所示。

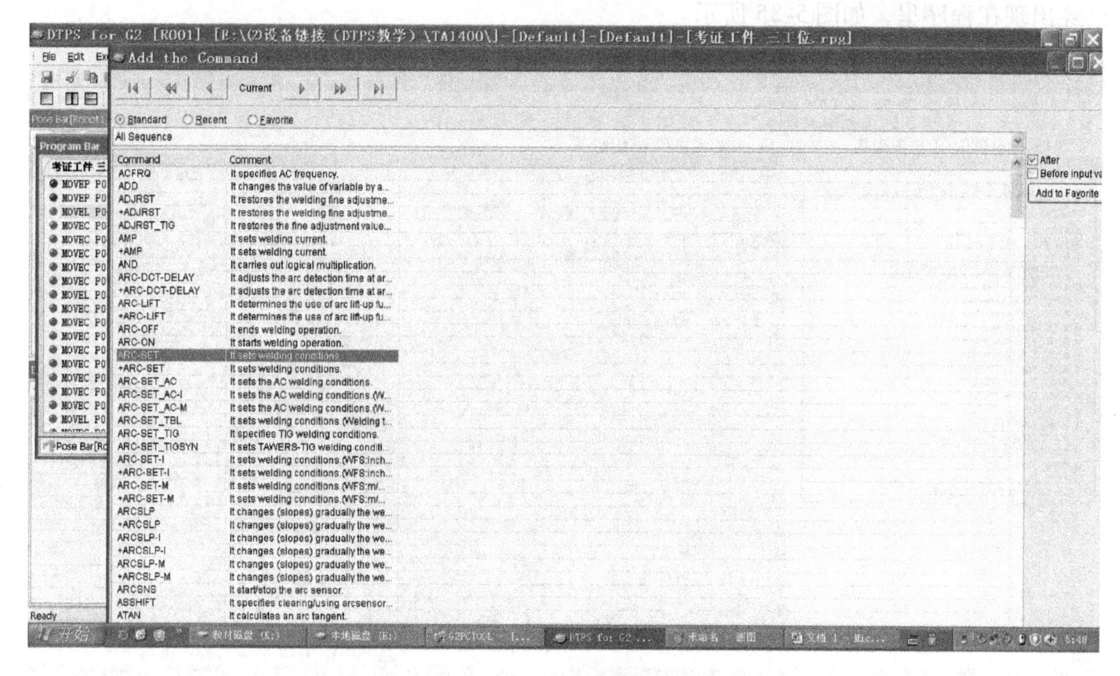

图5-33　选择ARC-SET（焊接条件指令）图示

6）在弹出的焊接条件设定栏里，填写规范的焊接参数（此例中的电流为145A、电压为18.6V、速度为0.5m/min），如图5-34所示。

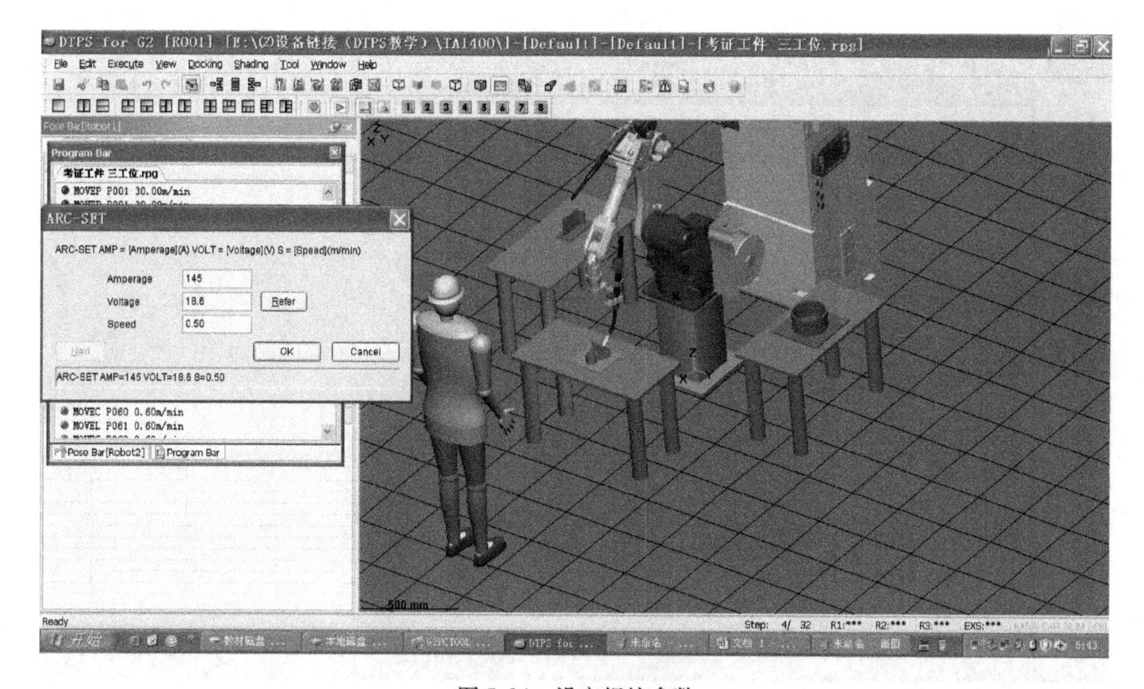

图5-34　设定焊接参数

7）将焊接条件设定栏里的参数填写完毕后，单击“OK”，可以看到，设定的焊接参数已经出现在程序里，如图 5-35 所示。

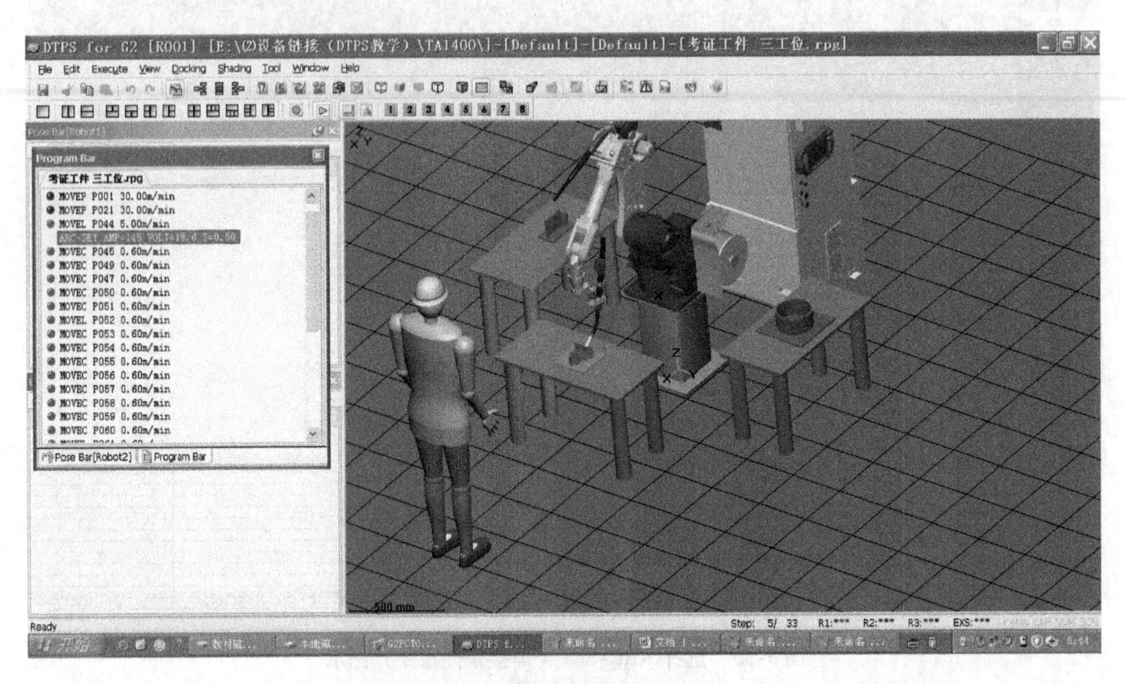

图 5-35　焊接参数设定完成

8）完成上述操作后，在焊接指令库的窗口里选择起弧程序指令“ARC-ON”，如图5-36所示。

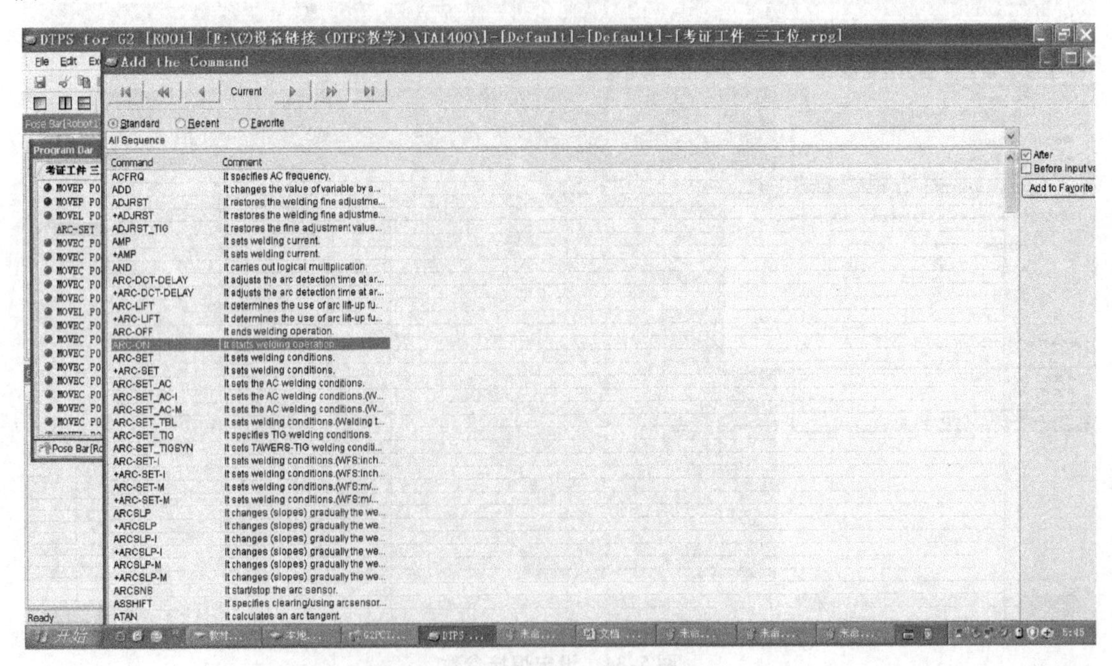

图 5-36　选择起弧程序指令 ARC-ON

9）设定为第一个起弧子程序“ArcStart1”，起弧重试模式为1“process = 1”，如图5-37所示。

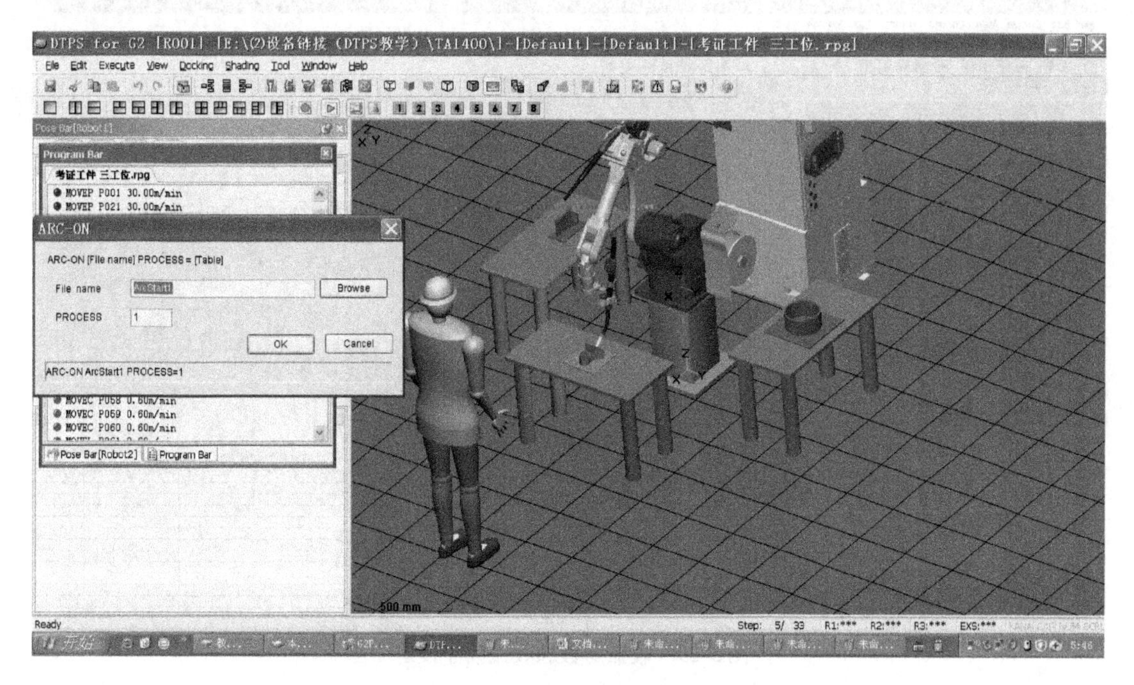

图5-37　设定第一个起弧子程序

10）可以看到设定的起弧子程序已出现在程序里面，如图5-38所示。

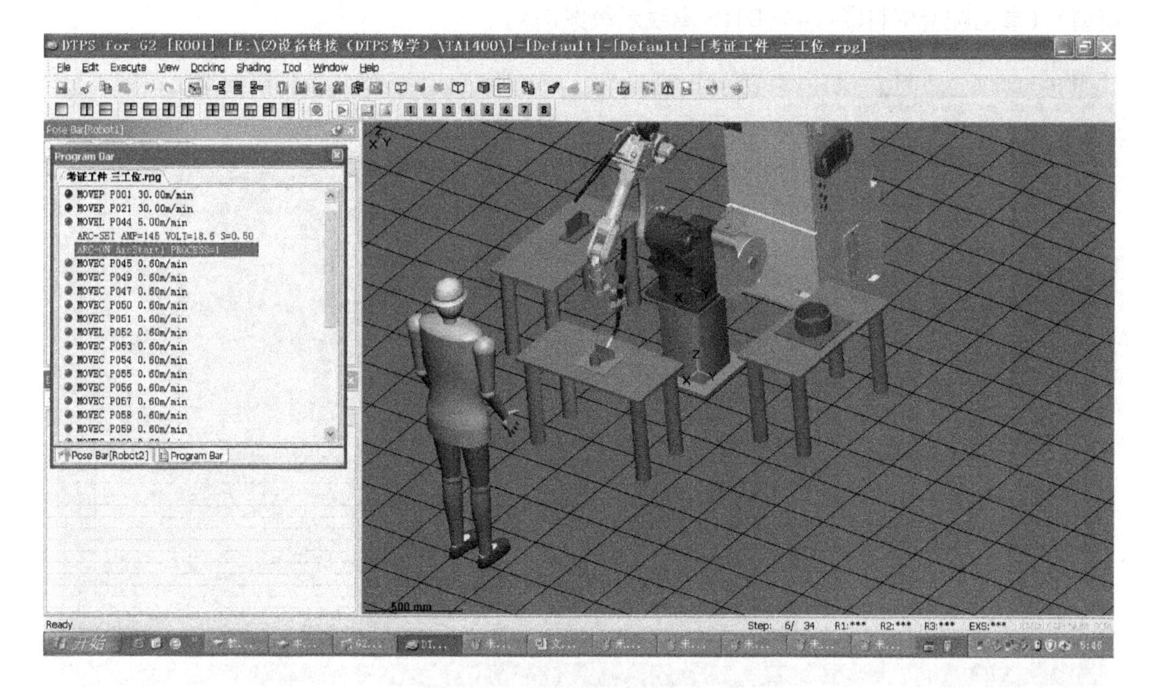

图5-38　起弧子程序设定完成

11）按照同样的步骤，设定收弧参数和收弧程序，如图 5-39 所示。

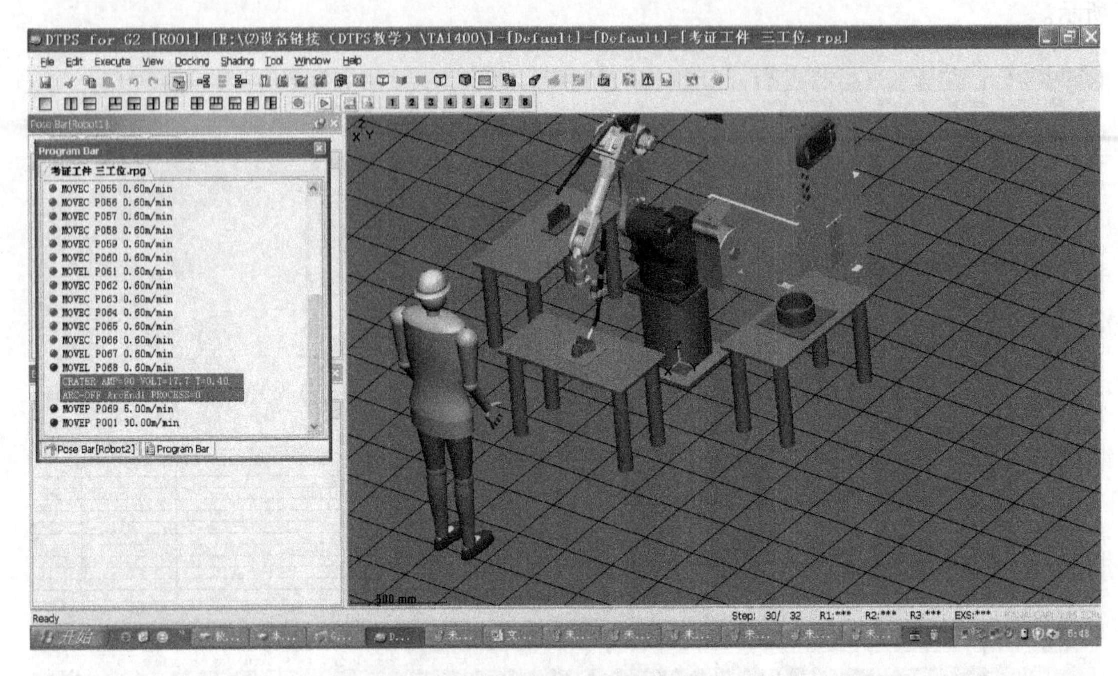

图 5-39 收弧参数和收弧程序设定

12）机器人离线（模拟）编程的基本方法，参照本书 4. 6. 3 节中讲述的方法和步骤即可完成，这里不再重述，如图 5-40 所示（图中，左侧为离线程序，右侧为机器人系统仿真模型）（参见配套资料③-（4）DTPS 离线示教案例）。

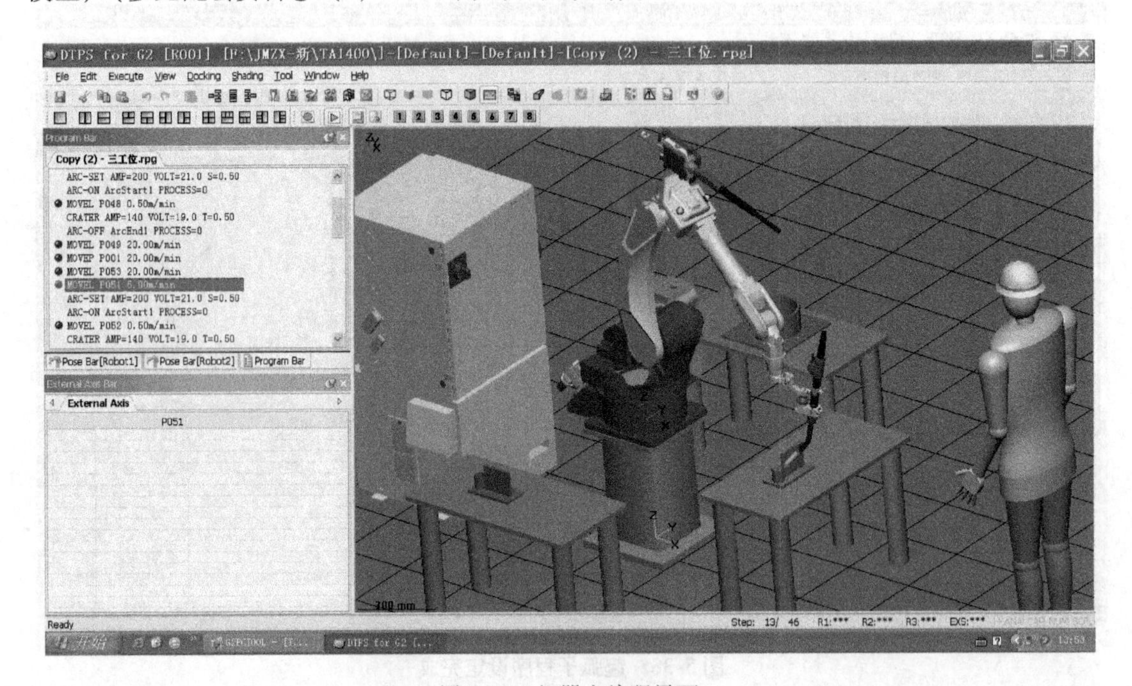

图 5-40 机器人编程界面

思　考　题

1. 镜像功能有何作用？如何使用？
2. 简述添加机器人焊枪的方法及步骤。
3. 如何改变机器人本体和工作台之间的相对位置？
4. 简述送丝机的导入过程。

第 6 章 DTPS 离线编程仿真软件的扩展应用

6.1 外部程序的导入与导出

6.1.1 示教器程序导入“Installation”

1）外部程序导入是指将机器人的示教程序导入到 DTPS 软件中存储、查看或进行编辑。首先，要将机器人示教器的程序文件拷贝到 U 盘或 SD 卡上，然后将 U 盘或 SD 卡插入到装有 DTPS 软件的计算机。由于外部的机器人程序不能直接导入到 DTPS 软件系统中来，需要先在“Virtual Robot”（虚拟机器人）建立链接并转换格式，再导入（或复制）到“Installation”下的设备库内。导入的步骤是：登录到 DTPS 软件的初始界面，建立“Virtual Robot”（虚拟机器人）下的子系统文件夹（此例为“liuwei”），右键单击“liuwei”，在项目菜单中选择“Add a new control”（增加一个新控制），如图 6-1 所示。

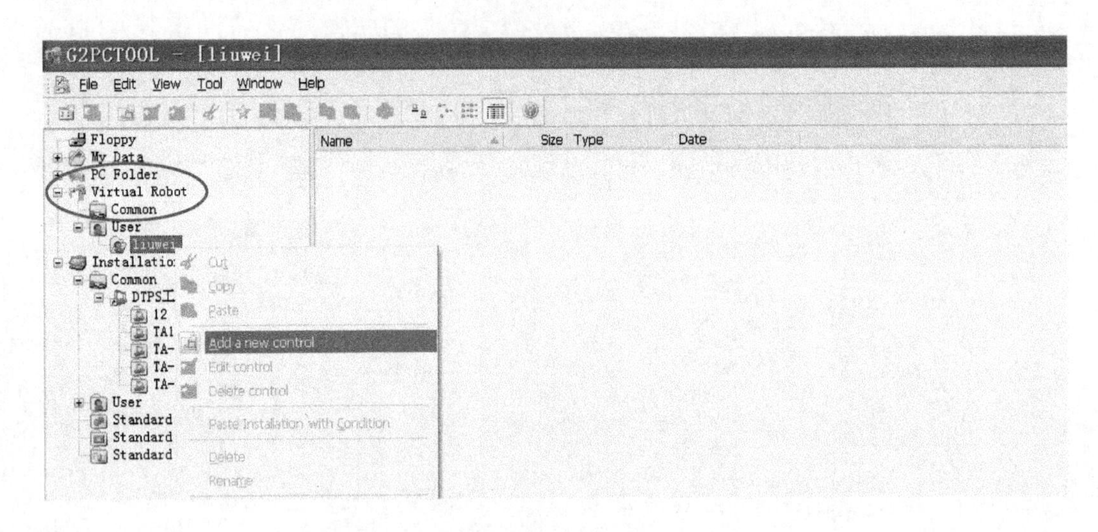

图 6-1 项目菜单中选择“Add a new control”

2）在弹出框里通过“Browse”（浏览）选择需要链接的程序文件（此例为 E 盘中的“机器人程序”文件夹），之后单击“OK”，如图 6-2 所示。

3）经过上述操作后，“机器人程序”导入到（链接到）“Virtual Robot”（虚拟机器人）中来，在系统自动生成的两个文件名中，“Data”（数据）文件里放置的程序文件包（即从机器人示教器复制的程序文件，包括示教程序、焊接指令等相关程序），“Output”（导出）文件里可存放不同格式的程序文件，如图 6-3 所示。

4）打开“Data”（数据）文件，显示已经导入进来的程序文件，例如，将其中两个程

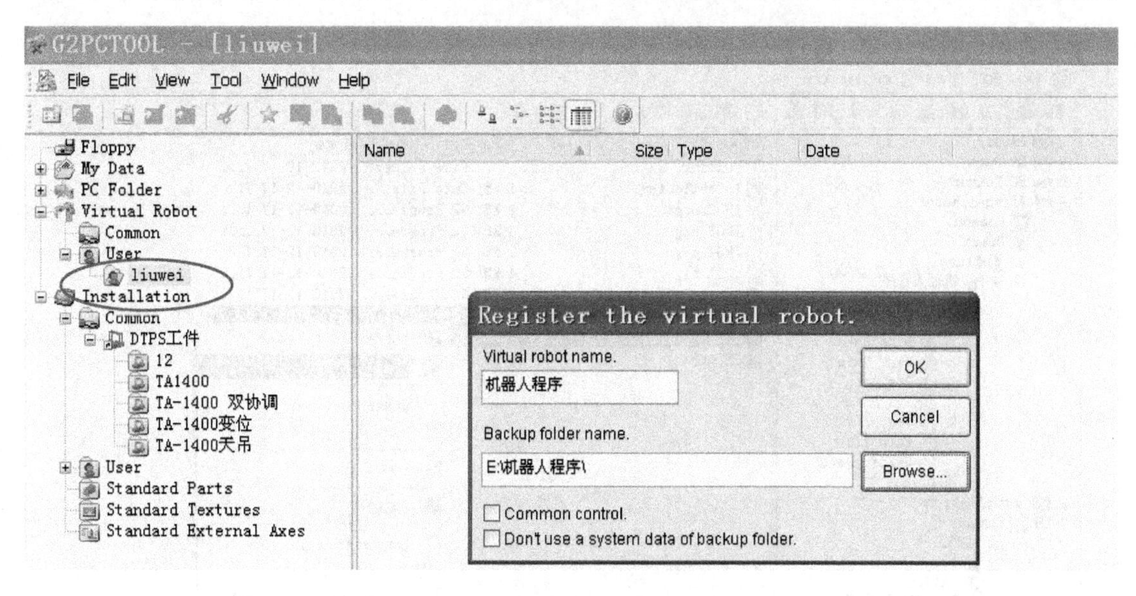

图 6-2　选择需要链接的程序文件

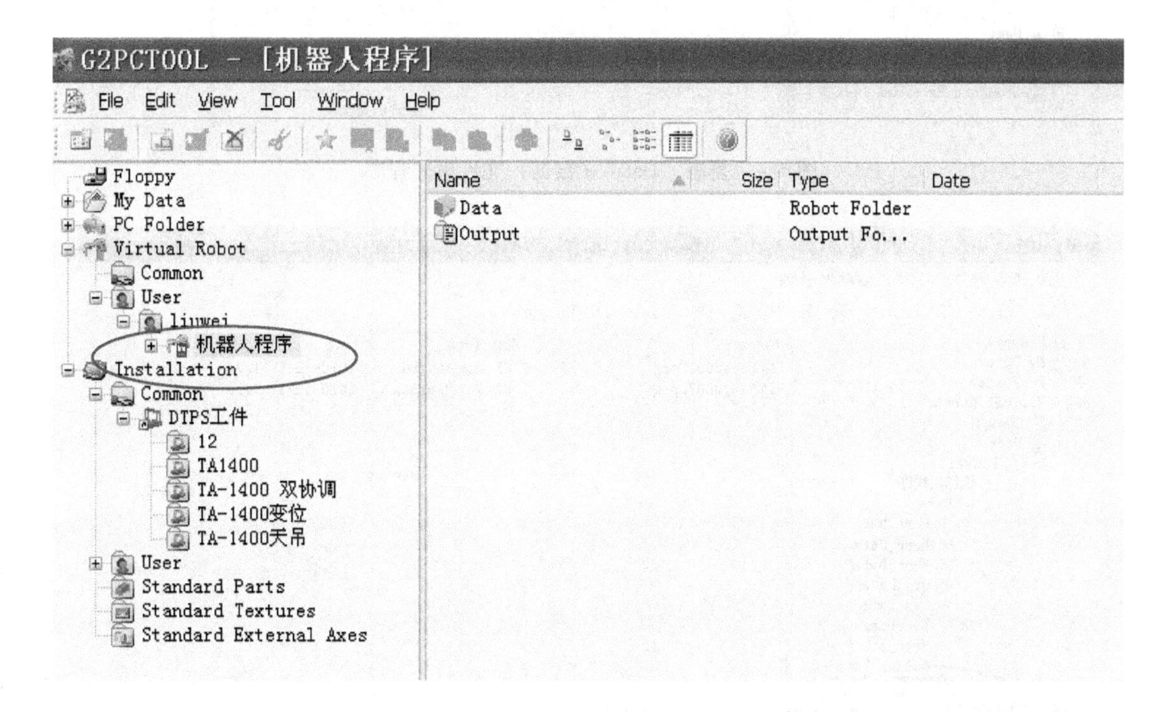

图 6-3 "Virtual Robot"（虚拟机器人）文件库

序文件（"Prog0001. prg" 和 "Prog0007. prg"）"Copy"（复制），选择程序后再单击鼠标右键，如图 6-4 所示。

5）进入"Output"（导出）文件，粘贴从"Data"（数据）文件夹复制来的程序文件，如图 6-5 所示。

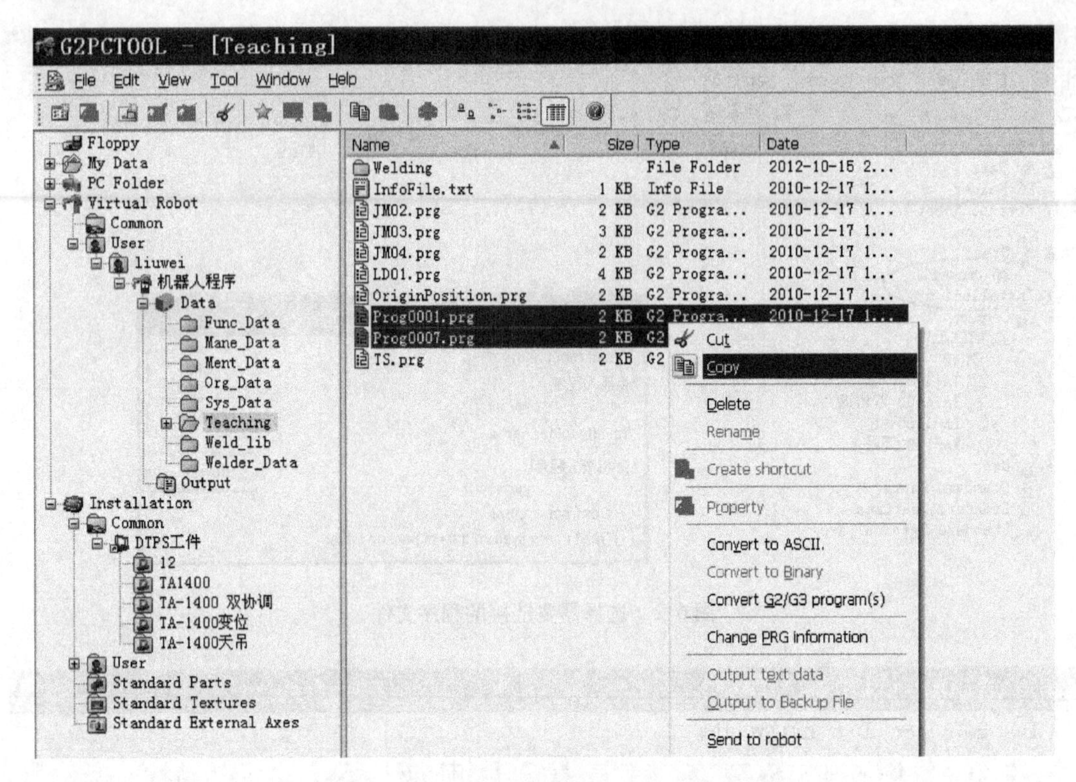

图 6-4　复制“Data”（数据）文件里的程序

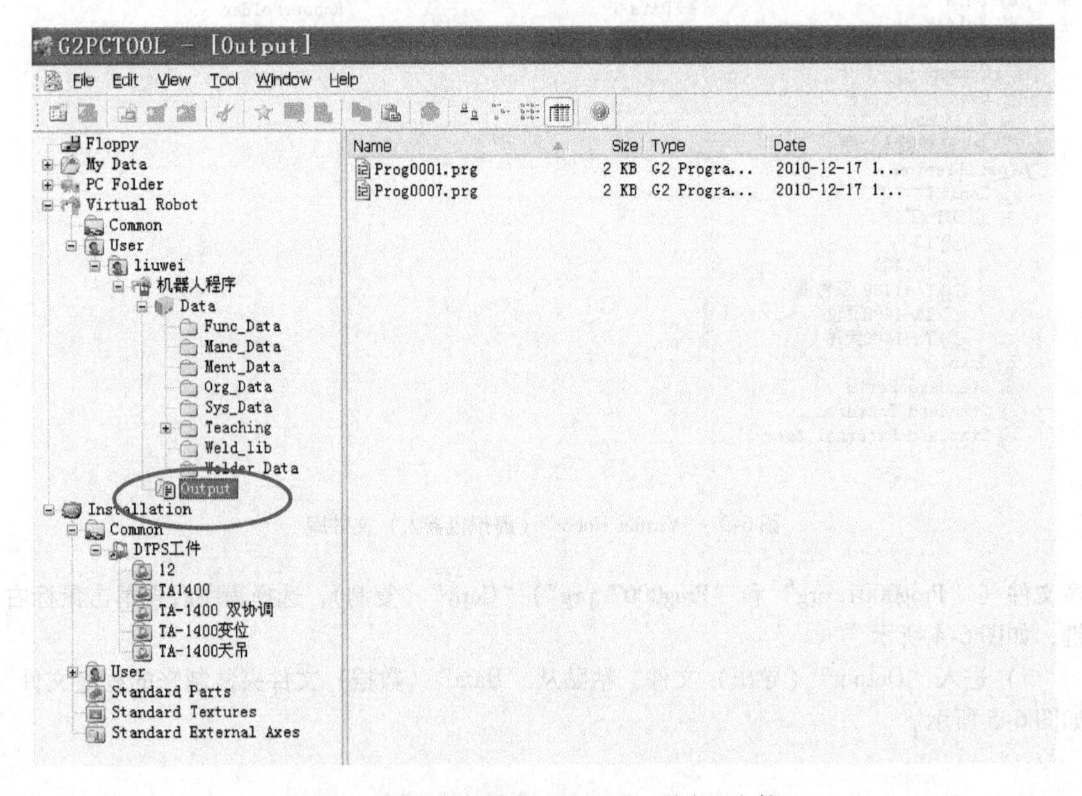

图 6-5　程序文件粘贴在“Output”（导出）文件里

6）如果需要转换格式，进入“Data”（数据）文件夹，单击“Teaching”（示教程序），选择要转换的程序后单击鼠标右键，在弹出的项目菜单里选择“Convert to ASCII”，单击进入，如图 6-6 所示。

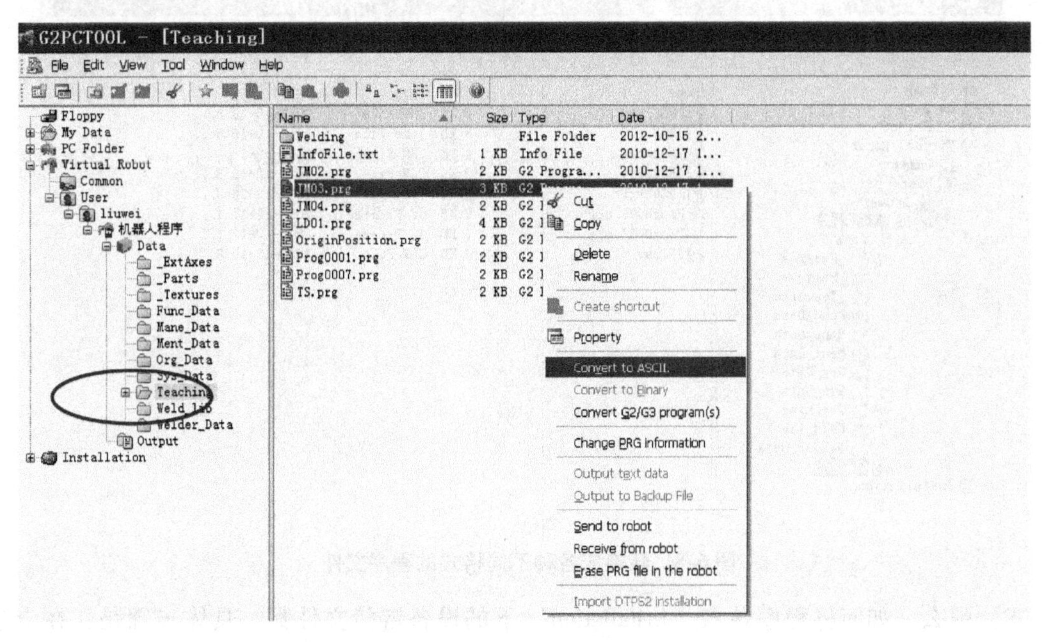

图 6-6　转换程序文件格式的操作

7）在弹出的选择框里点选“csv”、“csr”（表格）或“txt”（记事本）等几种文本格式，单击“Execute”（确认）后，弹出对话框，单击是（Y），如图 6-7 所示。

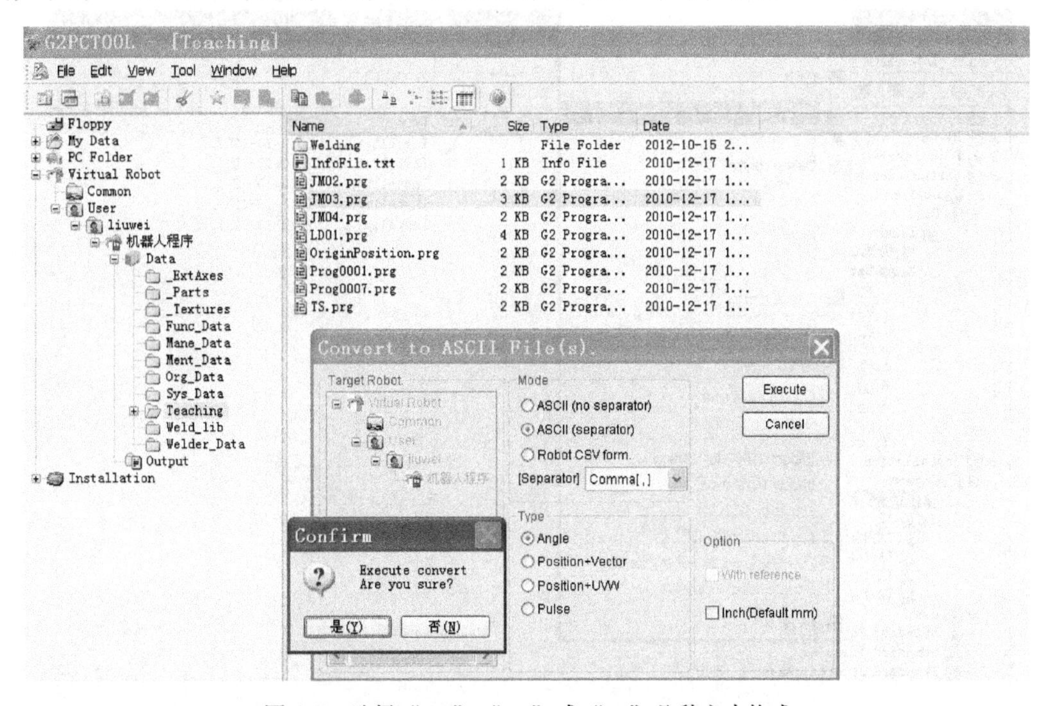

图 6-7　选择“csv”、“csr”或“txt”几种文本格式

8）在“Output”（导出）文件夹里，显示出转换成各种不同格式的程序文件，此时，如果要看这些不同格式的程序文本，单击打开即可看到，如图6-8所示。

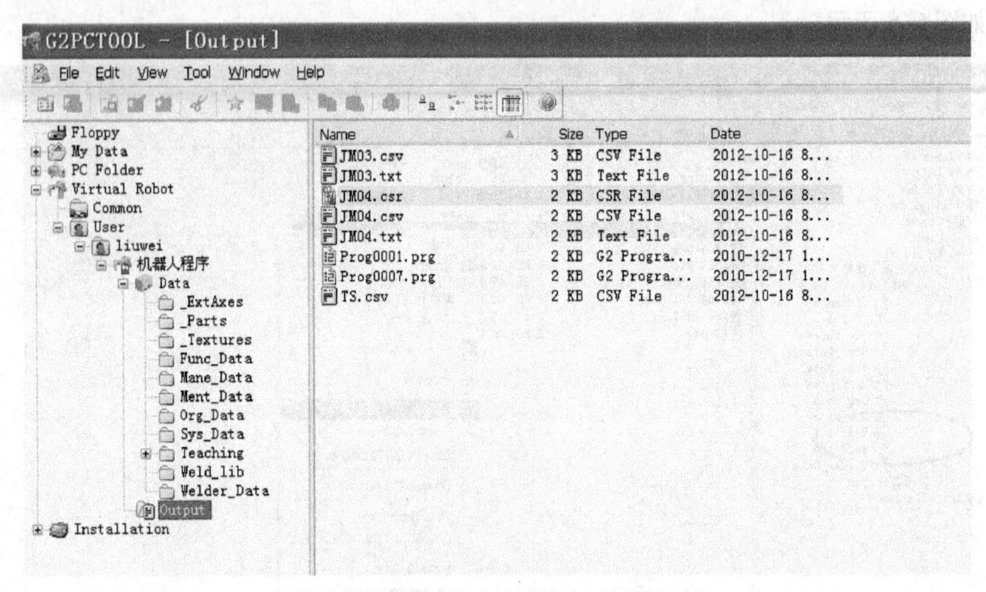

图6-8　转换成各种不同格式的程序文件

9）那么，如何将程序导入“Installation”下的设备链接文件呢？具体步骤是：在上述“Virtual Robot”（虚拟机器人）建立链接并转换格式后，右键单击“Installation”下的设备链接文件，此例为“DTPS工件”，在项目菜单中选择“Add a new control”（增加一个新控制），如图6-9所示。

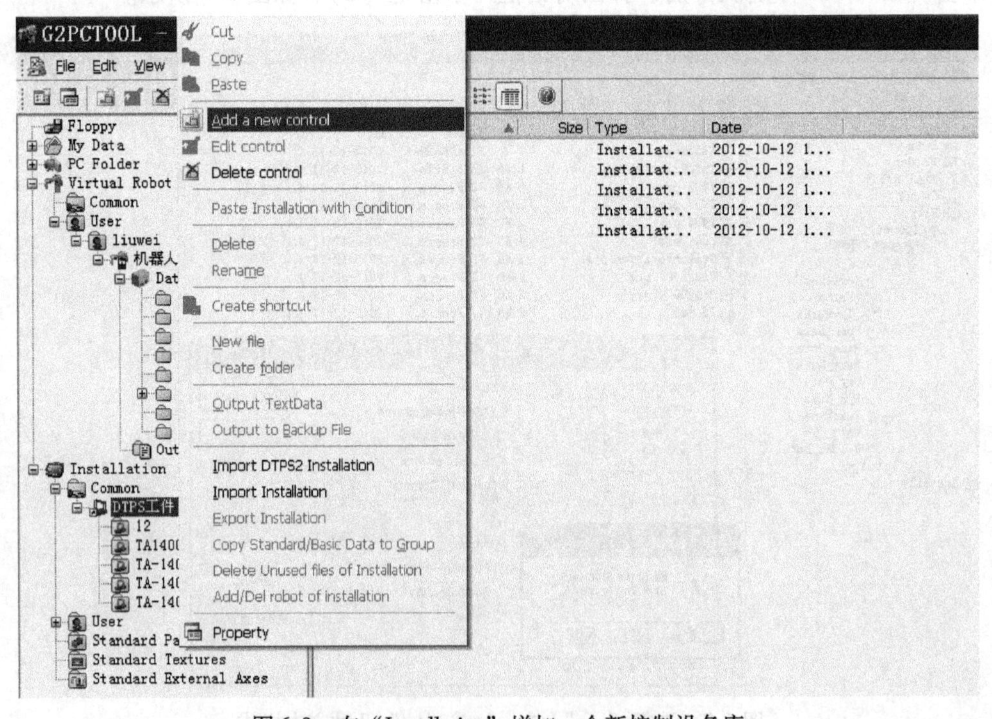

图6-9　在“Installation”增加一个新控制设备库

10）在弹出框里命名为“新增程序”，选择对应的机器人控制器型号（G2 或 G3），本例选择 G2 机器人 1 台，点选“New”（新程序）、“Arc Star Program”（起弧程序）和“Arc End Program”（收弧程序），单击 OK，系统提示“确定创建设备吗?”单击“是（Y）”继续，如图 6-10 所示。

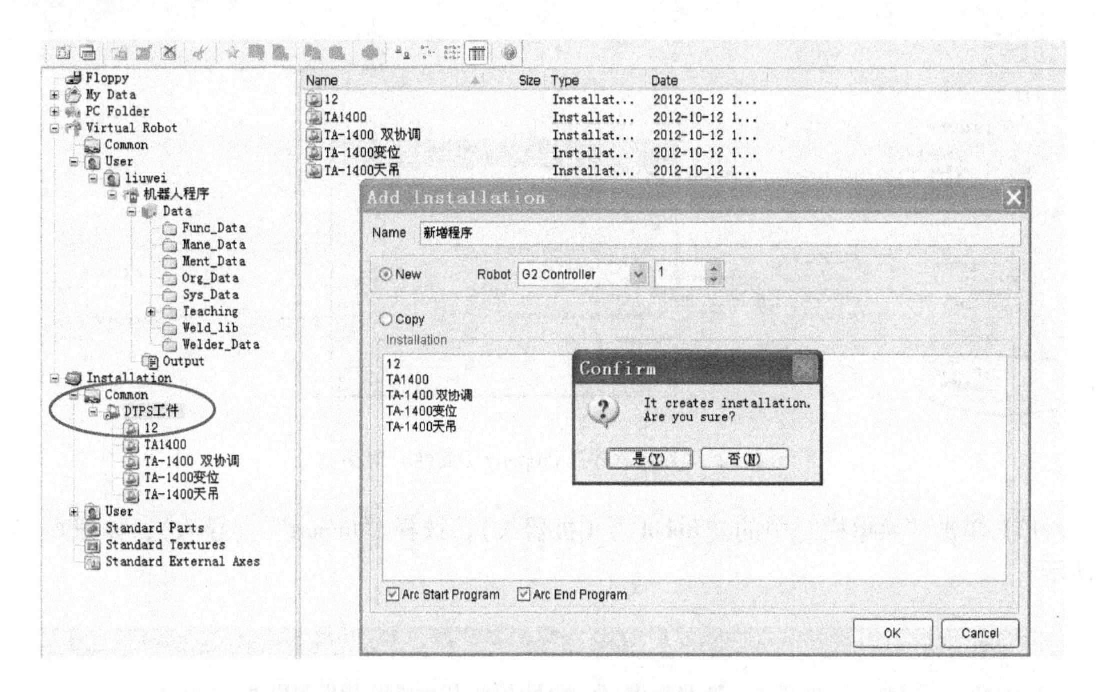

图 6-10　为“New”命名并点选项目

11）“新增程序”设备库建立后，右键单击项目菜单“新增程序”，选择“Property”（属性），如图 6-11 所示。

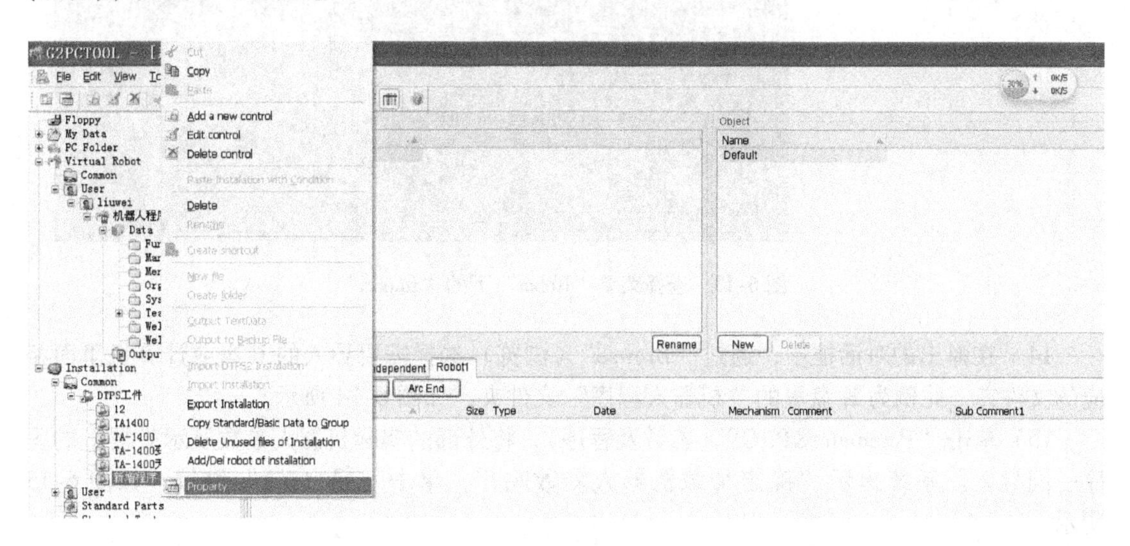

图 6-11　选择“新增程序”设备库“Property”（属性）

12）弹出“Property”（属性）对话框后，单击“Installation Editor”（设备编辑器），进入“新增程序”机器人编辑窗口，如图6-12所示。

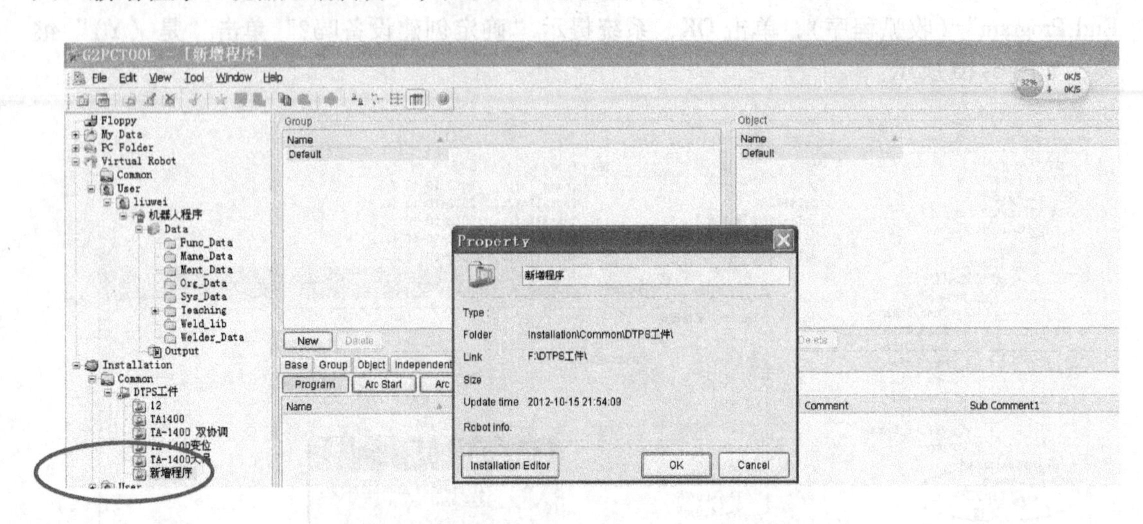

图6-12　“新增程序”Property（属性）对话框

13）单击“菜单栏”中的“Robot”（机器人），选择“Import”（导入），如图6-13所示。

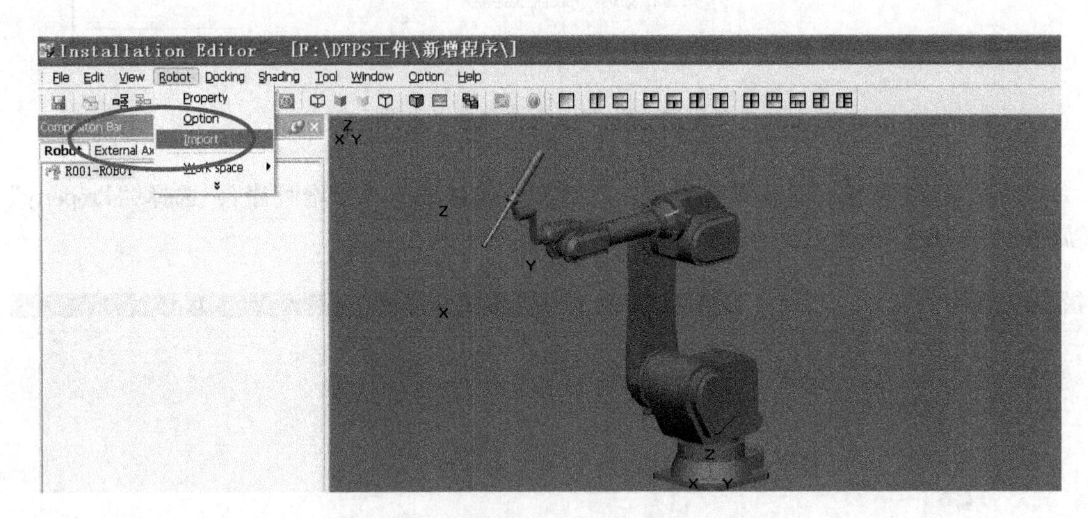

图6-13　选择菜单“Robot”下的“Import”

14）在弹出的对话框中，通过“Browse”（浏览）选择需要导入的U盘或计算机里面相应的文件夹，此例为E盘里的“机器人程序”文件夹，如图6-14所示。

15）单击“Parameter&PRG”（参数及程序），将外部的实际机器人参数及示教器上的程序一同导入。系统提示“确定加载机器人参数吗?”，单击“是（Y）”继续，如图6-15所示。

16）系统再次弹出提示“确定复制程序文件吗?”，单击“是（Y）”继续，如图6-16所示。

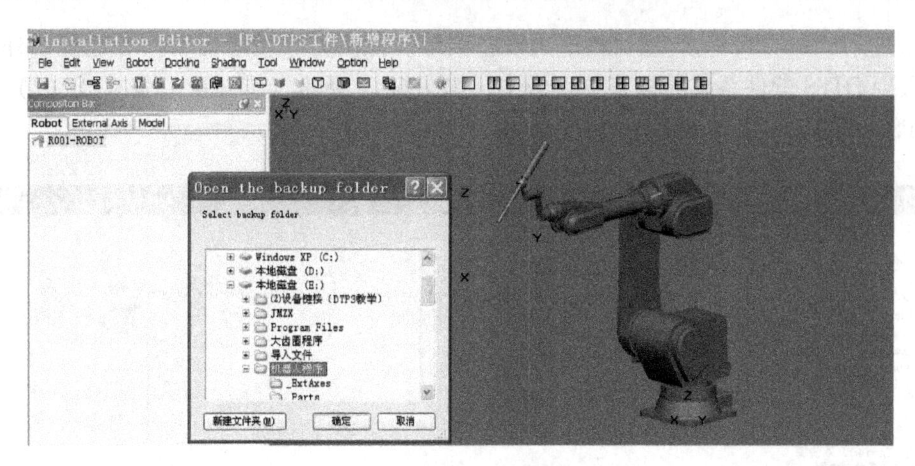

图 6-14　选择需要导入的程序文件夹

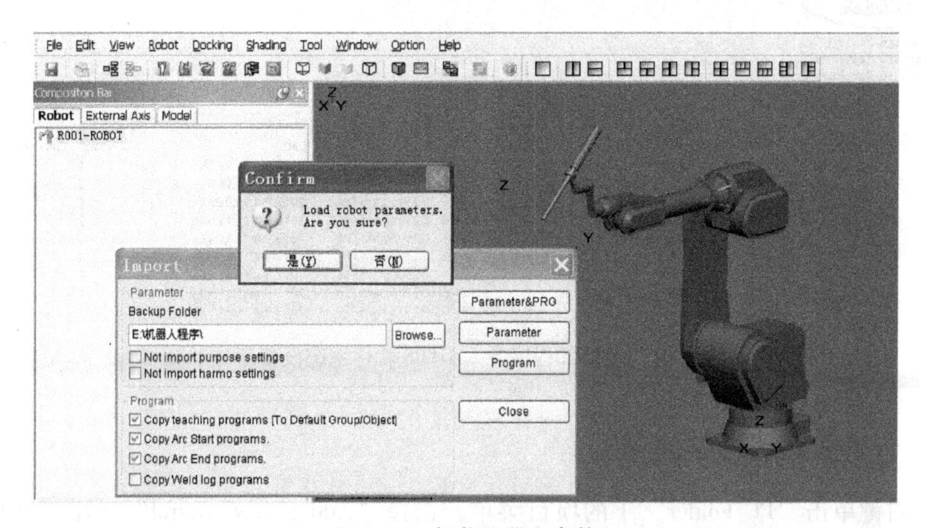

图 6-15　加载机器人参数

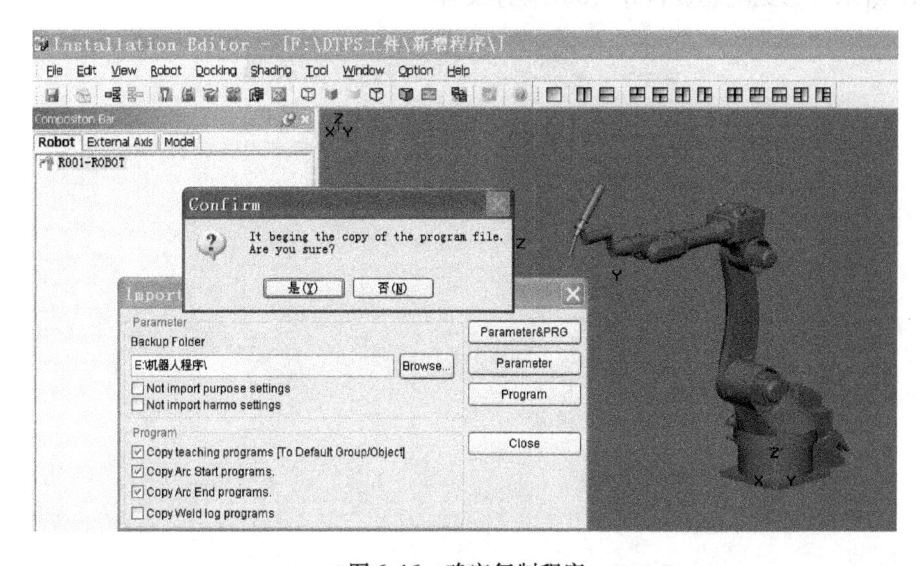

图 6-16　确定复制程序

17）进入“Installation”项目栏下的设备菜单（此例为“新增程序”），已显示外部程序全部导入到DTPS软件系统的该菜单目录中，如图6-17所示（参见配套资料③-（2）设备链接（DTPS教学））。

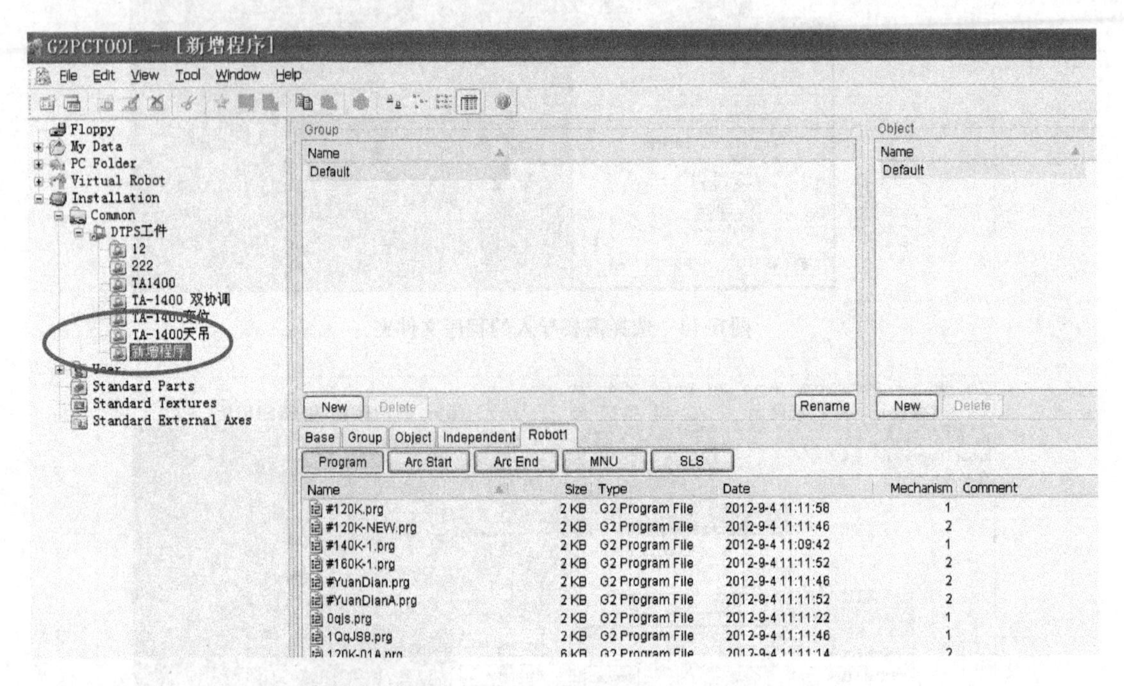

图6-17　外部程序导入DTPS软件系统设备库

6.1.2　计算机离线程序的导出

1）右键单击“PC Folder”下的项目菜单，选择“Add a new control”（添加新控制），如图6-18所示（参见配套资料③-（3）程序文件）。

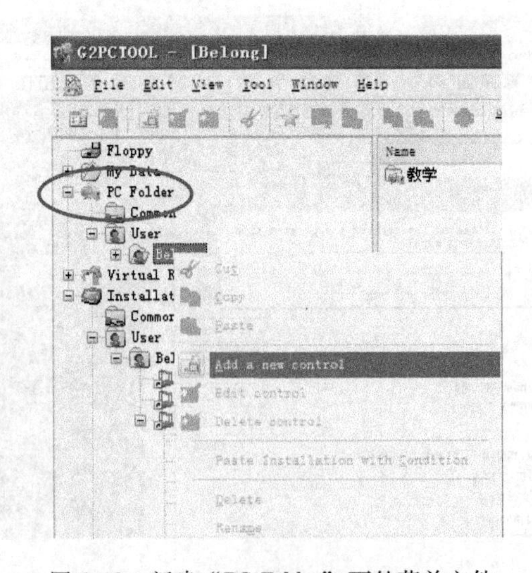

图6-18　新建“PC Folder”下的菜单文件

2）单击“Browse”（浏览），为放置导出程序的新建文件夹命名为“导出”，如图6-19所示。

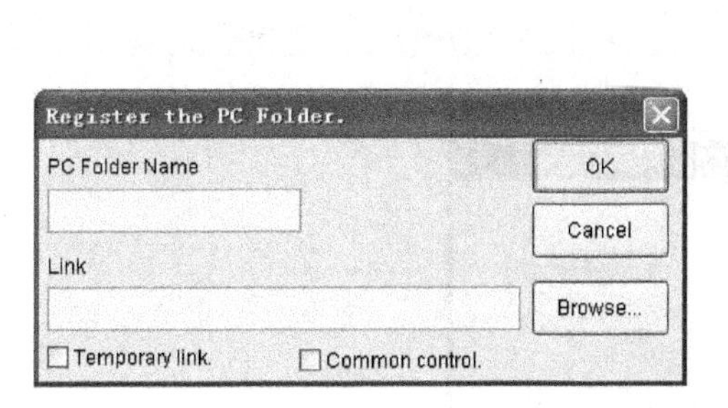

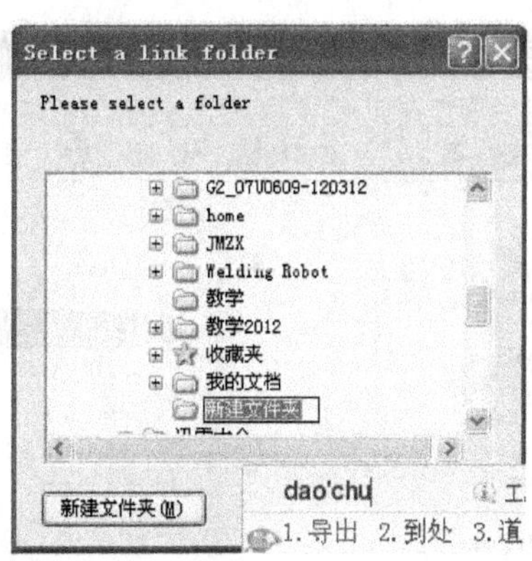

图6-19　为放置导出程序的新建文件夹命名

3）建立“Link”（链接）路径，本例中的链接路径为计算机“D盘→公文包→导出”，单击“OK”继续，如图6-20所示。

4）右键单击“Installation”中需要导出的程序，选择“Copy”（复制），如图6-21所示。

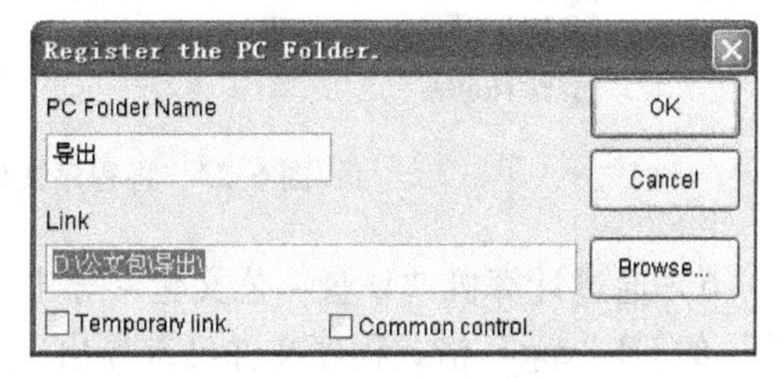

图6-20　建立导出程序链接路径

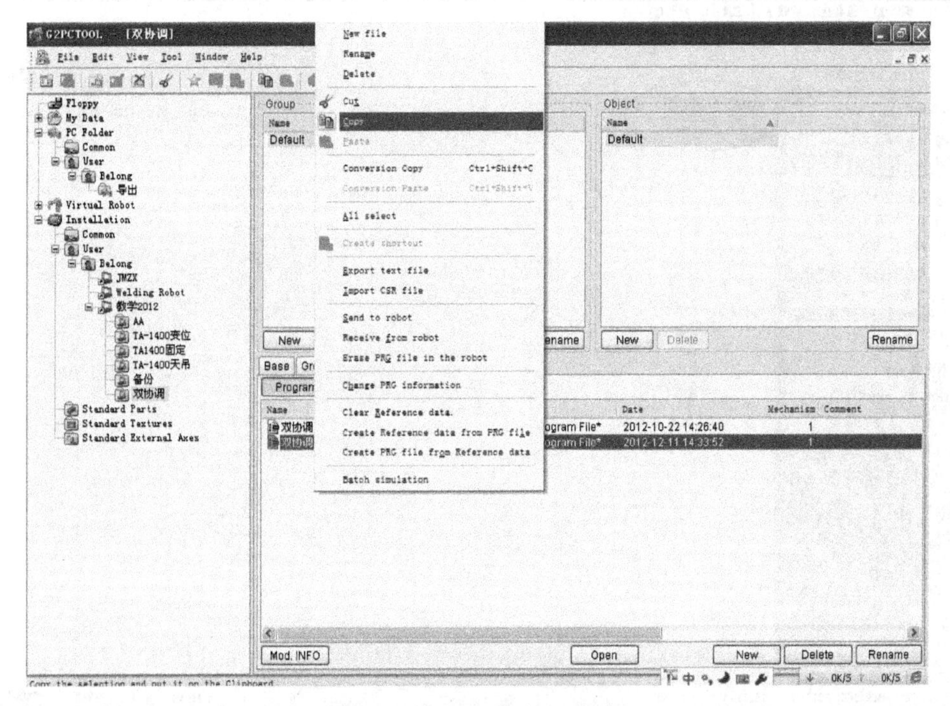

图6-21　复制、粘贴程序文件

5）选中“PC Folder”下的“导出”文件夹进入，然后右键单击空白区域后选择“Paste”（粘贴），如图6-22所示。

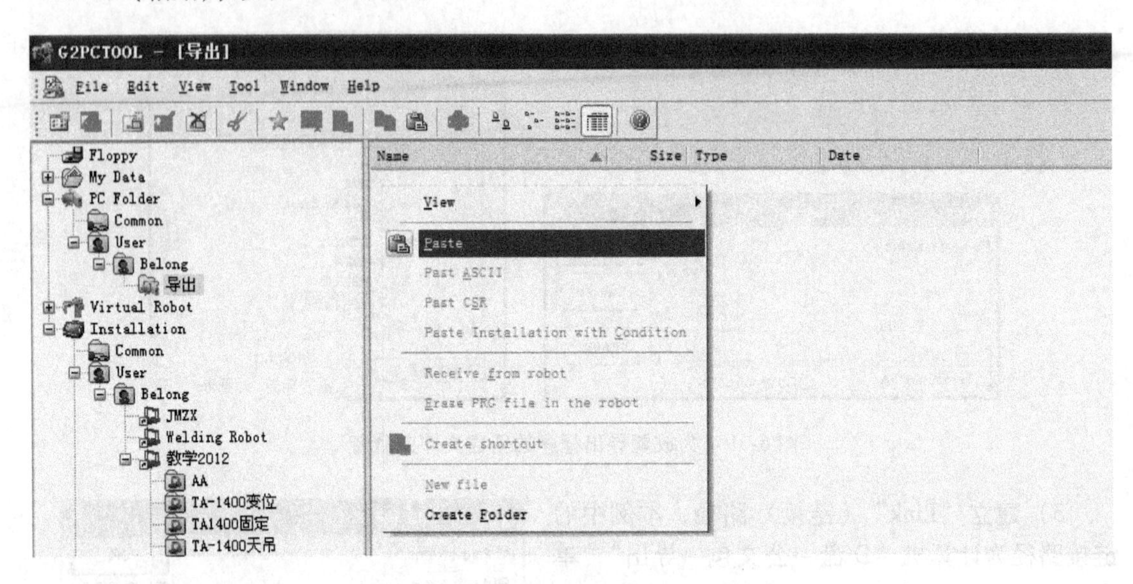

图6-22　将程序文件粘贴到“导出”文件夹

6）通过计算机“D盘→公文包→导出”路径，打开“导出”文件夹，可以看到“双协调”的G3“rpg”格式程序文件已被导出，如图6-23所示。

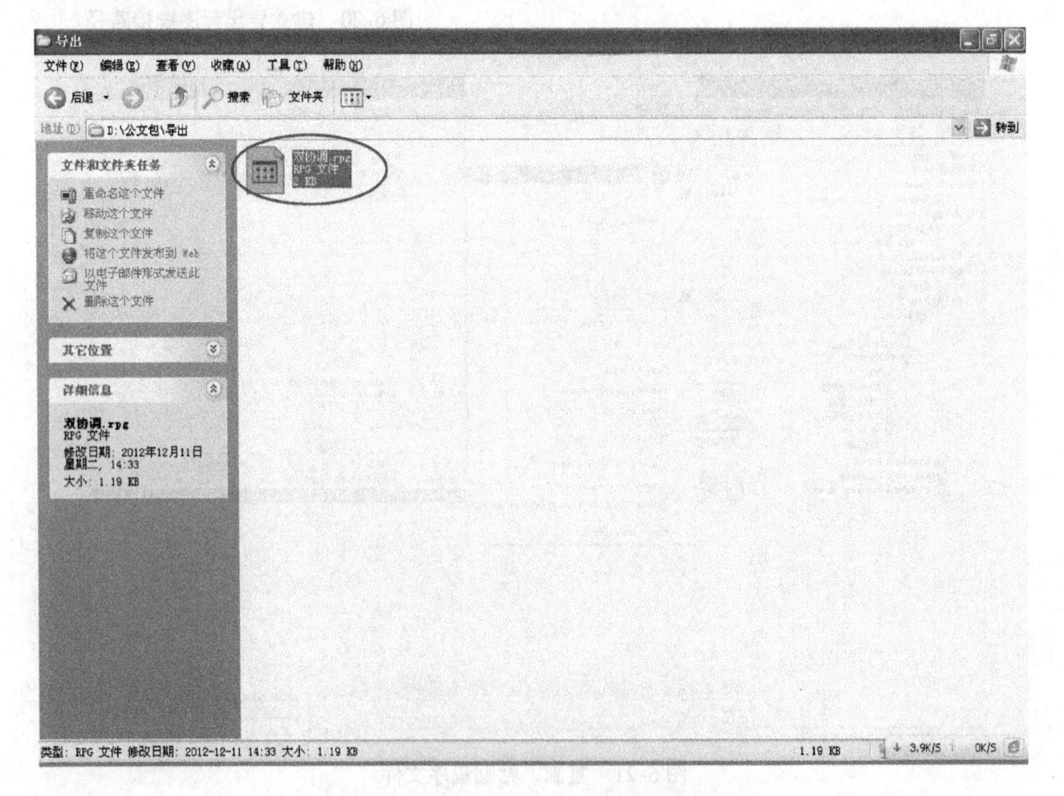

图6-23　导出的G3“rpg”格式程序图标

7）将计算机里面的“导出”文件夹复制到 U 盘或 SD 卡，插到示教器的外部存储接口上（G2 和 G3 机器人均有 SD 卡插槽，G3 增设 USB 接口），一般情况下，通过使用外部存储器复制程序文件方法完成机器人系统和计算机间的程序传送，如图 6-24 所示。

8）机器人程序文件的导入及导出程序操作提示：

① 复制的程序通常以程序包的形式（即含有“Sys_ Data”系统数据、“Teaching”示教程序、“Welder_ Data”焊接数据等），这样导入 DTPS 系统时不必重新建文件夹。

② 机器人示教的程序文件或离线程序只能在机器人设备上或 DTPS 软件平台上使用，无法在计算机上直接读取或打开编辑，但可以进行保存和复制。

图 6-24　SD 卡插到示教器卡槽图示

③ 程序的扩展名为“rpg”是 G3 系统程序，如果程序的扩展名为“prg”，是 G2 系统程序，如果机器人型号和扩展名不相对应，离线程序在机器人示教器上将无法被读取和导入（参见配套资料：②-（4）离线程序导入到机器人及导出的方法及步骤示范；②-（5）电脑程序导入到机器人录像）。

6.2　离线程序的格式转换

6.2.1　转换为图片或 CAD 图的方法

1）打开程序文件，进入示教工作界面，如图 6-25 所示。

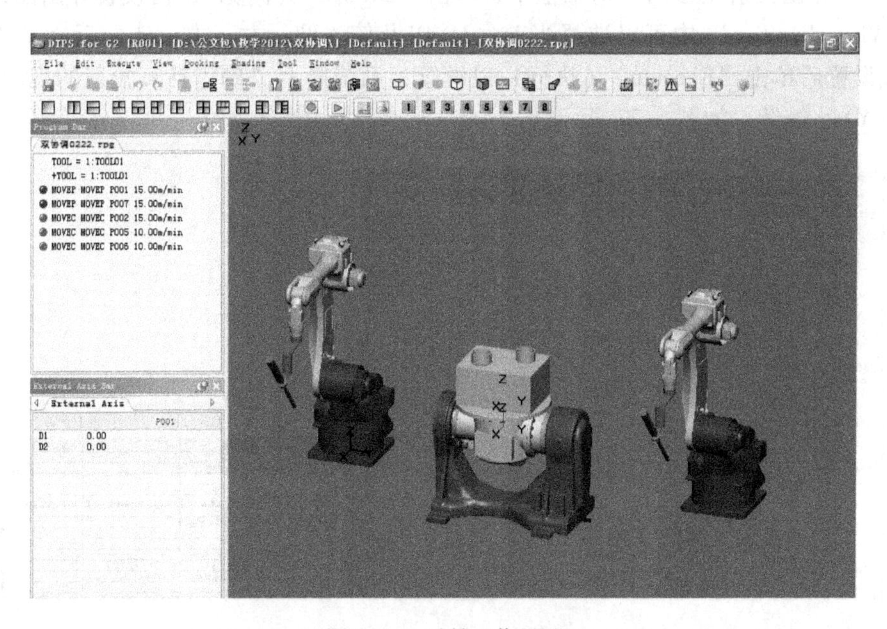

图 6-25　示教工作界面

2）单击“菜单栏”中的“File”（文件）→“Export”（导出）→“View-Projection”(投射图)，选择一种工程图格式（“IGES”格式或“DXF”格式)，如图6-26所示（参见配套资料③CAD三维图及离线程序之（1）（2）（3）（4））。

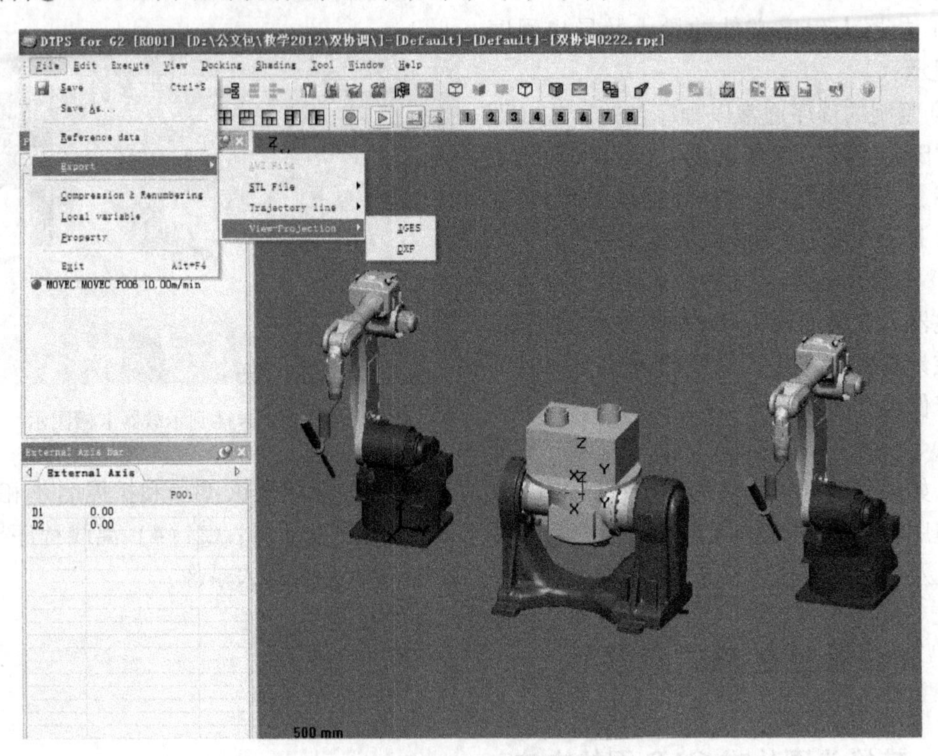

图6-26　进入“IGES”或“DXF”菜单生成图片

3）在“导出投射图数据”对话框中，单击“Browse”（浏览），可设置导出图纸的存放位置；“View direction”中可以选择当前、3D以及俯、仰、左、右、正、后六个方向的视图。完成设置后单击“Execute”（执行）以继续，系统提示“确定计算投射的视图吗?”单击“是（Y)”继续，如图6-27所示。

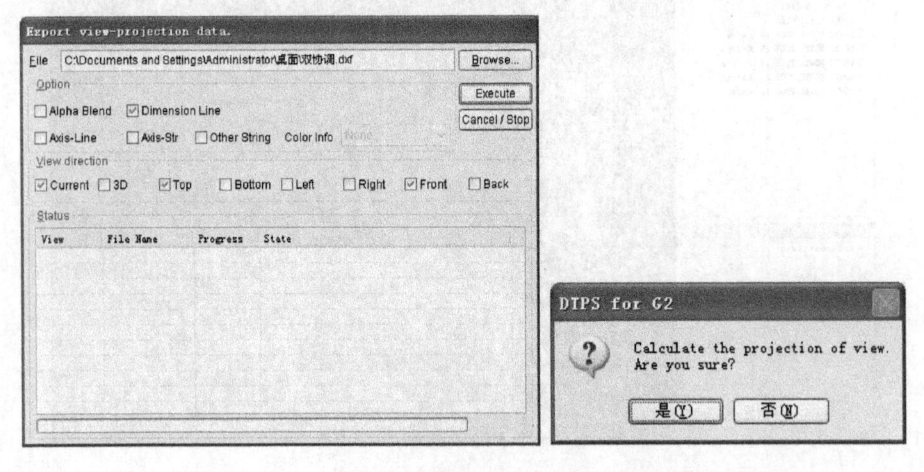

图6-27　在“导出投射图数据”对话框中的选项及确定

4）将选定的投射图导出，如图6-28所示。

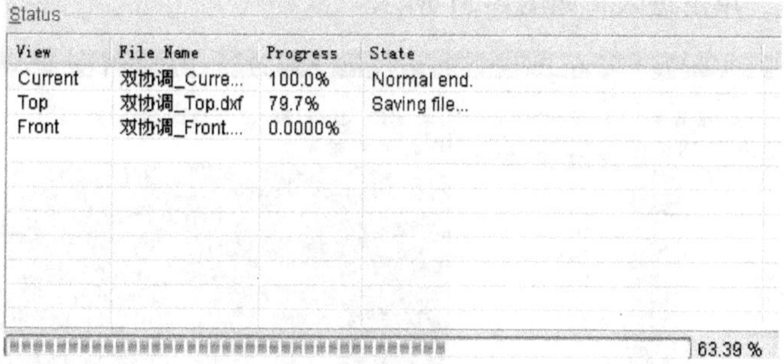

Status

View	File Name	Progress	State
Current	双协调_Curre...	100.0%	Normal end.
Top	双协调_Top.dxf	79.7%	Saving file...
Front	双协调_Front...	0.0000%	

63.39 %

图6-28　将选定的投射图导出

5）导出完成后，保存位置出现相应图片或CAD图格式的图标，如图6-29所示。

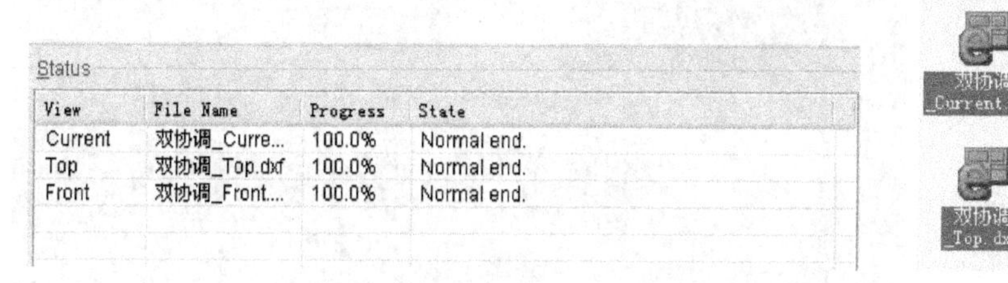

Status

View	File Name	Progress	State
Current	双协调_Curre...	100.0%	Normal end.
Top	双协调_Top.dxf	100.0%	Normal end.
Front	双协调_Front...	100.0%	Normal end.

图6-29　投射图导出完成后保存在指定位置

6.2.2　将离线程序转换为文档

1）打开程序文件，进入示教编程工作界面，如图6-30所示。

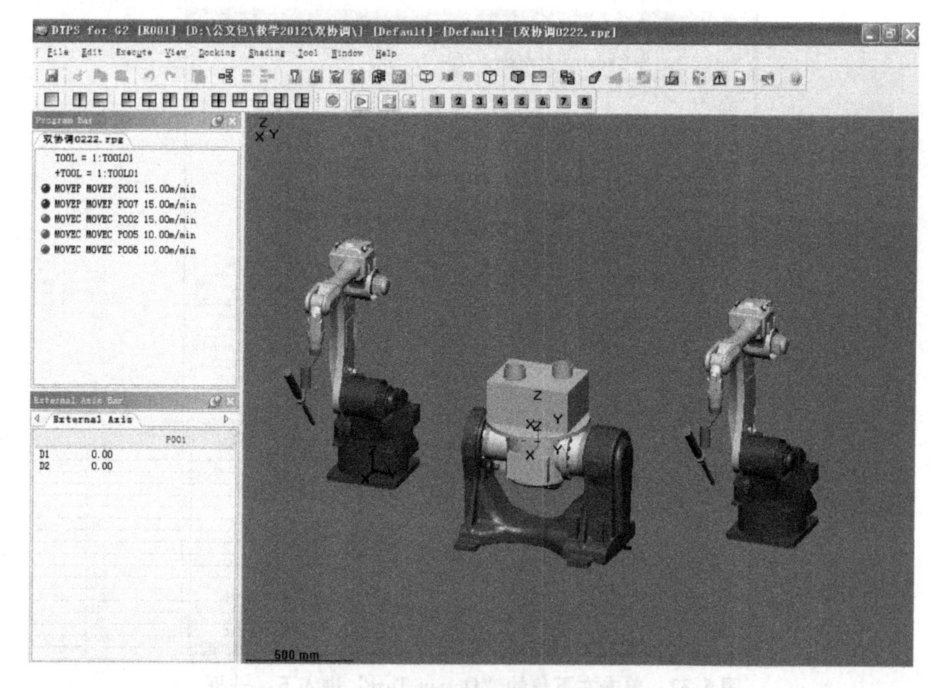

图6-30　进入示教编程工作界面

2）在示教编程界面将程序全选，单击“菜单栏”中的“Tool”（工具），选择“Motion Time”（动作时间），单击进入，如图 6-31 所示。

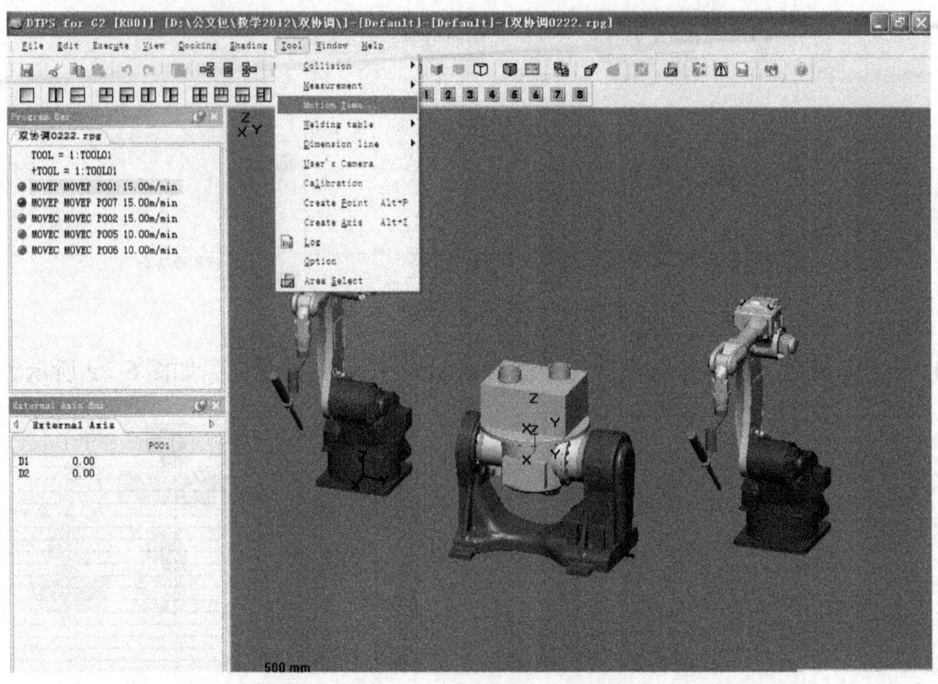

图 6-31　选择菜单栏“Tool”，在其项目栏中选择“Motion Time”

3）在弹出的选框中，单击左下角的“Output Text”（导出文本），进入下一选框，如图 6-32 所示。

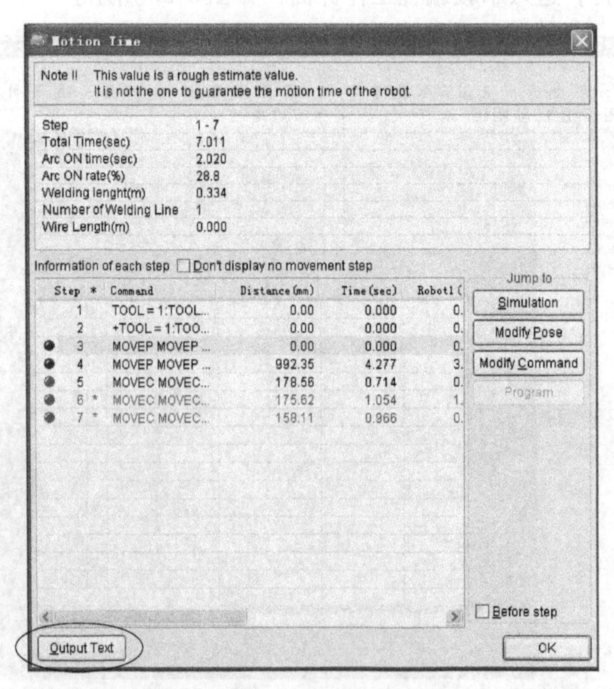

图 6-32　单击左下角的“Output Text”进入下一选框

4）在弹出的“Output file setting”（导出文件设置）对话框中，Browse（浏览）可设置导出文件的存放位置；“Output format”中可选“Text file”（记事本）或“CSV file”（表格）格式的文件。若选择记事本格式，在弹出对话框中选中“Text file”（记事本），文档保存位置在“Browse”（浏览）中指定，完成设置后单击“OK”继续，如图6-33所示。

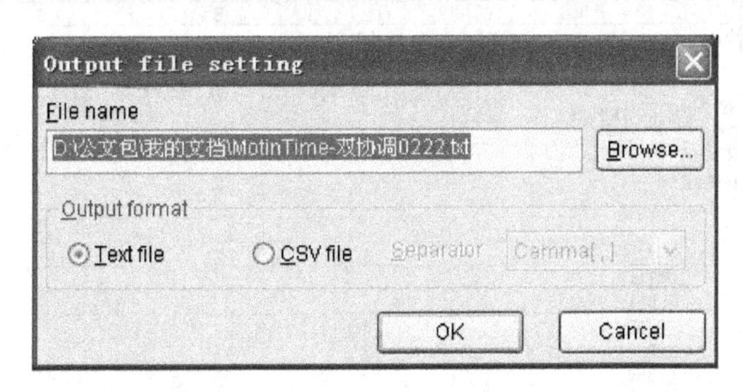

图6-33 选择格式，并在“Browse”（浏览）中指定保存位置

5）在指定位置保存，出现相应格式的图标，打开文件后，显示记事本文档格式，如图6-34所示。

```
MotinTime-双协调0222.txt - 记事本
文件(F) 编辑(E) 格式(O) 查看(V) 帮助(H)
<< Motion Time List >>        Output date 2012-10-22 18:57:40

[File information]
    File Name            双协调0222.rpg
    Installation link    D:\公文包\教学2012
    Installation         双协调
    Group                Default
    Object               Default

[Total time]
    Step                     1 - 7
    Total Time(sec)          7.011
    Arc ON time(sec)         2.020
    Arc ON rate(%)           28.8
    Welding lenght(m)        0.334
    Number of Welding Line 1
    Wire Length(m)           0.000

[Step time]
    Step * Command                          Distance(mm) Time(sec) Robot1(sec) Robot2(sec) Ext.
Axis(sec) Delay(sec) Wire1(mm) Wire2(mm)
    -------------------------------------------------------------------------------------------
----------------------------------------
       1    TOOL = 1:TOOL01                         0.00     0.000       0.000       0.000
  0.000      0.000      0.00      0.00
       2    +TOOL = 1:TOOL01                        0.00     0.000       0.000       0.000
  0.000      0.000      0.00      0.00
       3    MOVEP MOVEP P001 15.00m/min             0.00     0.000       0.000       0.000
  0.000      0.000      0.00      0.00
       4    MOVEP MOVEP P007 15.00m/min           992.35     4.277       3.285       4.277
  0.000      0.000      0.00      0.00
       5    MOVEC MOVEC P002 15.00m/min           178.56     0.714       0.698       0.714
  0.000      0.000      0.00      0.00
       6 *  MOVEC MOVEC P005 10.00m/min           175.62     1.054       1.054       1.054
  0.600      0.000      0.00      0.00
       7 *  MOVEC MOVEC P006 10.00m/min           158.11     0.966       0.966       0.966
  0.787      0.000      0.00      0.00
```

图6-34 显示记事本文档格式

6）如需显示“Excel”文档，则选中“CSV file”格式，指定保存位置后单击“OK”，将表格格式文件（csv文件）打开后，即显示Excel文档格式，如图6-35所示。

Microsoft Excel - MotinTime-双协调0222.csv

	A	B	C	D	E	F	G	H	I	J
1	<< Motion Time List >>	Output date	2012-10-22 18:57							
2										
3	[File information]									
4	File Name	双协调0222.rpg								
5	Installation link	D:\公文包\教学2012								
6	Installation	双协调								
7	Group	Default								
8	Object	Default								
9										
10	[Total time]									
11	Step	1月7日								
12	Total Time(sec)	7.011								
13	Arc ON time(sec)	2.02								
14	Arc ON rate(%)	28.8								
15	Welding lenght(m)	0.334								
16	Number of Welding Line	1								
17	Wire Length(m)	0								
18										
19	[Step time]									
20	Step	*	Command	Distance(	Time(sec)	Robot1(se	Robot2(se	Ext. Axis	Delay(sec	Wirel
21	1		TOOL = 1:TOOL01	0	0	0	0	0	0	
22	2		+TOOL = 1:TOOL01	0	0	0	0	0	0	
23	3		MOVEP MOVEP P001 15.00m/min	0	0	0	0	0	0	
24	4		MOVEP MOVEP P007 15.00m/min	992.35	4.277	3.285	4.277	0	0	
25	5		MOVEC MOVEC P002 15.00m/min	178.56	0.714	0.698	0.714	0	0	
26	6	*	MOVEC MOVEC P005 10.00m/min	175.62	1.054	1.054	1.054	0.6	0	
27	7	*	MOVEC MOVEC P006 10.00m/min	158.11	0.966	0.966	0.966	0.787	0	
28										

图 6-35　显示“Excel”文档格式

6.2.3　将离线程序转换为视频

1）打开程序文件，进入示教工作界面，在示教编程模式下，全选“程序栏”中的所有指令，如图 6-36 所示（参见配套资料⑨机器人离线仿真视频）。

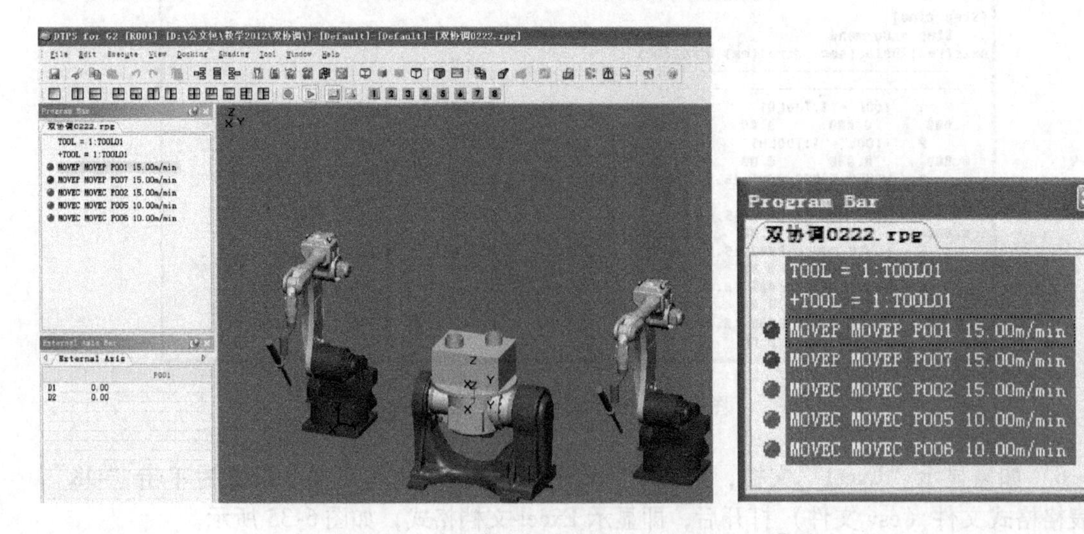

图 6-36　将程序全部选中进入“AVI File”菜单

2）单击“菜单栏”中的“File”（文件）→“Export”（导出），选择“AVI File”，如图6-37所示。

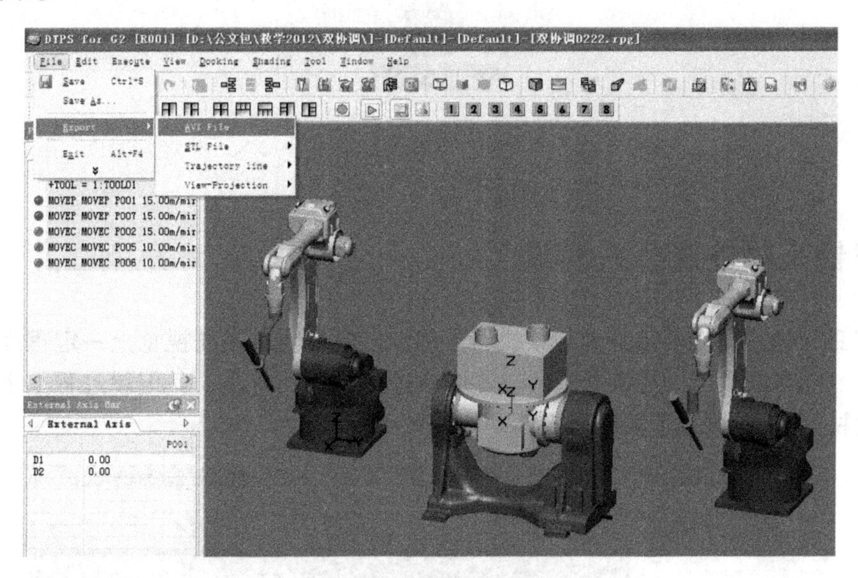

图6-37 选择“AVI File”

3）在弹出的“Setting AVI File parameter”（设置AVI文件参数）对话框中，“Browse”（浏览）可设置导出视频的存放位置；“Output”中可设置每秒的帧数；“Trace trajectory line”为描绘轨迹线的复选项。完成设置后单击“Execute”（执行）后继续，如图6-38所示。

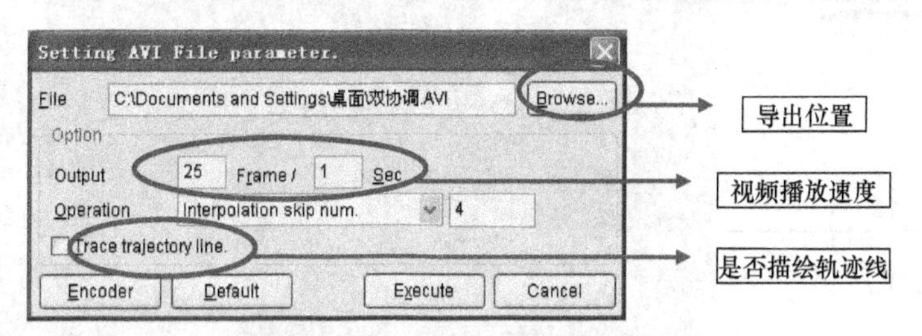

图6-38 提高视频可视性的数值调整

4）为使导出视频文件大小合适，单击“Encoder”，在弹出的视频压缩选择框中，一般选择“Microsoft Video 1”模式进行压缩，压缩质量可根据实际需求进行适当调节，单击“确定”后继续，如图6-39所示。

5）选择压缩模式，单击“确定”，系统开始转换，创建视频文件，如图6-40所示。

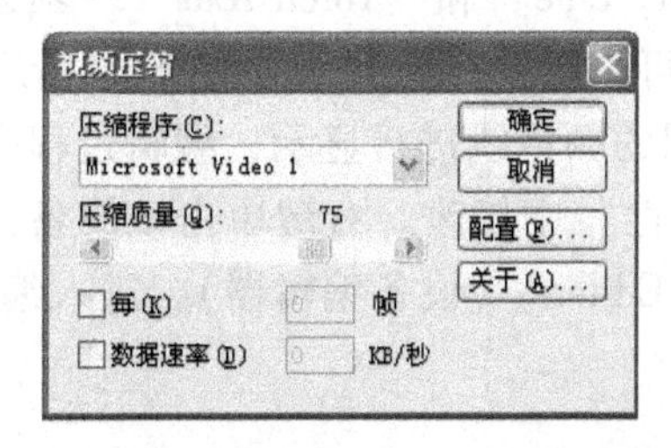

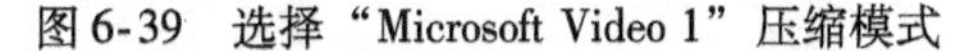

图6-39 选择“Microsoft Video 1”压缩模式

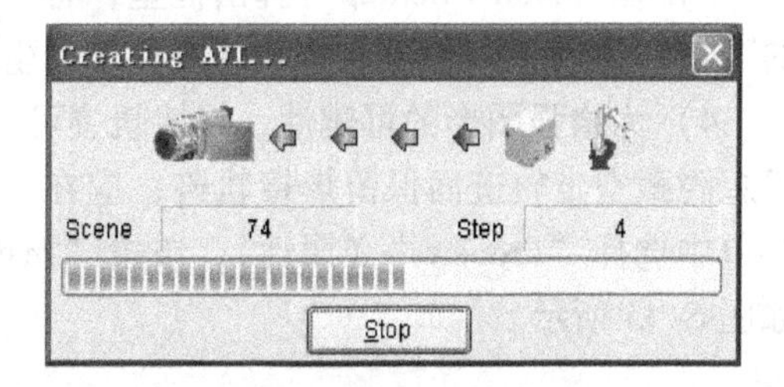

图6-40 系统在创建视频文件

6）系统转换完成，导出为“avi”格式的视频文件，如图 6-41 所示。

图 6-41　视频文件格式

6.3　机器人轨迹线条的编辑

1）借助于轨迹线能够很好地观察机器人动作，但是轨迹线在视觉上一定程度地影响了图像效果，DTPS 软件可以对机器人的轨迹线条进行增删和着色，其编辑过程如下：首先打开程序文件，进入机器人示教编程界面，如图 6-42 所示。

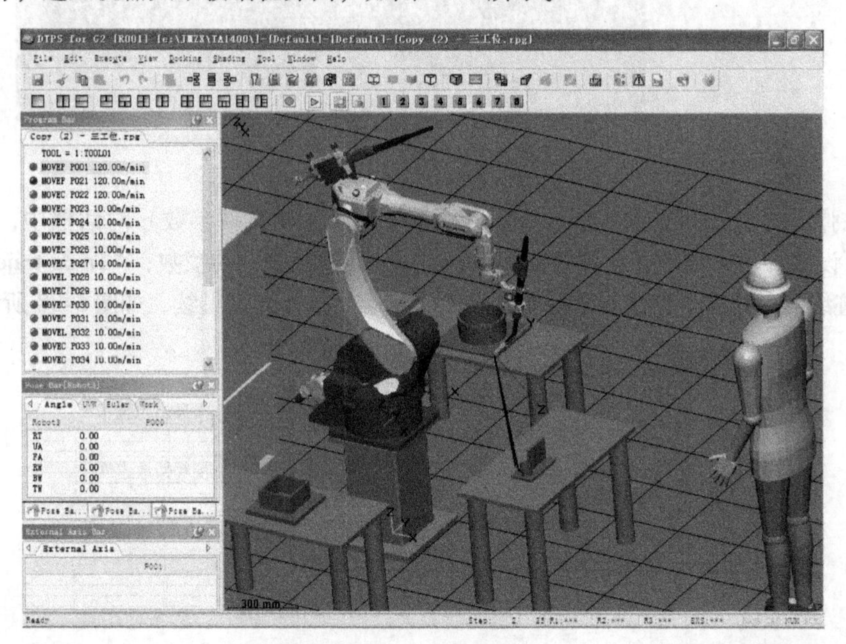

图 6-42　进入示教编程界面

2）在机器人模型窗口双击鼠标右键，在弹出菜单中选择“Model Setting”模型设置项目栏单击进入，如图 6-43 所示。

3）在“Model Setting”弹出框里，将“Trajectory Line”和“Torch Axis”一项复选框中的“√”去掉后，机器人的轨迹线和工具坐标线即可被删除（隐藏），如图6-44所示。

4）为增强图形的可辨性，焊接轨迹可以用不同的颜色线进行显示，编辑过程是：倘若只想隐藏空走轨迹而保留焊接轨迹，应在“设备属性”中修改。右键单击该设备，在弹出菜单中选择“Property”（属性），单击“Installation Editor”（设备编辑器），进入编辑窗口，如图 6-45 所示。

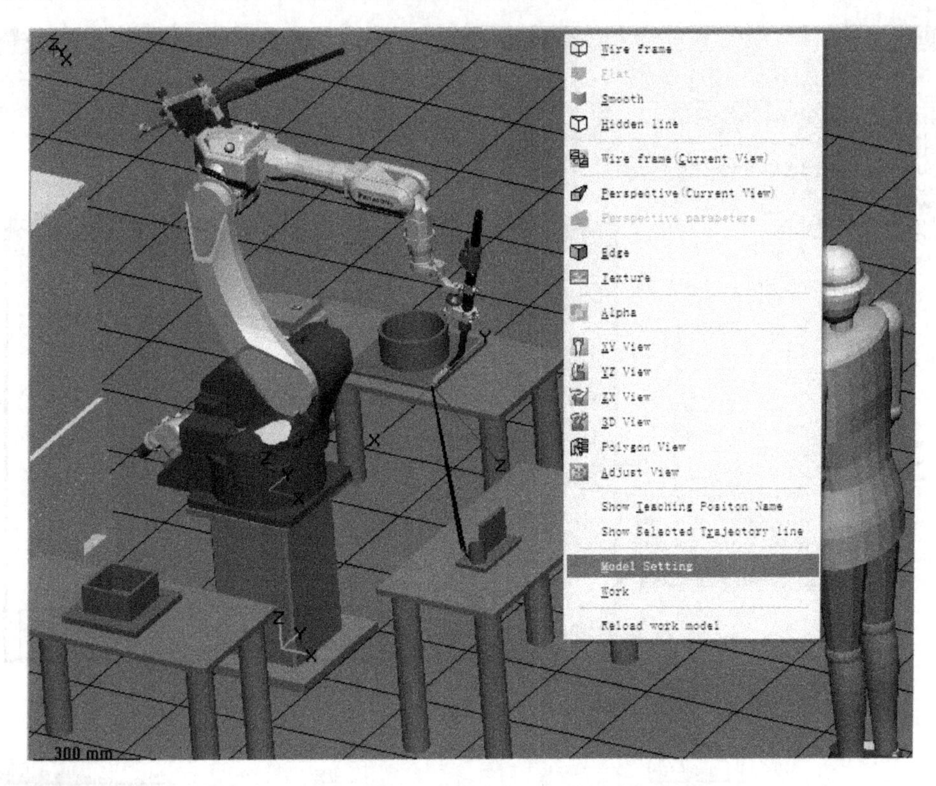

图 6-43　进入“Model Setting”项目栏编辑轨迹线

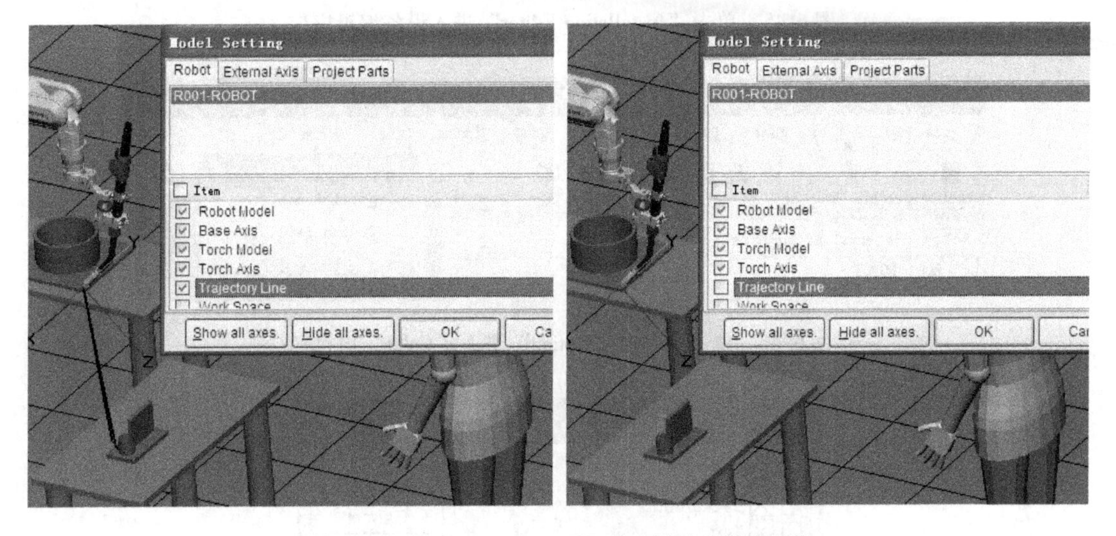

图 6-44　在“Model Setting”弹出框里编辑轨迹线

5）单击“菜单栏”中的“Option”（选项），进入“Color”（颜色）项目栏，如图 6-46 所示。

6）在弹出的“System Color”（系统颜色）对话框中选择“System”（系统），如图 6-47 所示。

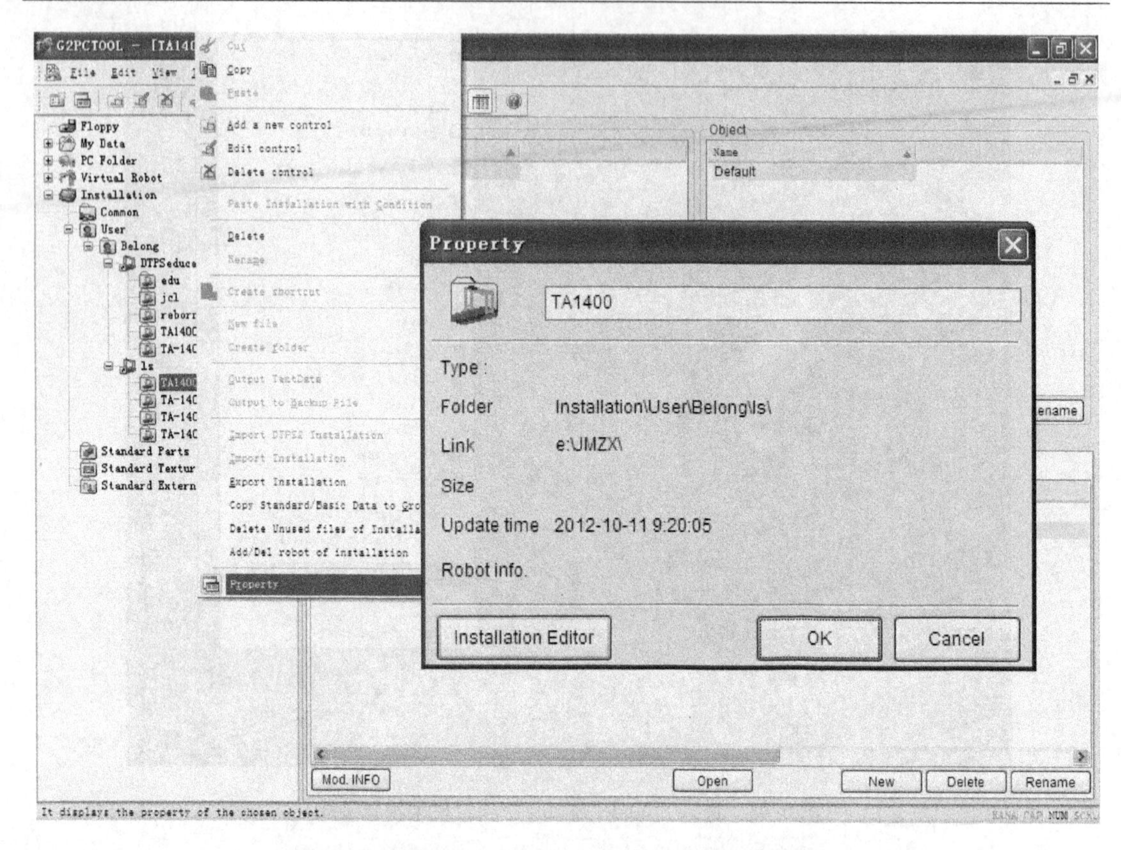

图 6-45　单击“Installation Editor”进入设备编辑窗口

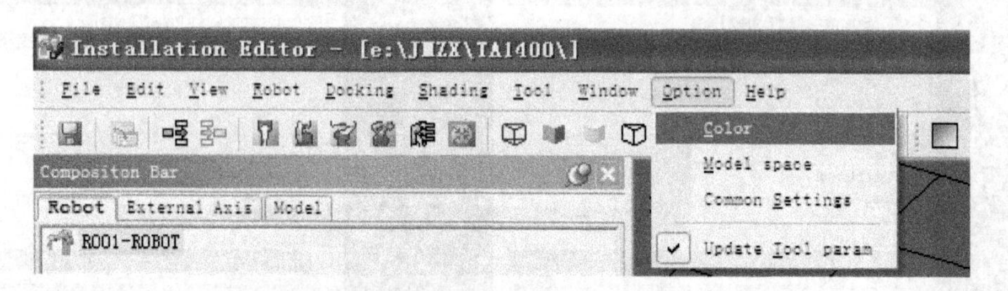

图 6-46　单击菜单栏“Option”进入“Color”项目栏

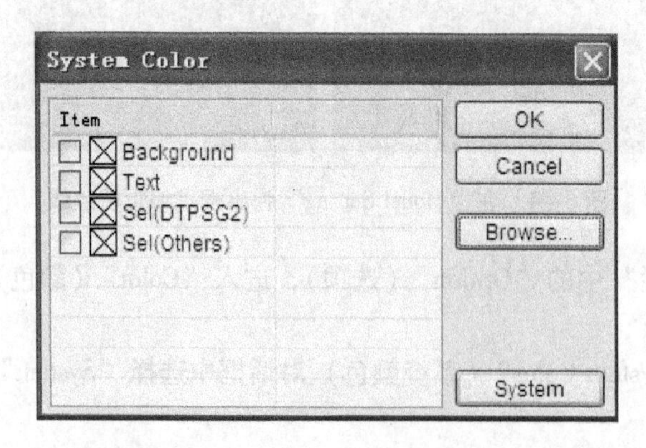

图 6-47　单击弹出框中“System”

7）在“标签栏”中选择“Trajectory line”（轨迹线），在“Trajectory line”列表复选框中选择运动轨迹（线条）的颜色。通过单击“Browse”（浏览）键，改变各选项的颜色，即可改变机器人焊接轨迹的线条颜色，如图 6-48 所示。

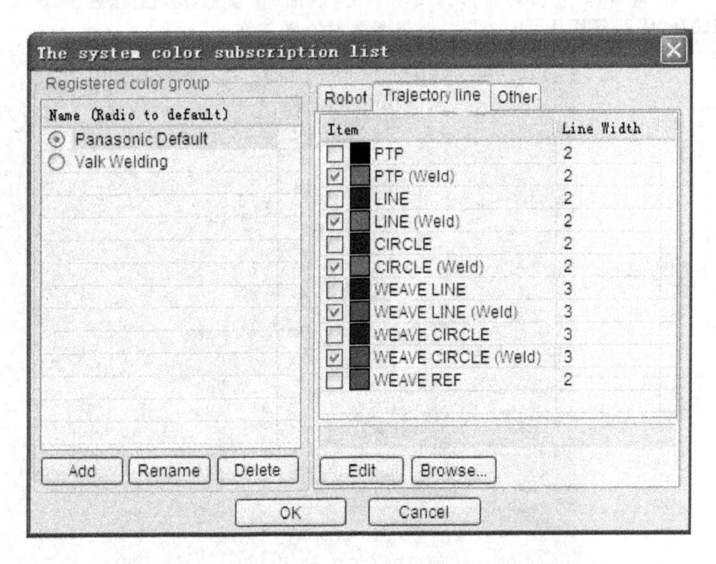

图 6-48　通过单击“Browse”键改变各选项的颜色

8）单击“OK”后，软件提示在下次打开程序时系统的颜色会被修改，单击“确定”以继续，如图 6-49 所示。

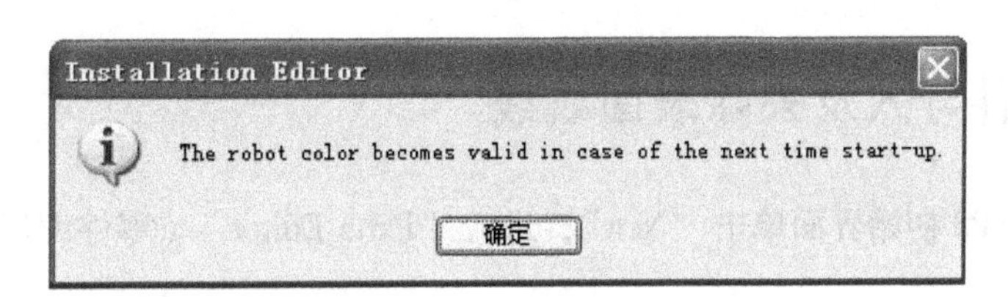

图 6-49　系统的颜色会被修改的提示

9）再次打开程序文件，如图 6-50 所示。

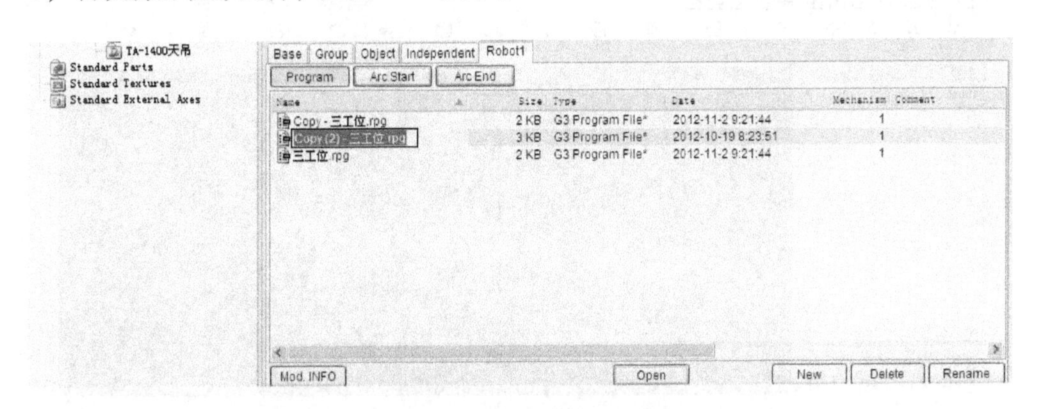

图 6-50　再次打开程序文件

10）可以看到图中的焊接轨迹被保留，其余的轨迹线被隐藏，如图 6-51 所示。

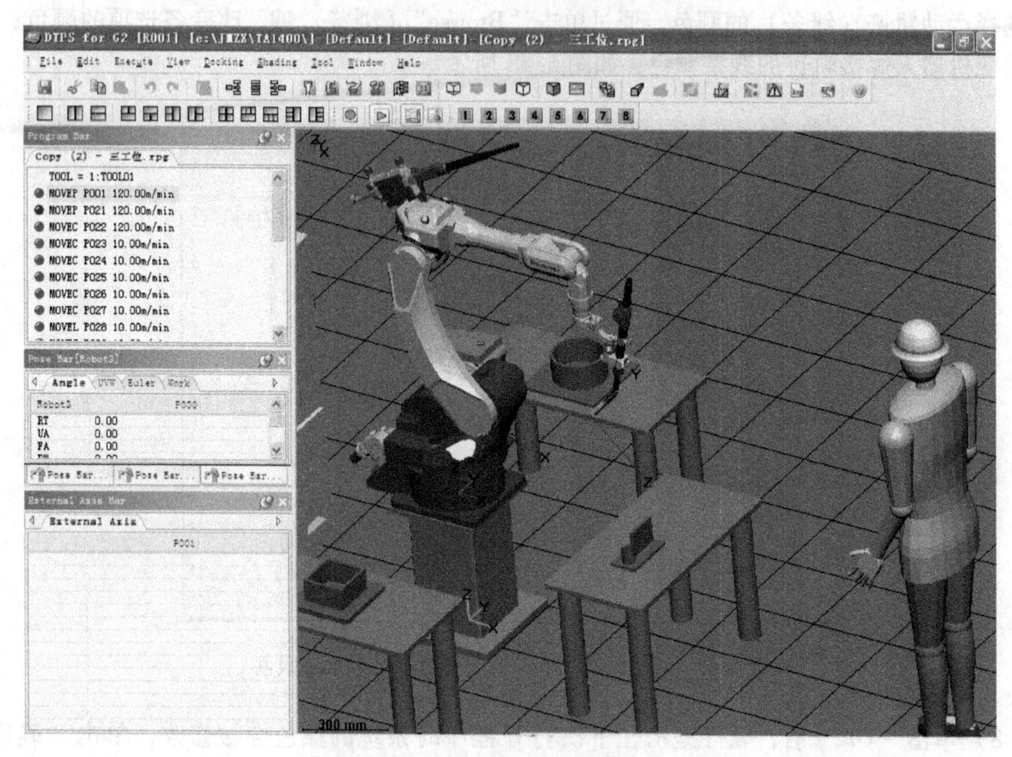

图 6-51　机器人空走轨迹线被隐藏

6.4　外部工件导入及去除表面纹线

1）首先在 DTPS 初始界面单击“New”，进入“Parts Editor”（零件编辑）工作界面，如图 6-52 所示。

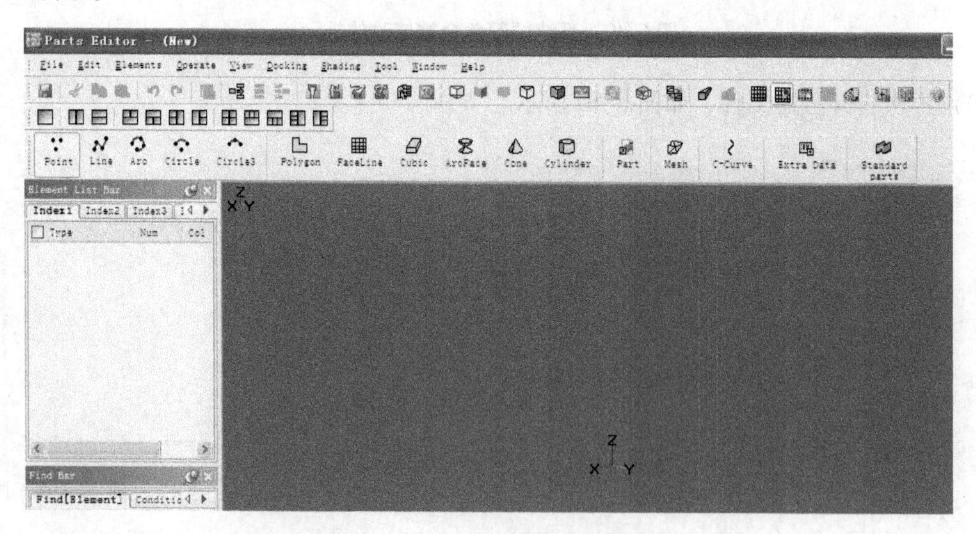

图 6-52　进入“Parts Editor”界面

2）单击“菜单栏”中的“File”（文件）→“Import CAD File”（导入 CAD 文件），在弹出的浏览框中，选择要导入的工件文件，如图 6-53 所示。

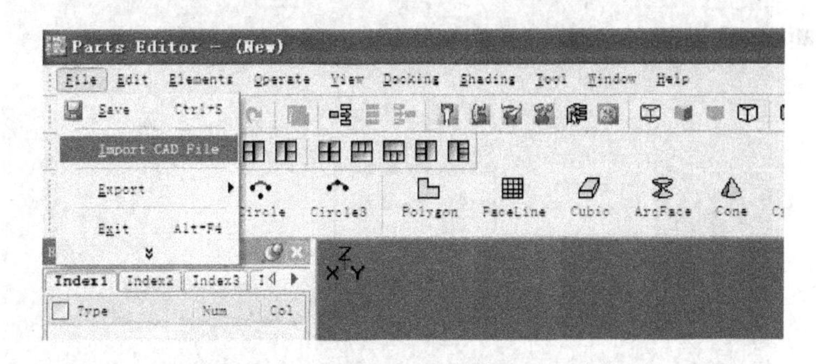

图 6-53　选择要导入的工件文件

3）选择需要导入的文件（“*.STL”格式最佳），单击“打开”将工件导入，如图 6-54所示。

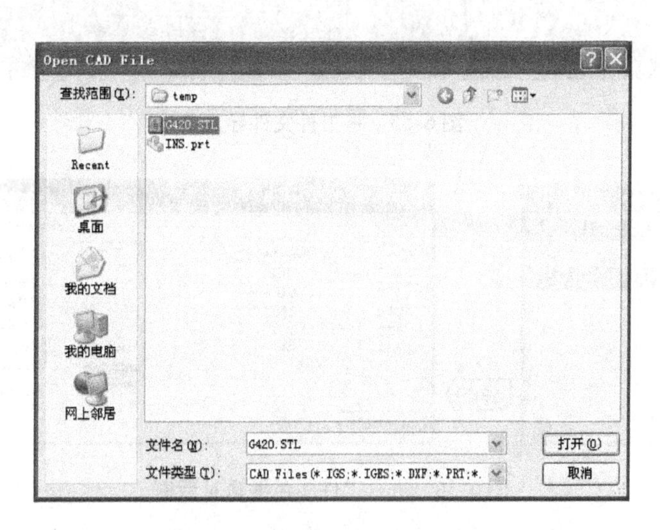

图 6-54　选择要导入的工件文件

4）将工件文件导入，在弹出的对话框中单击“确定”，如图 6-55 所示。

5）双击“Element List Bar”（元素栏）中的该工件，弹出“Element Edit Index”（元素编辑）对话框，单击“Color”（颜色），如图 6-56 所示。

6）根据需要，选择工件颜色；选择合适的工件颜色后，单击“OK”以确定，如图 6-57所示。

7）单击“菜单栏”中的“Shading”（底纹）→“Edge”（边线），可以看到导入的工件上显现出多余的网状线条，如图 6-58 所示。

8）由于导入的工件表面有网状线条，以下介绍如何去除工件上的这些网状线条，首先，右键单击“元素栏”中的该工件，选择“Rebuild Edge/Crease”（重建边线/折痕），在弹出对话框中单击“确定”，即可将工件上的网状线条去除掉，如图 6-59 所示。

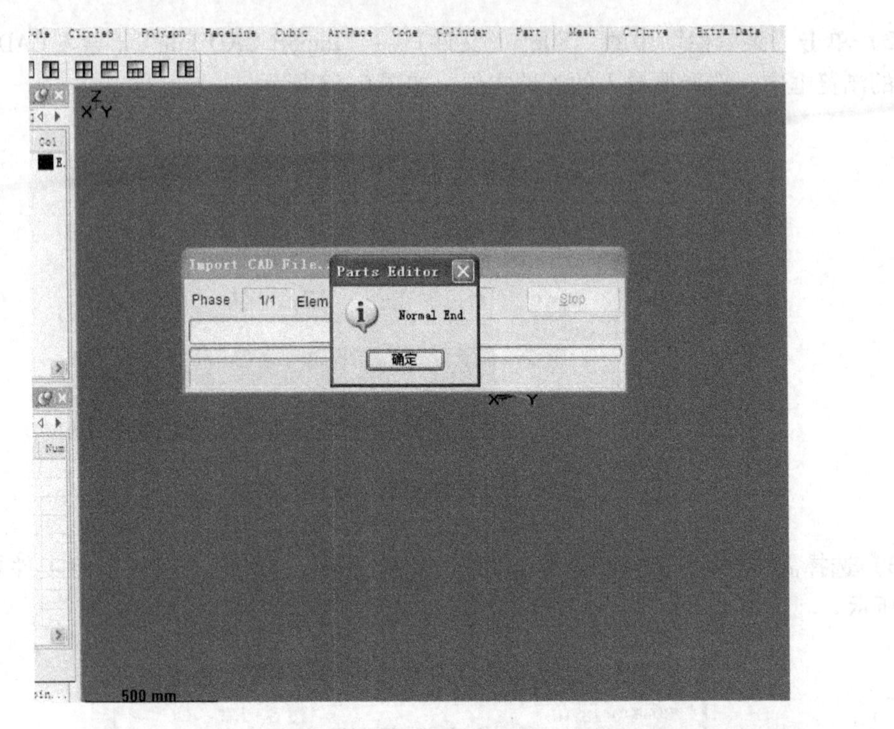

图 6-55　将工件文件导入

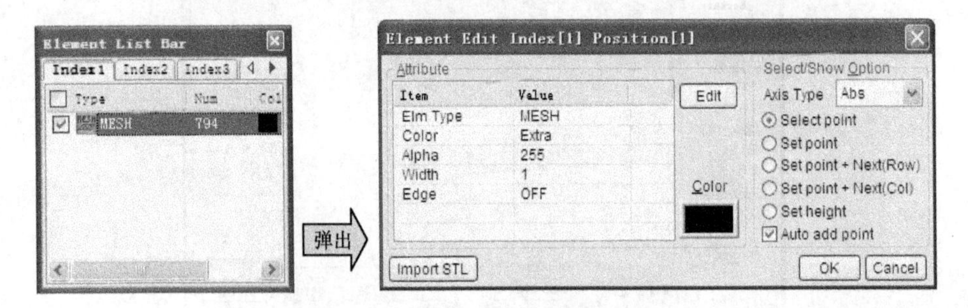

图 6-56　进入工件颜色编辑对话框

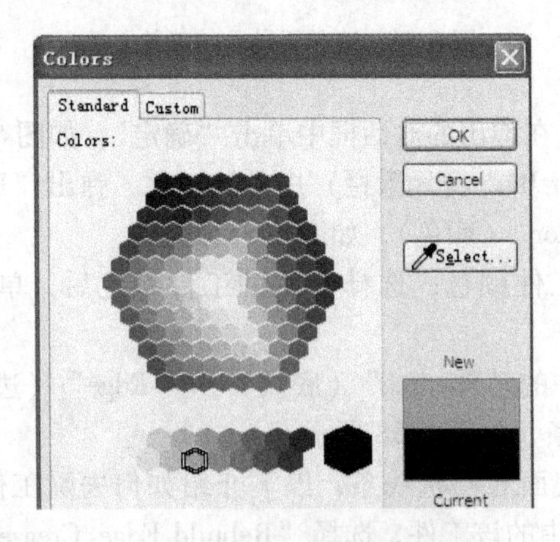

图 6-57　选择工件颜色

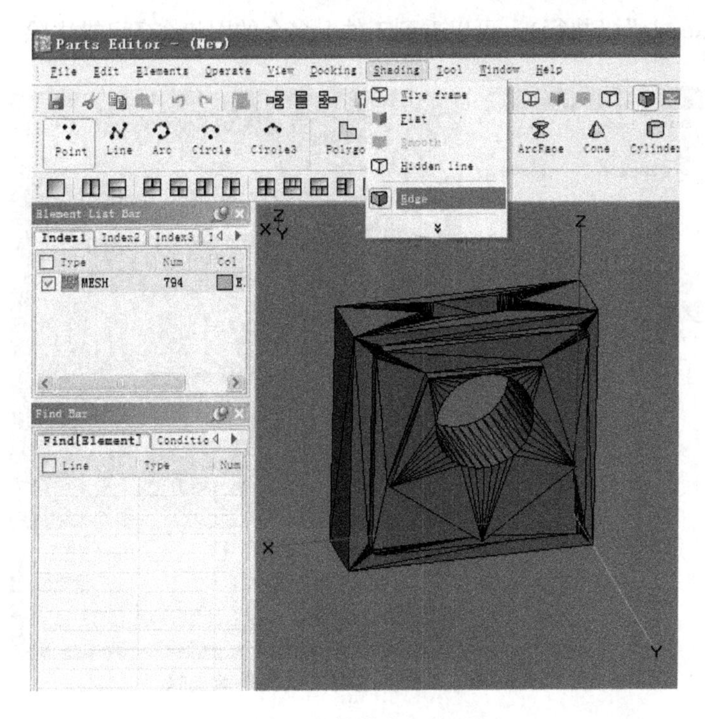

图6-58　右键单击工件图标

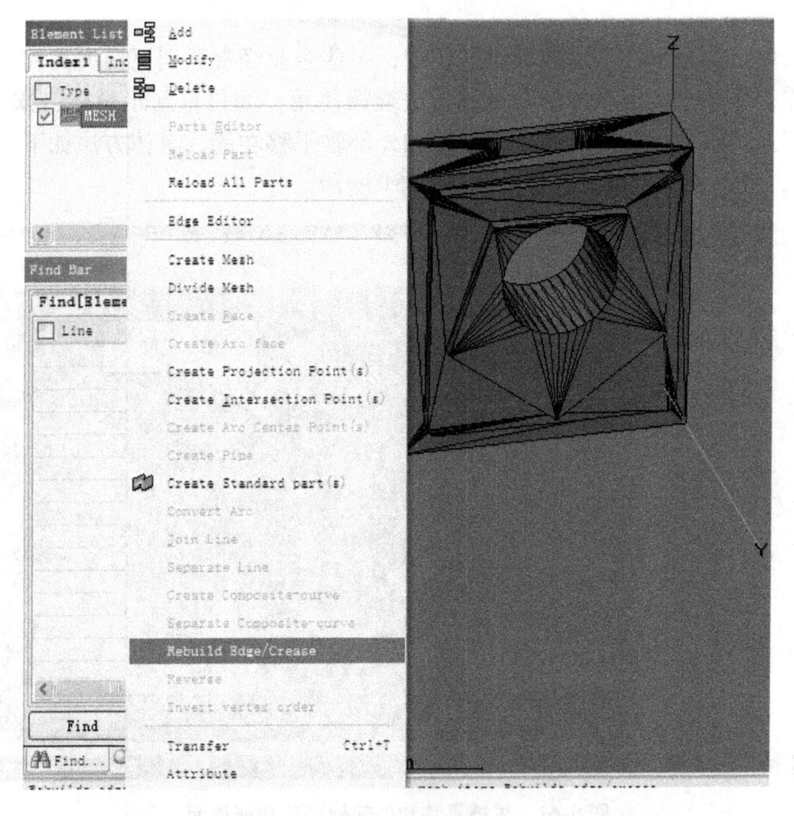

图6-59　选择“Rebuild Edge/Crease”（重建边线/折痕）

9）单击“Execute”（执行），可以看到工件上多余的网状线条已被去除，如图 6-60 所示。

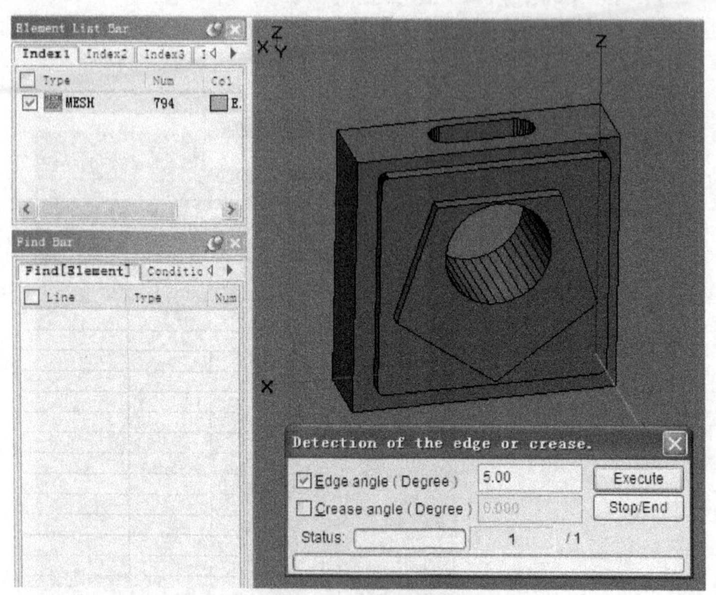

图 6-60　工件多余的网状线条被去除

6.5　焊缝平移功能

在机器人焊接实际生产和示教编程过程中，一些企业经常遇到更换夹具和工件移位频繁等问题，这样，原来已经示教好的程序就无法继续使用，如果重新示教将带来工作的重复，影响生产效率。离线编程软件具有焊缝平移和外部轴平移功能，具体方法如下：

1）首先，进入机器人编程界面，如图 6-61 所示。

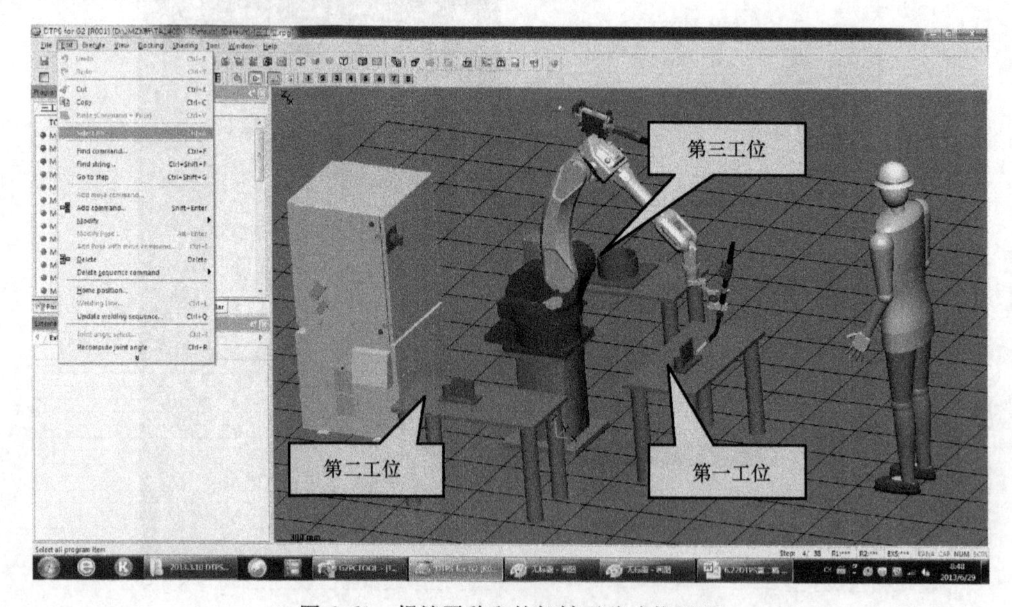

图 6-61　焊缝平移和外部轴平移功能界面

如果要将编好的“第一工位”工件示教程序平移到“第二工位”，首先用鼠标单击菜单栏“Edit”（编辑），在菜单目录中选择“Select All”（全选程序）。

2）进行前面的操作后，在程序窗口单击鼠标右键，选择目录“Modify”中的子目录“Shift tool”（平移工具），如图6-62所示。

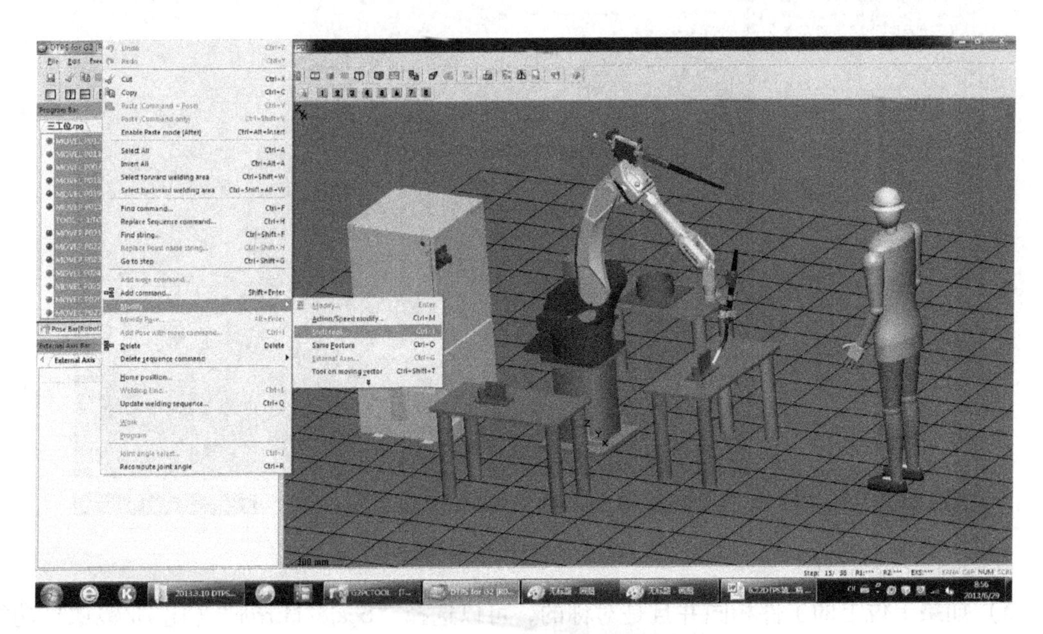

图6-62 进入“Shift tool”（平移工具）

3）在弹出的编辑框“Modify pose”（修改姿态）中，根据需要采用一种平移方式：“Scale/Mirror”（比例/镜像）、“Joint angle”（关节坐标）、“Tool Coordinate”（工具坐标）进行焊缝平移设置，如图6-63所示。

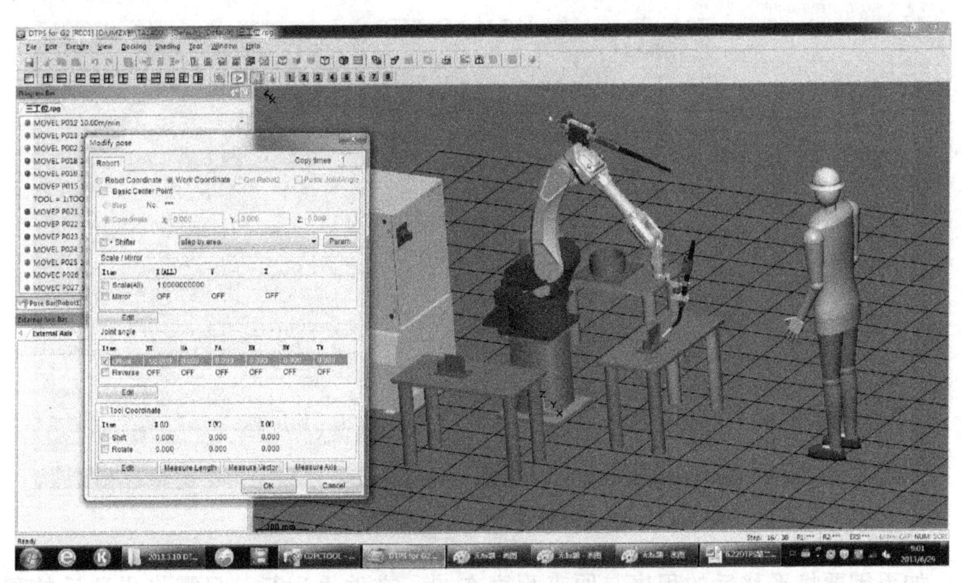

图6-63 在编辑框“Modify pose”（设置平移数值）

4）在上例中，如将“第一工位”程序平移至“第二工位”，可选择“Joint angle”（关节坐标）方式，选中“Offset”，将 RT 轴下面的数值改为“-90.00”，即将工件程序平移-90°，如图 6-64 所示。

图 6-64　通过改变 RT 轴角度实现平移

5）如果工位上的工件相同并且是对称的，可以选择“Scale/Mirror”（比例/镜像）功能更为便捷。如果工件是在工位内的小范围移动，可采用直角坐标系作简单的位置平移，这时选择“Tool Coordinate”（工具坐标）方式，选中“Shift”，将 X、Y、Z 设定相应位移数据，数据设置完成后单击“OK”实现平移，如图 6-65 所示。

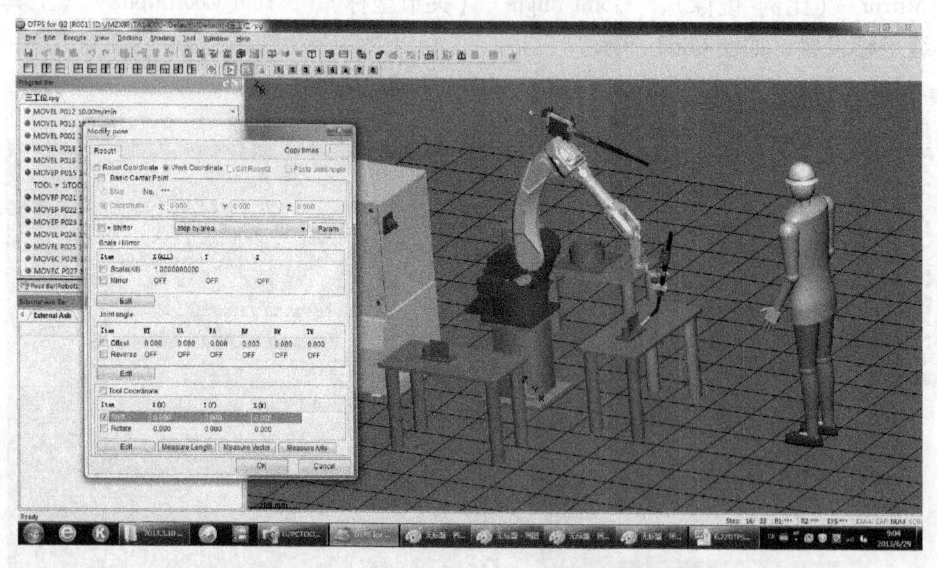

图 6-65　通过设置 X、Y、Z 坐标数值实现平移

6）如果需要将平移后的程序与原来程序在同一文件里运行，只需将平移后的程序复制、粘贴到原来的程序中即可。

6.6　应用简易 CAD 制作场地三维效果图

1）通过选择“Standard parts”（标准件）进入工件类型库，选择相应的零件模型，在弹出的零件模型库对话框中根据场地周边设施的形状，在零件模型库里选择相类似的模型进行编辑和保存，最后将编辑好的各个单元的零件和设备模型导入到机器人系统之中集成，根据设备所处的坐标位进行定置，按这种方法制作的焊接流水线构想图如图 6-66 所示。

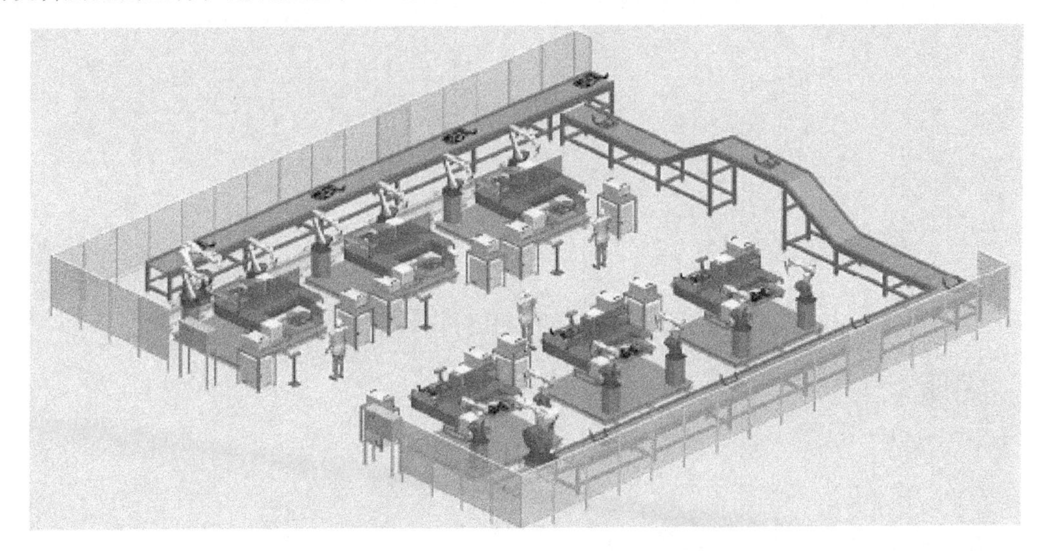

图 6-66　机器人焊接流水线构想图

2）机器人焊接实训场地效果图如图 6-67 所示（参见配套资料⑦-(3）运用 DTPS Ⅱ仿真软件制图)。

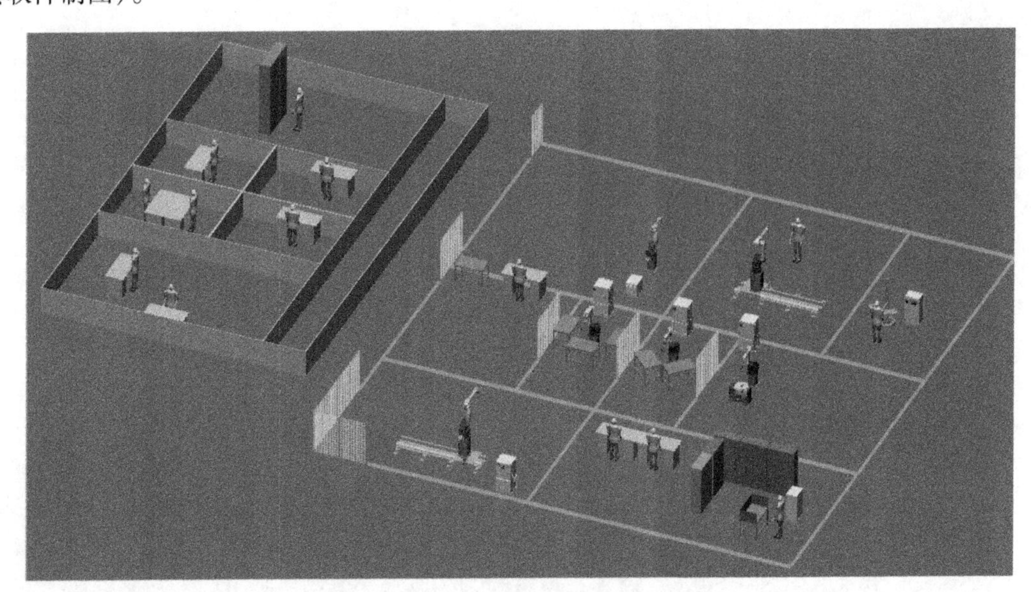

图 6-67　机器人焊接实训场地效果图

思 考 题

1. 简述将离线文件转换成视频的方法和步骤。
2. 如何通过编辑的方法改变焊接轨迹线的颜色？
3. 简述将外部工件导入 DTPS 系统的方法和步骤。如何去除导入工件上多余的纹线？

第7章　DTPS离线编程仿真软件在汽车行业的仿真应用

本章介绍应用DTPS软件，完成对汽车零部件的机器人焊接系统仿真制作案例。

7.1　焊接机器人系统形式仿真

机器人标准系统形式参见配套资料⑦-(5) 三维仿真机器人标准系统。

7.1.1　八字形双工位机器人系统

八字形双工位机器人焊接系统形式适合于大多数产品的焊接，在汽车行业中可焊接汽车座椅骨架、汽车车桥、仪表盘支架、副车架、后排座椅靠背、排气系统、汽车保险杠以及摩托车、电动车车架等产品。

系统成本综合分析：系统配置简单，设备成本低，但装卸工件一般需要配两人。八字形双工位机器人焊接系统的一般构成如图7-1所示。

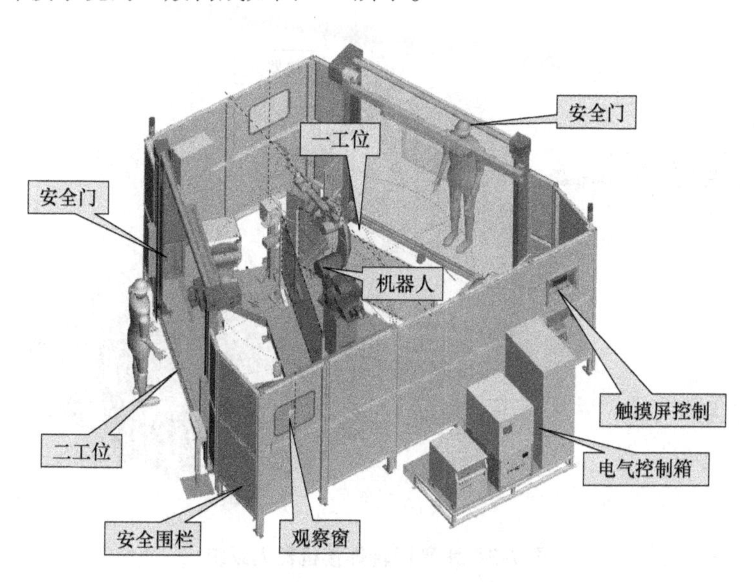

图7-1　八字形双工位机器人焊接系统的一般构成

该系统具有以下特点：

1）双工位系统，一工位进行焊接作业时，另一工位进行装卸件，提高工作效率。

2）具有多重安全防护功能以及故障诊断功能，安全性能高、便于维护。

3）整套系统由若干模块组成，便于运输和安装以及车间布局，且物流方便。

4）机械及电气设计符合人体学原理，操作方便。

5）采用通用的夹具接口，可实现夹具快速更换，适应多种品种。

八字形双工位机器人焊接系统操作流程如图 7-2 所示。

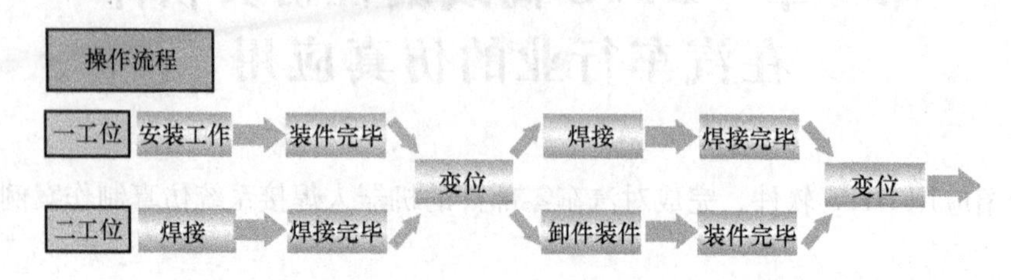

图 7-2　八字形双工位机器人焊接系统操作流程

7.1.2　水平回转机器人系统

水平回转机器人系统适合绝大多数体积不太大、长度不太长的工件焊接。汽车零部件中主要用于汽车座椅骨架、座椅滑轨、副车架、上下摆臂、后扭力轴、轻型车桥、消声器、排气歧管等的焊接。

水平回转机器人焊接系统只需一个人即可完成装卸工作，相对于固定工作台，系统成本适度增加，人力成本降低 50%，如图 7-3 所示。

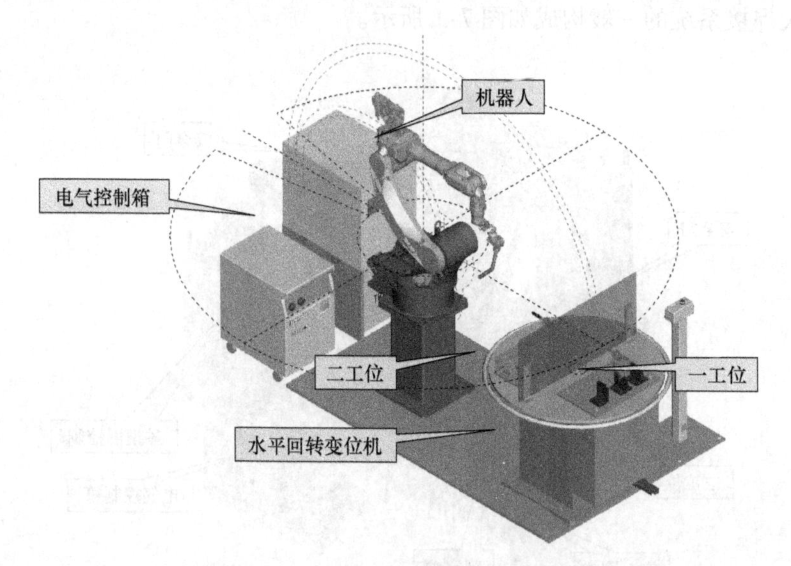

图 7-3　水平回转焊接机器人系统

该系统具有以下特点：

1）双工位系统，一工位进行焊接作业时，二工位进行装卸件，提高工作效率。

2）具有多重安全防护功能以及故障诊断功能，安全性能高，便于维护。

3）整套系统由若干模块组成，便于运输和安装以及车间布局，且物流方便。

4）机械及电气设计符合人机学原理，操作方便。

5）采用通用的夹具接口，可实现夹具快速更换，适应多种产品。

6）如果两工位配置外部轴垂直翻转功能，可使被焊工件的焊缝时刻处于最佳位置，提高焊接质量，但系统成本相对较高。

水平回转机器人焊接系统操作流程如图7-4所示：

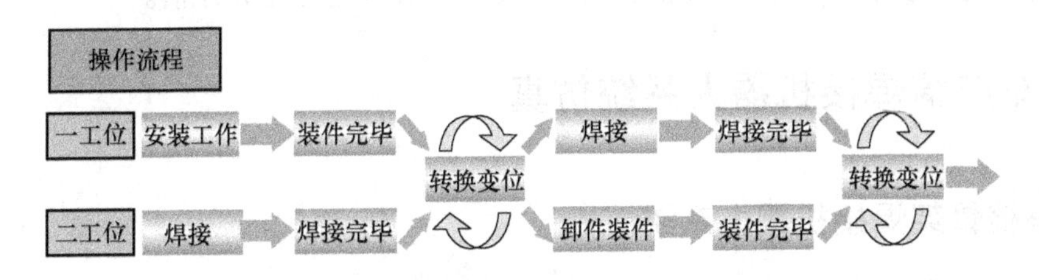

图7-4　水平回转机器人焊接系统操作流程

7.1.3　中厚板机器人焊接系统

中厚板机器人焊接系统多数用于大型工件的焊接，需要机器人的移动范围大，因此，部分系统采用机器人倒吊式安装，并且具有几个方向的行走功能，其基本组成如图7-5所示。

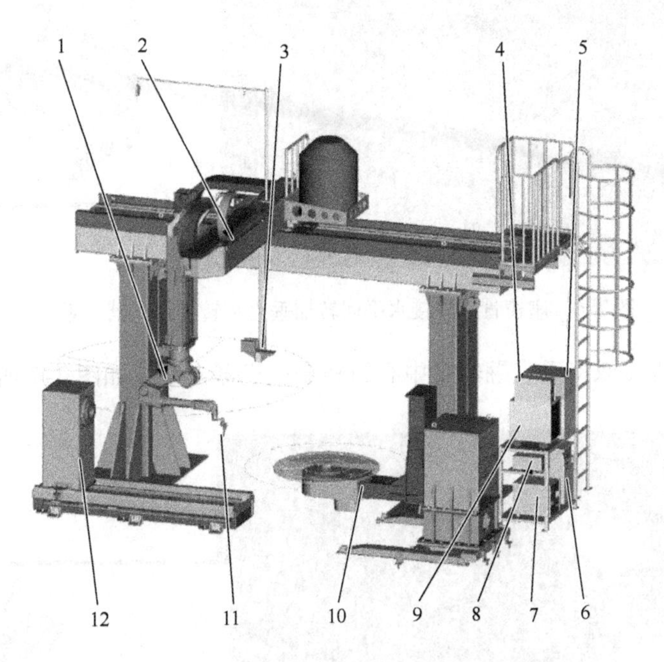

图7-5　中厚板机器人焊接系统基本组成

1—倒吊机器人　2—机器人行走装置　3—清枪剪丝机构　4—高电压接触传感器　5—机器人控制器及外部轴控制器　6—焊接电源　7—冷却水箱　8—电弧传感器　9—变压器　10—二轴变位机构　11—焊枪　12—可移动调整式变位机从动端

中厚板机器人变位系统为L形双向回转变位结构，适合于焊接诸如挖掘机铲斗类的工件。由于工件尺寸相对较大，一般预先将工件在点焊工装上拼装点固好，然后再吊装至机器人工位进行定位和焊接，工装夹具相对薄板机器人系统要简单一些，由于中厚板工件的组对精度不高，多层多道焊接时会产生热变形，需要采用机器人传感系统进行焊缝跟踪，整套系统投入大，制作风险高。

因此，通过 DTPS 软件对上述系统进行真实比例的仿真及编程实验，可以在设计阶段获得系统的相关技术数据，事先对系统的可行性及生产效率进行充分评估。

7.2 汽车座椅焊接机器人系统仿真

7.2.1 座椅骨架焊接机器人系统

1）座椅骨架焊接水平回转加垂直翻转变位机器人系统如图 7-6 所示（参见配套资料⑦-（2）可视化机器人解决方案）。

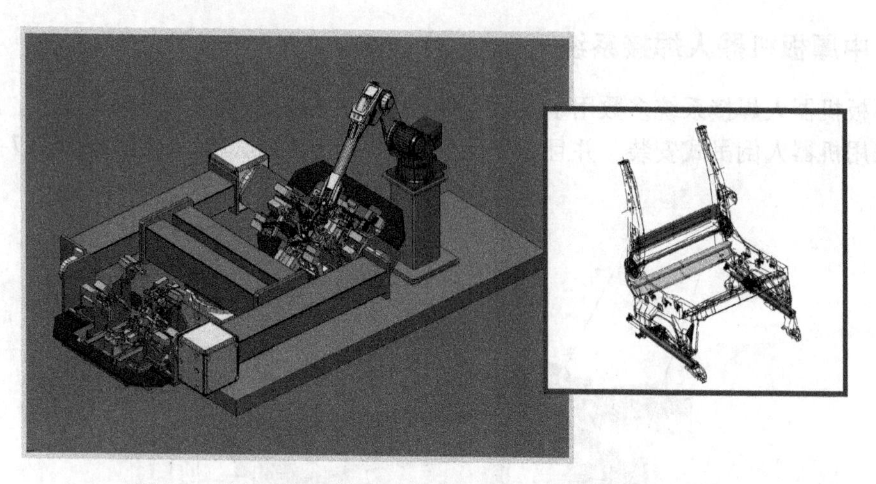

图 7-6 座椅骨架焊接水平回转加垂直翻转变位机器人系统

2）座椅骨架焊接双持垂直翻转带中心回转变位机器人系统如图 7-7 所示。

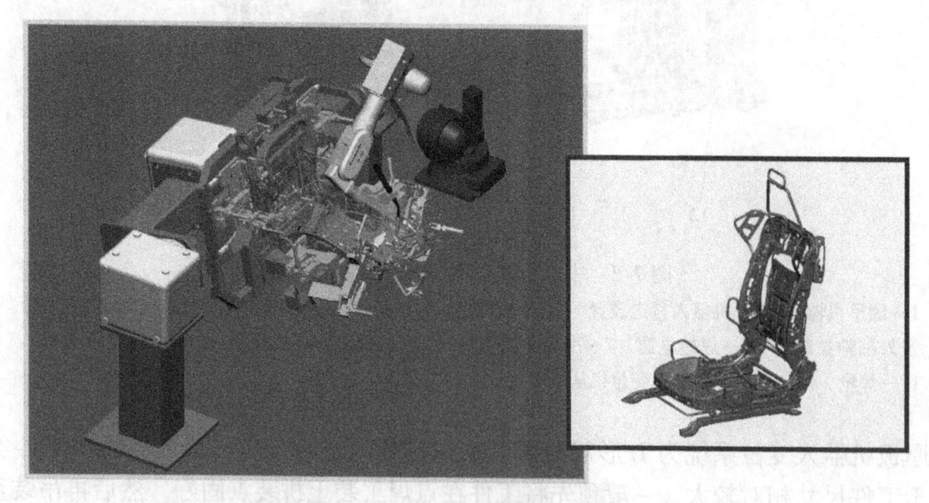

图 7-7 座椅骨架焊接双持垂直翻转带中心回转变位机器人系统

3）座椅骨架焊接垂直翻转变位双机器人系统如图 7-8 所示。

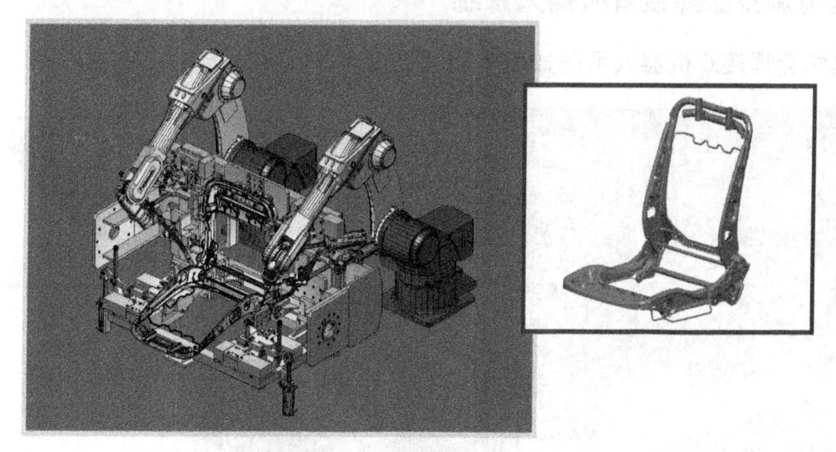

图 7-8　座椅骨架焊接垂直翻转变位双机器人系统

4）座椅骨架焊接吊挂式机器人系统如图 7-9 所示。

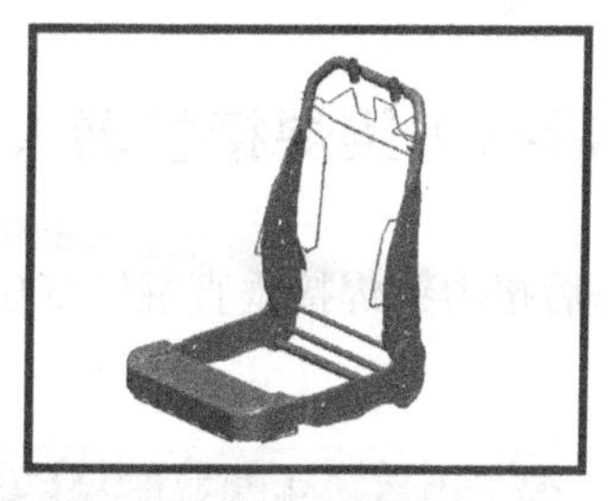

图 7-9　座椅骨架焊接吊挂式机器人系统

5）座椅骨架焊接垂直翻转系统如图 7-10 所示。

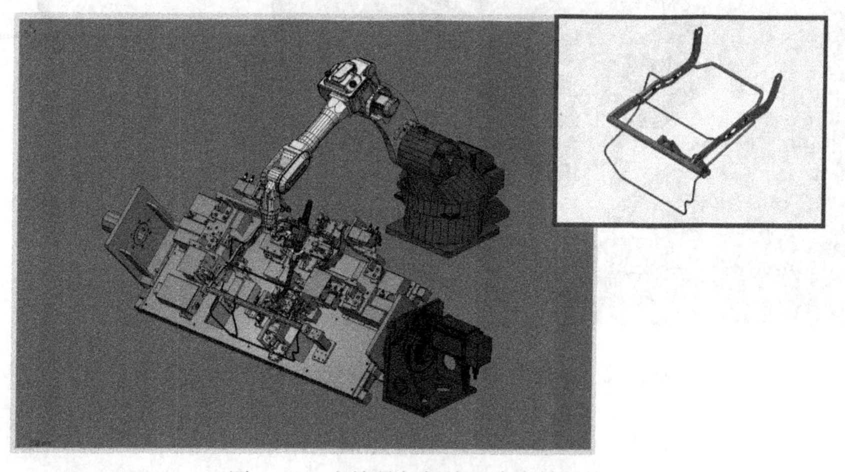

图 7-10　座椅骨架焊接垂直翻转系统

7.2.2　座椅调角器焊接双机器人系统

座椅调角器焊接双机器人系统如图 7-11 所示。

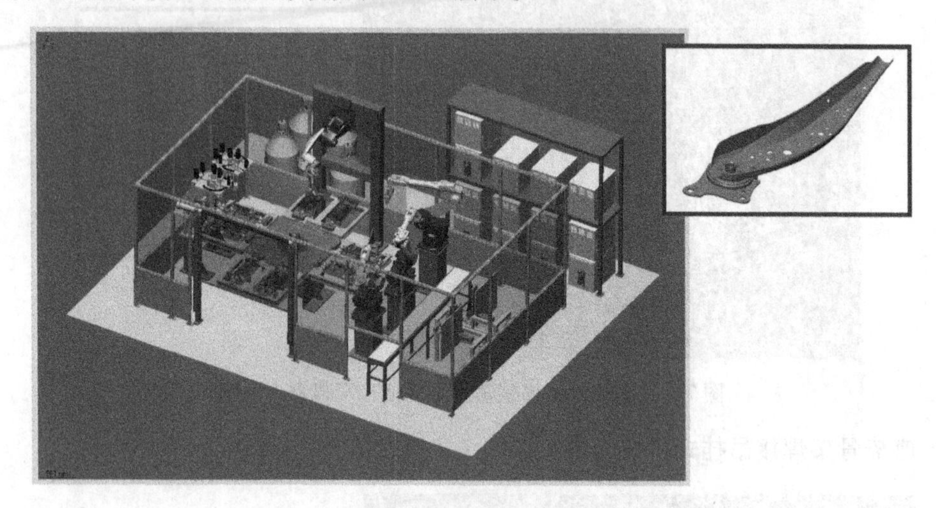

图 7-11　座椅调角器焊接双机器人系统

7.3　后扭力梁焊接机器人系统仿真

1）后扭力梁焊接垂直翻转变位双机器人系统如图 7-12 所示。

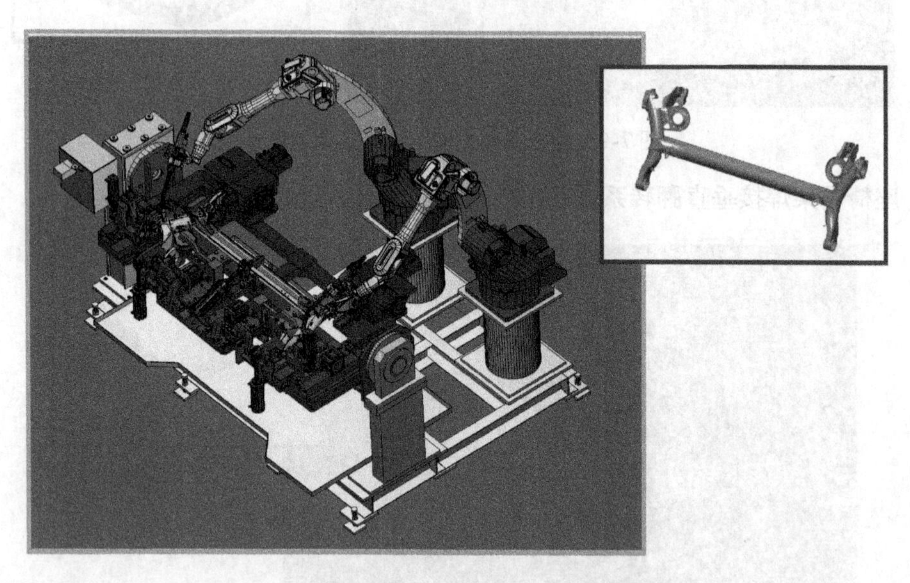

图 7-12　后扭力梁焊接垂直翻转变位双机器人系统

2）后扭力梁焊接固定工位双机器人系统如图 7-13 所示。

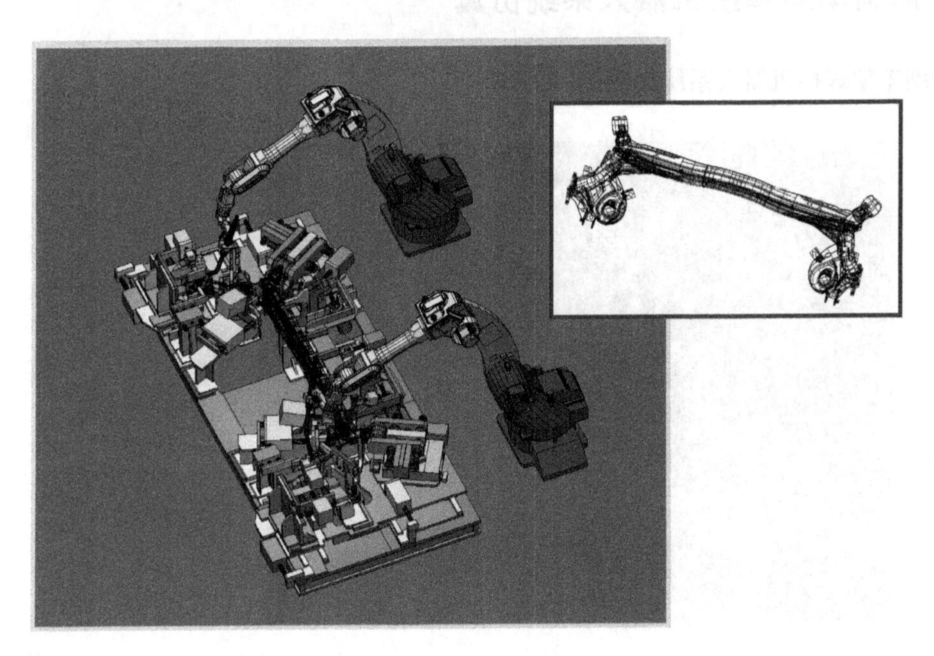

图 7-13　后扭力梁焊接固定工位双机器人系统

3）后扭力梁焊接垂直翻转变位双机器人系统如图 7-14 所示。

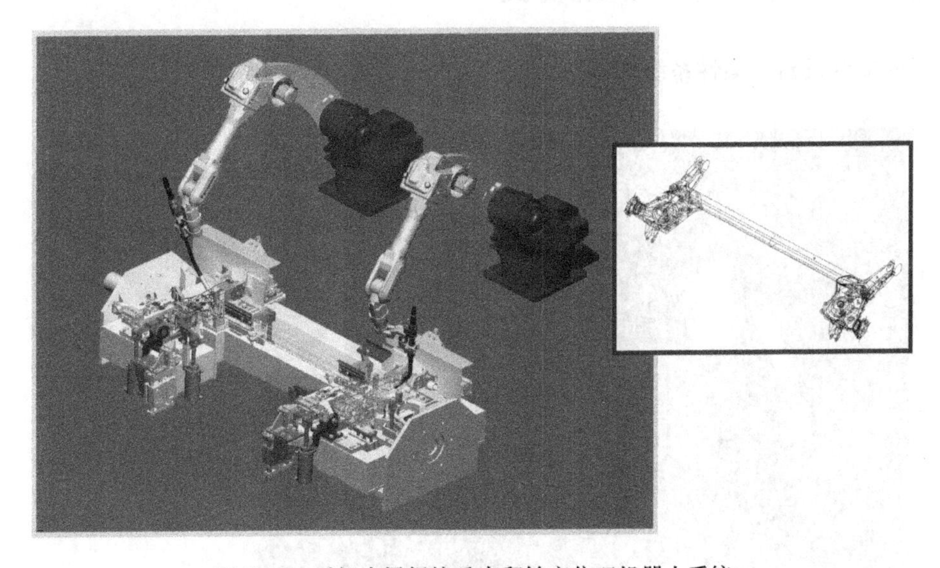

图 7-14　后扭力梁焊接垂直翻转变位双机器人系统

7.4　前副车架焊接机器人系统仿真

前副车架焊接机器人系统如图 7-15 所示。

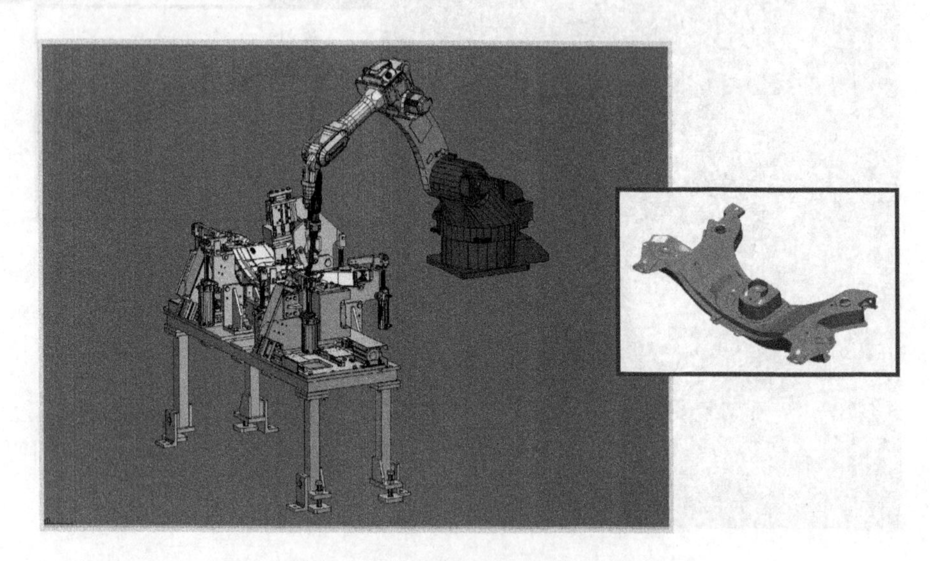

图 7-15　前副车架焊接机器人系统

7.5　桥壳焊接双机器人系统仿真

桥壳焊接双机器人柔性系统如图 7-16 所示。

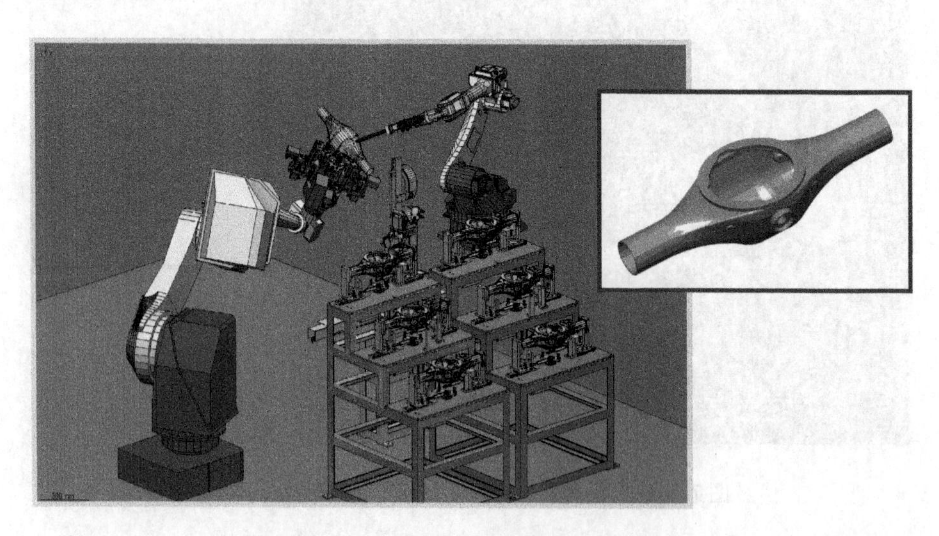

图 7-16　桥壳焊接双机器人柔性系统

7.6　下摆臂机器人焊接系统仿真

1）下摆臂机器人焊接 L 形变位机系统如图 7-17 所示。

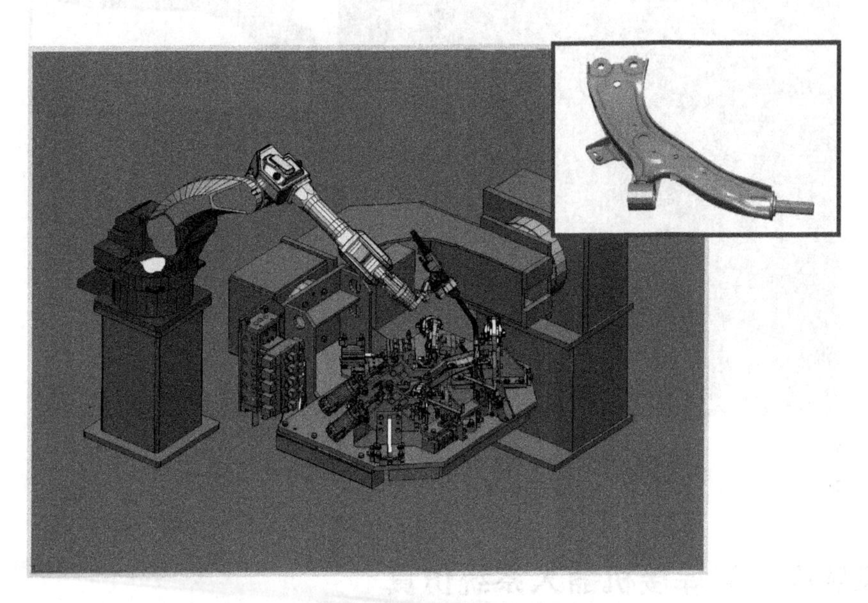

图 7-17　下摆臂机器人焊接 L 形变位机系统

2）下摆臂焊接固定双工位机器人系统如图 7-18 所示。

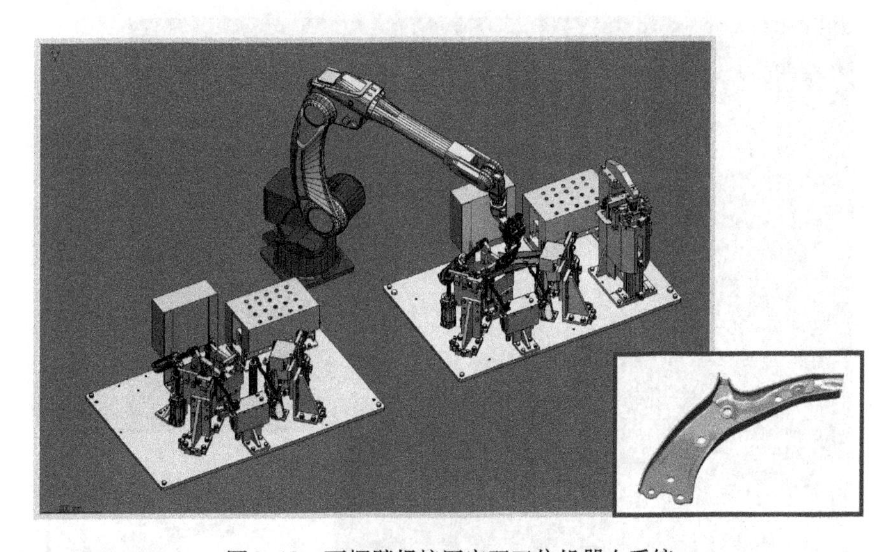

图 7-18　下摆臂焊接固定双工位机器人系统

3）下摆臂焊接固定工位双机器人系统如图 7-19 所示。

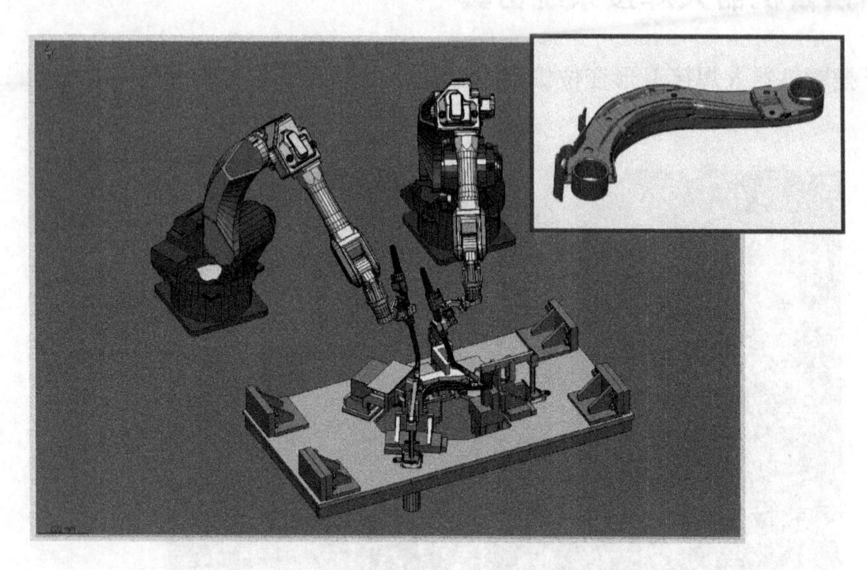

图 7-19　下摆臂焊接固定工位双机器人系统

7.7　仪表盘支架焊接机器人系统仿真

仪表盘支架焊接机器人系统如图 7-20 所示。

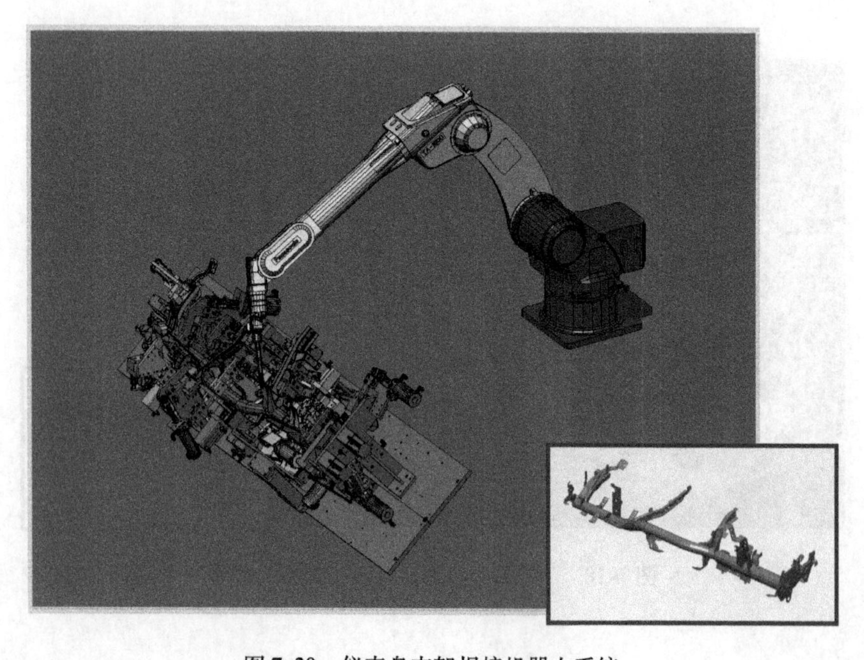

图 7-20　仪表盘支架焊接机器人系统

7.8　消声器焊接机器人系统仿真

1）消声器焊接机器人系统如图 7-21 所示。

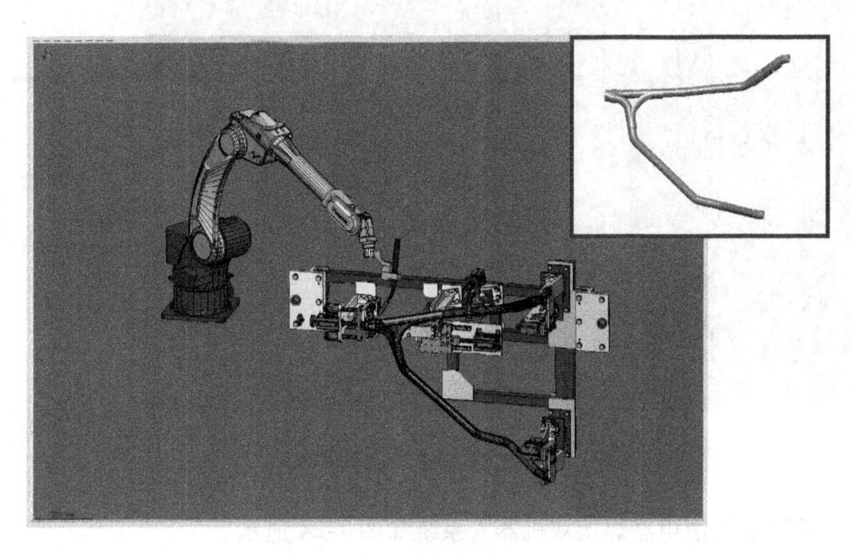

图 7-21　消声器焊接机器人系统

2）消声器焊接固定工位机器人系统如图 7-22 所示。

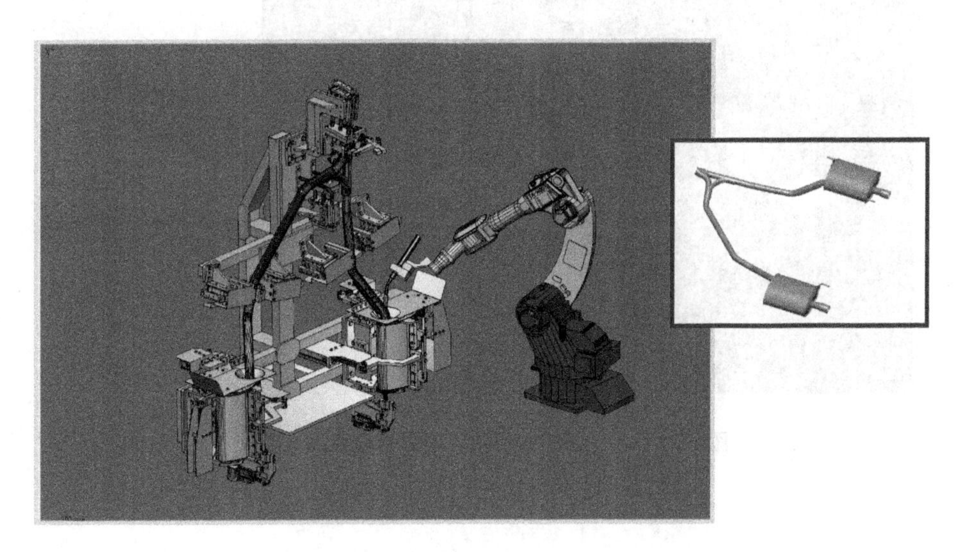

图 7-22　消声器焊接固定工位机器人系统

3）消声器焊接吊挂双机器人系统如图 7-23 所示。

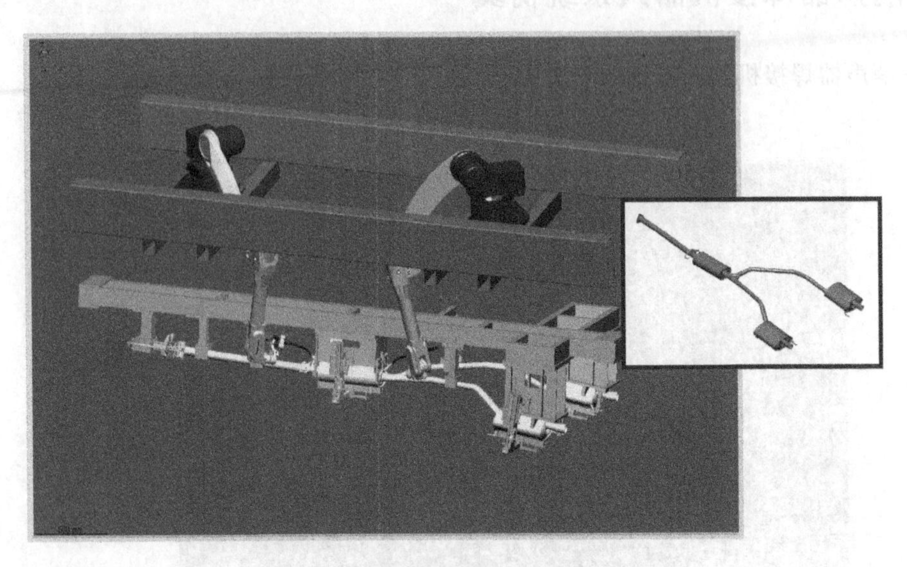

图 7-23　消声器焊接吊挂双机器人系统

4）水平回转变位消声器焊接双机器人系统如图 7-24 所示。

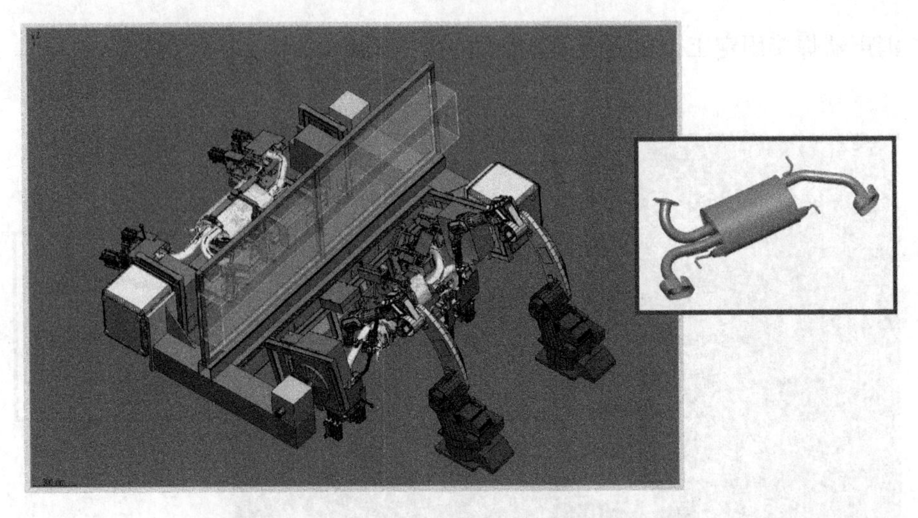

图 7-24　水平回转变位消声器焊接双机器人系统

7.9　输油管焊接机器人系统仿真

1）输油管焊接垂直翻转变位机器人系统如图7-25所示。

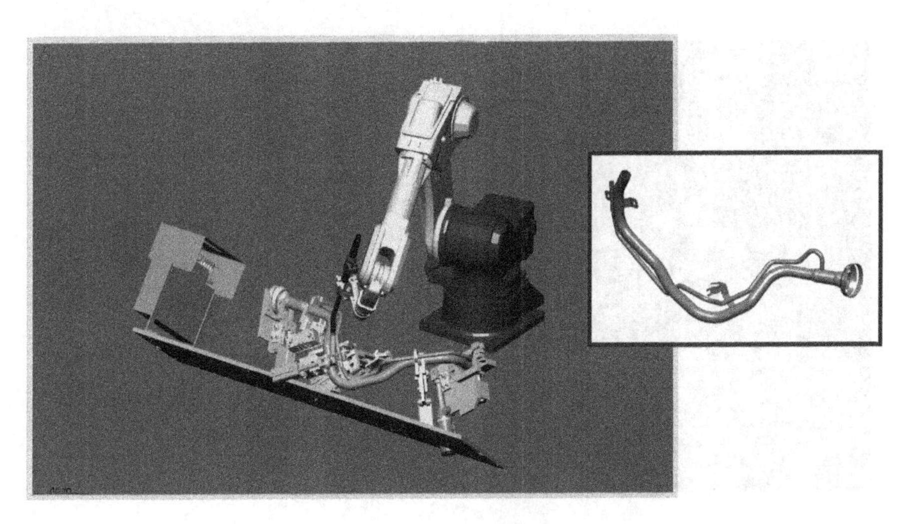

图7-25　输油管焊接垂直翻转变位机器人系统

2）输油管焊接固定工位机器人系统如图7-26所示。

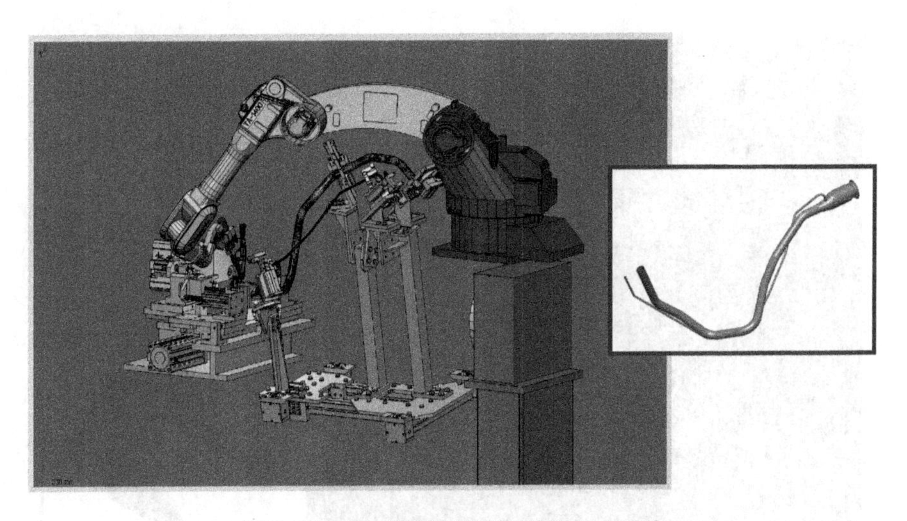

图7-26　输油管焊接固定工位机器人系统

7.10　防撞梁部件焊接机器人系统仿真

1）防撞梁部件焊接 L 形变位双工位机器人系统如图 7-27 所示。

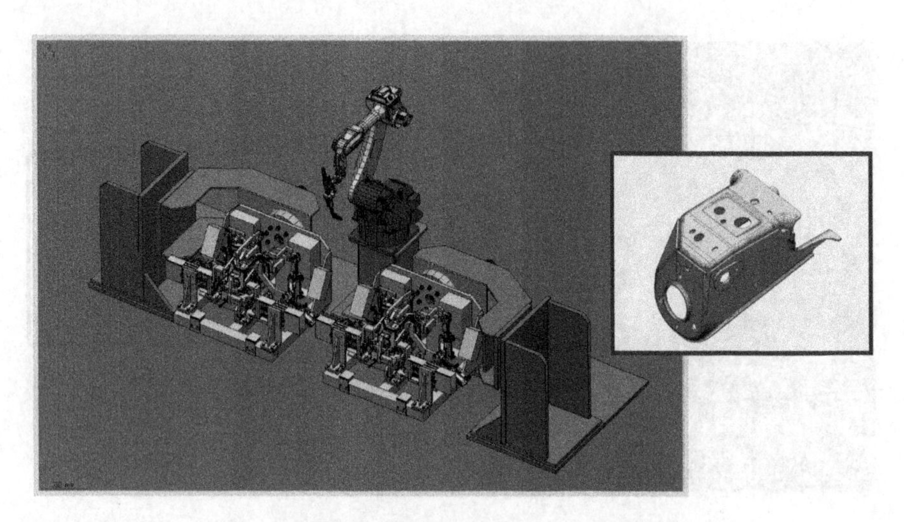

图 7-27　防撞梁部件焊接 L 形变位双工位机器人系统

2）防撞梁支架焊接机器人系统如图 7-28 所示。

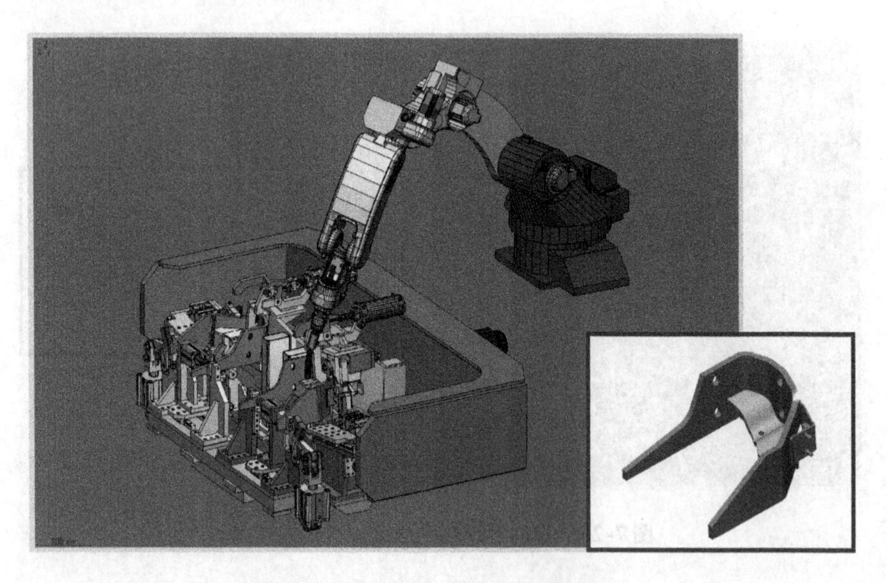

图 7-28　防撞梁支架焊接机器人系统

7.11　排气处理装置焊接机器人系统仿真

1）排气处理装置 CHAMBER 焊接机器人系统如图 7-29 所示。

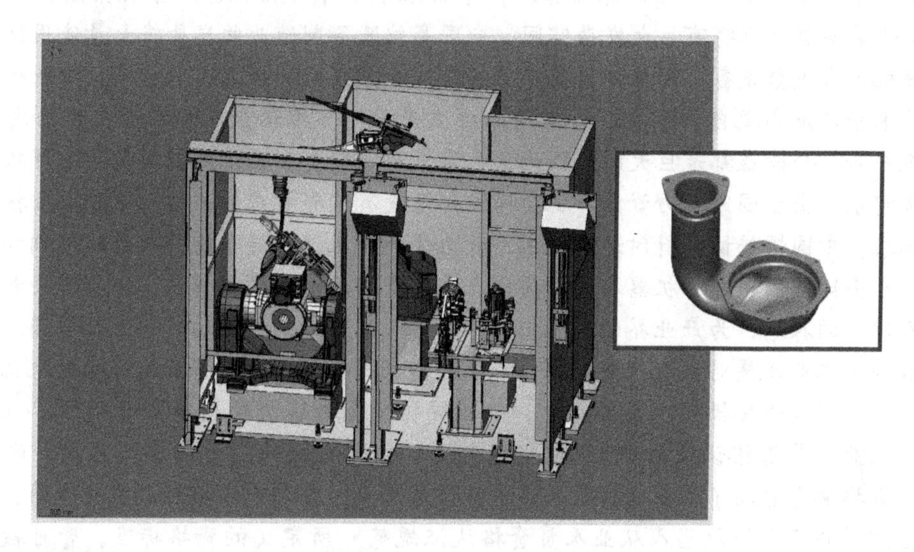

图 7-29　排气处理装置 CHAMBER 焊接机器人系统

2）排气处理装置 MIXER 焊接机器人系统如图 7-30 所示。

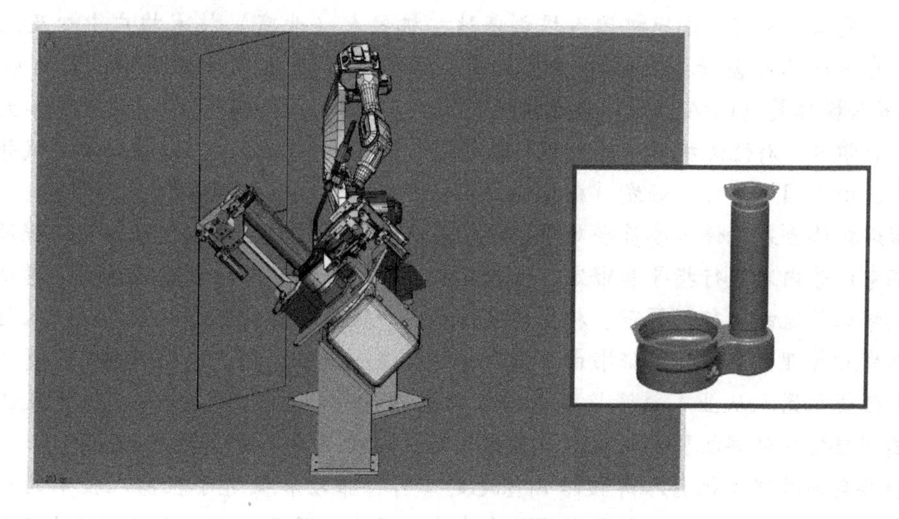

图 7-30　排气处理装置 MIXER 焊接机器人系统

思 考 题

1. 利用模拟仿真技术模拟机器人系统具有哪些优势和特点？
2. 如何运用模拟仿真技术评估机器人系统的合理性？

中国焊接协会机器人焊接培训基地简介

随着国家“十二五”规划的深入推进，中国未来十年焊接机器人系统集成、技术推广以及自动化装备制造都将有巨大发展空间。中国高端装备制造业的发展将大量使用弧焊、切割、点焊机器人成套设备，以保证提高产品质量、生产效率和技术工艺水平。工业机器人的普及和技术推广是实现自动化生产、提高社会生产效率、推动企业和社会生产力发展的必然，其经济和社会效益都是巨大的。因此，也带来对能安全和熟练地使用机器人焊接操作人员的大量需求，由于国家人力资源和社会保障部还没有颁布相应的机器人焊接职业技能考核及鉴定标准，中国焊接协会针对这种需求，致力于开展机器人焊接操作人员的培训和资格认证工作，在全国范围内建立机器人焊接操作人员的资格标准和培训体系，培养安全和熟练使用机器人焊接的人才，为产业界的发展服务。机器人焊接培训基地的建设正是中国焊接协会为适应我国大工业发展对机器人焊接操作人才的需求而设置的具有行业权威性的机构。

根据对机器人焊接操作人员的需求，中国焊接协会教育与培训委员会起草了《中国弧焊机器人从业人员资格认证规范》，该规范定义了机器人操作人员的合格标准。配合该规范，中国焊接协会启动了机器人操作人员资格认证项目，任何个人都可以提出申请，如果他们能够达到《中国弧焊机器人从业人员资格认证规范》所定义的资格标准，皆可被认证为弧焊机器人操作员或弧焊机器人操作技师。

中国焊接协会积极鼓励焊接相关专业的大学、研究院所和有能力的企业，申报机器人焊接培训基地。2010—2011年，协会组织专家编写培训教材和试题库，2012—2013年先后成立了唐山、昆山、厦门、南宁机器人培训基地、机器人（北京）技术推广中心及上海焊接技术培训基地等六个基地，各基地相继开展机器人焊接应用人才的培训，其培训对象为“焊接机器人操作员（CRAW-O）和焊接机器人操作技师（CRAW-T）”。通过教学大纲规定内容和课时学习，对弧焊机器人的知识与技能进行理论和实践考试，成功通过考试并达到相关要求者，由中国焊接协会颁发“弧焊机器人从业人员资格认证证书”。

中国焊接协会基地评审委员会对申报培训基地的硬件设施、培训体系以及课程设置、教材、认证考试等内容进行指导和审定，任命具有资质的人员监督培训基地学员的考试。对机器人焊接培训基地的运行、管理、招生与宣传按照中国焊接协会弧焊机器人从业人员资格认证、证书发放管理办法执行。证书由中国焊接协会统一制作、颁发。培训单位负责参加中国焊接协会弧焊机器人从业人员资格认证培训学员申请材料的受理、审核、报送及证书的发放。中国焊接协会弧焊机器人从业人员资格认证证书由中国焊接协会统一编号。

焊接协会通过建立机器人焊接培训基地的工作，推动和促进了机器人技术的普及与应用。在未来一到两年，中国焊接协会还将在中南、西南及西北三个地区分别建立三个机器人培训基地。

中国焊接协会副理事长兼秘书长　王麟书

后　记

为了促进焊接机器人教学与培训工作，由中国焊接协会机器人焊接“厦门”培训基地、高校和企业组成的编写团队历时三年多的时间，先后出版了三本焊接机器人系列教材，从焊接机器人应用的视角，较为系统和全面地讲述了焊接机器人系统知识、基本原理、编程技巧与焊接方法。由于我国的机器人职业技术教育起步较晚，机器人焊接方面的教学资源十分匮乏、滞后现象严重，可供查阅的专业资料非常有限。编写团队在中国焊接协会有关领导的直接领导和参与下，以面向企业培养现代焊接岗位技能人才为主旨，根据教学和培训需要，从2010年下半年开始，编写“焊接机器人应用系列教材”，系列教材之一《焊接机器人基本操作及应用》于2012年6月由电子工业出版社出版；系列教材之二《中厚板焊接机器人系统及传感技术应用》于2013年6月由机械工业出版社出版，这本《焊接机器人离线编程及仿真系统应用》为系列教材之三。

2014年3月，这套焊接机器人系列教材入选了教育部组织的“2014年职业教育国家级教学成果奖”的候选成果。2014年3月25日，由中国焊接协会组织，焊接界各知名企业、高等院校等26名专家参加，在“国家电焊机质量监督检验中心”——成都三方电气有限公司，对系列教材的前瞻性和实用性方面及编写内容进行研讨，与会专家给予充分肯定，称这是一项有价值、有意义、可推广的系统工程，对机器人应用职业技术教育课程体系的构建以及岗位技能人才培养，将起到重要的促进作用。与会专家代表为焊接机器人系列教材做出鉴定意见，将《焊接机器人基本操作及应用》《中厚板焊接机器人及传感技术应用》《焊接机器人离线编程及仿真系统应用》选定为中国焊接协会机器人焊接培训基地指定教材。

希望这三册焊接机器人系列教材的陆续出版，能够促进我国焊接机器人技术的应用水平和职业技术教育的进步和发展！

编　者

参考文献

[1] 刘极峰. 机器人技术基础 [M]. 北京：高等教育出版社，2006.
[2] 叶晖，管小清. 工业机器人实操与应用技巧 [M]. 北京：机械工业出版社，2010.
[3] 日本机器人学会. 机器人技术手册 [M]. 宗光华，程君实，等译. 北京：科学出版社，2006.
[4] 中国机械工程学会焊接学会. 焊接手册 [M]. 北京：机械工业出版社，2001.
[5] 陈焕明. 焊接工装设计 [M]. 北京：航空工业出版社，2006.
[6] 刘圣祥，高洪明，张广军，等. 弧焊机器人离线编程与仿真技术的研究现状及发展趋势 [J]. 焊接，2007 (7).
[7] Bruno Siciliano, Oussama Khatib. 机器人手册 [M].《机器人手册》翻译委员会，译. 北京：机械工业出版社，2013.
[8] 刘伟，周广涛，王玉松. 焊接机器人基本操作及应用 [M]. 北京：电子工业出版社，2012.
[9] 刘伟，周广涛，王玉松. 中厚板焊接机器人系统及传感技术应用 [M]. 北京：机械工业出版社，2013.